JN011162

中学受験専門塾
ジーニアス
立木秀知
Hidetomo Tachiki

実務教育出版

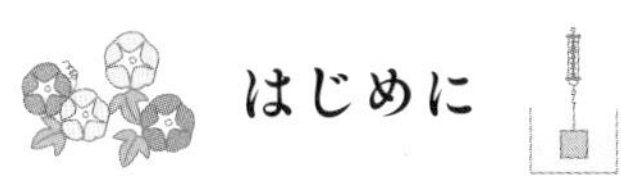

はじめに

最近街を歩いている時に、「なんでタンポポにはたくさん花びらがあるの？」と保護者の方に問う子どもの声を耳にしましたが、通りすがりのことでしたので、残念ながら会話はそこまでしか聞けませんでした。

さて、私は理科の学習の本質は、「なぜ」と疑問を持ち、その答えを見つけ、その先にまた「なぜ」と考える「なぜと解決」の連鎖にあると思っています。その意味で、何気ない日常の風景に疑問を持ち「なんで？」と無邪気に問う子ども心は、理科の学習の本質と高い親和性を持っています。子どもは本質的に理科が好きなのです。

私たち大人が「なぜ」と考えるのを止めたのはいつのことでしょう。
「そういうものだから」「覚えればいいから」、そう思うようになったのは、いったいいつのことだったのでしょうか。

この「なぜ」と思う気持ちを失わず、探求を続けた科学者たちの成果で現代社会の便利な生活は成り立っています。
子どもたちが「なぜ」と思う気持ちは理科の学習だけではなく、人類の発展のためにも大切なのです。

私は、子どもたちが「なぜ」と思う気持ちを失う原因の多くは、周りの環境にあると考えています。そして、理科の教師の仕事とは、理科を教えることではなく理科が好きな子どもたちの邪魔をしないこと、子どもたちに「なぜ」と思う気持ちを失わせないこと、すでに理科が苦手だと思っている場合には「なぜ」と思う気持ちを思い出させること。そう思いながらいつも教壇に立っています。

「そういうものだから」「覚えればいいから」、私のその一言が子どもたちから「なぜ」と思う気持ちを奪(うば)ってしまう。その思いから、可能な限(かぎ)り暗記を排除した授業をするように心がけています。
本書を執筆する際も、それを強く意識しました。

一般的に、暗記中心と言われる生物分野も「個の生存」と「種の繁栄(はんえい)」という視点から「進化の物語」を語ることで、必要な知識をストーリーとして覚えることが可能です。中学受験内容レベルから大きく逸脱しない範囲ではありますが、表面的な知識で終わらず、最新の研究内容をもとに様々な角度から一つの出来事を見ることで、「なぜ」という部分が浮かび上がってくるのです。

例えば、種をつくる植物はもともと花粉を風で運ぶ風媒花でした。動物の誕生以前には、昆虫に花粉を運んでもらうことはできないので当然のことです。その後、動物の誕生とともに植物は進化を遂げ、現在、最も繁栄しているのは昆虫に花粉を運んでもらう虫媒花になっています。

さて、イネ科は風媒花で単子葉類、これは受験の必須暗記内容です。
しかし、イネ科の起源は動物の誕生よりずっと後のこと。
イネ科はあえて虫媒花ではなく、風媒花であることを選択したのです。
そこには一体どんな理由があったのでしょうか。
その答えは本書の中にあります。

様々な角度から一つの出来事を見る大切さは物理でも同じです。
物理を苦手とする原因の一つに、表面に見えている数字ばかりにとらわれてしまうということが挙げられます。
たとえば、手に持ったばねに100gのおもりをつるした場合、ばねは下向きに100gの力だけがかかっていると思いがちです。
しかし、手に力を入れなければバッグを落としてしまうのと同じように、上向きの力がなければ、ばねは床に落下してしまいます。ばねがその場で固定されているのは、手で上向きに100gの力で支えているから。つまり、ばねには下向きと上向き、それぞれ100gずつの力がかかっているのです。
子どもたちが見逃しがちな点を、身近なものを例に挙げ説明することで物理の理解は格段に高まります。中学受験の物理に必要な知識のほとんどは、身近な現象で説明できるのです。

本書が、多角的な視点を身につけ、生物の進化のダイナミックさと物理の身近さを感じる端緒になることを願っています。

中学受験専門塾ジーニアス
立木 秀知

本書の使い方

本書は、中学受験専門塾ジーニアスによる「理科　生物・物理」の授業を再現しました。ただ知識を教えるのではなく、理科の楽しさに気がついてもらい、自分で考えて解く力を身につけられるよう意識してまとめています。高校受験、大学受験を目指す中高生や、大人の学び直しにも大いに役立ちます。

1 ジーニアスの「理科　生物・物理」の授業を再現

「生物」3章分、「物理」3章分を、たくさんの図やイラストとともに、できるだけわかりやすく解説しました。入試でよく問われる重要部分は、色文字ゴシック+波線で表記しています。

生物 1 植物

では、しばらくしても日光が当たらなかったらどうでしょう。
「ん!?　これは夜ではなく、周りに日光を遮る、高い何かがあるのかな？」と、考えます。

日光は植物にとっての食事なので、このままでは飢え死にしてしまいます。大ピンチです！
そうなると、「何かわからないけれど、光を遮っているものを高さで抜かして、日光を浴びなければマズイぞ」と考えて、必死に背を伸ばします。だから、**日光が当たらない時のほうが、草たけが高くなる**のです。

動物ならまだしも、植物の気持ちになって考えるのはピンときませんか？
では、この話はどうでしょうか。
Bの箱の下のほうに光の入る穴を開けると、植物の茎はそちらのほうに伸びていきます。
植物にとって光は食事ですから、食事をして【自分が生き残る】ために、必死にそちらに茎を伸ばします。その姿は動物と何ら変わりません。

私たちが視覚や嗅覚で食べ物を探すのと同じように、植物には光のある場所を感じることができる能力があるのです。
これを難しい言葉で**屈光性**と言います。
他にも、植物には、重力や湿気を感じる能力もあるので、あわせてまとめておきましょう。

屈光性…光の方向、あるいはその逆の向きに伸びていく
- 茎や葉…光に向かって進む（正の屈光性）
- 根…光とは反対の方向に進む（負の屈光性）

屈地性…地球の重力の向きに、あるいはその逆の向きに伸びていく
- 根…重力の方向に進む（正の屈地性）
- 茎や葉…重力に逆らって進む（負の屈地性）

屈湿性…水分のある方向に伸びていく
- 根…水分のあるほうに進む（正の屈湿性）

水分

26

2 生物／物理のミニ COLUMN

文中に、やや高度すぎる、濃すぎる内容をミニコラムとしてまとめました。

生物のミニCOLUMN

道管はどうやって水を吸い上げるのか

世界でもっとも背が高い木セコイア、その高さは100mを超えます。なぜ、ポンプもなしに水を吸い上げることができるのか。その理由の一つは、水の凝集力(ひとまとまりになろうとする力)が大きいことです。葉から水が蒸発すると、根から水を吸い上げますが、この時、水には重力や摩擦で下向きの力がかかります。この力より水の凝集力が大きいので、水は上へ上へと移動します。凝集力を利用するために、無数の道管の中には、常に水がすき間なく充満しており、根から葉まで連続した水の柱がつくられているのです。

3 生物／物理の深掘り

知っておくと、より理解が深まる内容をまとめました。

たとえば、この本を閉じて両手で左右の端を支え、目線の前に、地面と平行になるように持ちます。その状態で、右手だけを上に持ち上げると左端を中心に反時計まわりに、左手だけを持ち上げれば右端を中心に時計まわりに動きます。支点はどう回転させるかで位置が変わるのです。

4 間違えやすいポイント

物理でよくある間違いについて、注意を促しています。

間違えやすいポイント

モーメントは、あくまでも「回転する力」ですから、ばねはかりにかかる重さを、モーメントを足した800 g としてはいけません。重さとは「その物体に働く重力の大きさ」のことです。てこを空中で静止させるためには、重力と反対向きの力でその物体を支える必要があるのです。

5 難関中学の過去問トライ！

おさらいをかねて、実際の入試問題を使って力試しができます。解説を見て、 本文内容をちゃんと理解できているかどうかを確認してみてください。

※小学生の読者のために、漢字表記に一部ふりがなを追加しているところがあります。
※とくに断りのない限り、 解説は公表されたものではありません。

難関中学の過去問トライ！ (浅野中学)

(6) 右の写真はカキの果実の断面です。イネの食用部分（白米）に相当するものを、右のア～エの中から１つ選び、記号で答えなさい。

(7) (6) で選んだ部分の名称を書きなさい。

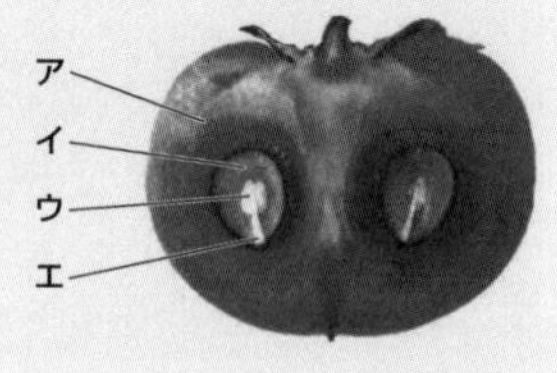

中学受験　「だから、そうなのか！」とガツンとわかる

合格する理科の授業 生物・物理編

もくじ

第1章 植物

第2章 動物

生物

第3章 生物総合

物理

第1章 運動

物理

第2章 電気

物理 第3章 音と光

編集協力：星野友絵・大越寛子（silas consulting）
イラスト：吉村堂（アスラン編集スタジオ）
カバーデザイン：井上新八
本文デザイン・DTP：佐藤純・伊延あづさ（アスラン編集スタジオ）
スペシャルサンクス：齋藤景・古田智之

第1章

植物

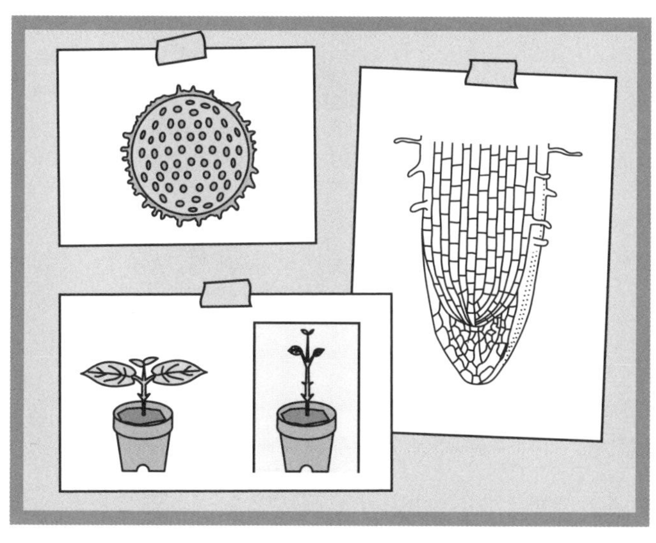

植物の一生は種子から

「生物」の学習に大切な二つの視点

これから、生物の学習をしていきますが、まずは「植物」から始めます。
本格的に学習を始める前に質問です。
知っての通り、果物は植物がつくります。とってもおいしいですよね。
では、「果物は、なぜおいしいのでしょうか？」

「おいしくないと売れないから」と考えた人は、しっかり社会の学習をしている人ですね。でも、植物が売れるか売れないかを考えて、果物をつくったりするかな？

当然、そんなことはありません。まさか、植物が「売れてほしいなあ。よし、おいしくなろう！」なんて思うはずがないのです。

この質問の答えを考える前に、これから生物を学んでいくうえで欠かせない二つのキーワードを教えましょう。

生物を学ぶために欠かせないキーワード

別に、この二つがテストに出るということではありません。でも、植物に限らず、生物の学習をする時の考え方として、とても大事なことなのです。

人間が子どもを産むのとは違い、多くの植物は花を咲かせ、種子をつくることで子孫を残します。そして、当たり前のことですが、【子孫を残す】ためには、まず【自分が生き残る】必要があります。

生物の学習では、この二つの視点から考えることで、今まで見えていなかったことが見えてきます。【自分が生き残る】、そして【子孫を残す】。この言葉はいつも頭の片隅にとどめておいてください。

では、これから先ほどの質問の答えを考えていきますよ。

果物（果実）がおいしいのは、動物にタネ（種子）を運んでもらうため……

「あー、このスイカおいしいけれど、タネがいっぱいあって食べにくいなぁ」。こんなふうに思ったことはありませんか？

ちなみに、先生はタネを取るのが面倒なのでスイカはまるごと食べます。

そうすると、翌日タネと再会できるんです。「やあ、タネさんお久しぶりだね〜」と再会する場所は……そう、トイレです。

もう気がついた人もいるかもしれませんが、植物はこの一瞬のためにおいしく果物をつくっているのです。再会を喜ぶためじゃないですよ。

大切なキーワードの【子孫を残す】を使って考えてみましょう。

植物の子孫は種子。でも、子孫を残して繁栄していくためには、種子を遠くに運んで、そこで種子が芽生える必要がありますよね。

でも、植物は動物のように歩いて移動できません。

もちろん、種子も歩けません。だから動物に運んでもらっているのです。ただ、動物も素直に「はい、お届け先はこちらですね〜」と運んでくれるわけではありませんよね。そこで活躍するのが、果物なんです。

皮をむいてタネを取ってお皿に盛って食べる人間とは違い、動物はまるごとムシャムシャ果物を食べてくれます。

そして、遠くのどこかでブリブリブリって、タネを出してくれる…。天然の肥料つきですから、植物にとってこれほどうれしいことはありません。これが、果物をおいしくつくる理由なのです。

植物が果物をおいしくつくる理由

果物は、言わば種子を運んでもら

う宅配料金のようなもの。念のため言っておきますが、先生はタネと再会しても、挨拶はしていませんよ。

さて、「タネ」や「果物」と言ってきましたが、理科では「**種子**」と「**実**」が正しい呼び方です。「実」は「**果実**」とも呼ばれます。要するに、おいしく食べている部分のことです。

果実は「真果」と「偽果」に、種子は「有胚乳種子」と「無胚乳種子」に分けられる

果実は食べている部分、つまりどこが実になるかで、二つに分類されます。子房が成長した部分が実になるものが**真果**、子房以外の部分が成長して果実になるものが**偽果**です。くわしくは次回扱いますが、植物のめしべには、胚珠と子房という部分があって、普通は**胚珠が種子に、子房が実になります**。

しかし、一部の植物は子房以外の部分が実になるので、呼び方を変えているのです。

偽果の代表的なものとしては、イチゴ・リンゴ・ナシなど。これらの植物は、花たくという部分が成長したところが果実になります。

先生はおいしく食べられればいいので、食べる時にいちいち気にはしていません。この呼び方も、ちゃんと研究したら実になる部分が違っていたというお話なので、「呼び方が違うんだな」ということを、知っておけばＯＫです。

次に種子です。

種子も**有胚乳種子**と**無胚乳種子**の二つに大きく分けられます。簡単に言うと、食べる部分の差です。

食べる話ばかりしているのは、先生が食いしん坊だからではありませんよ。「なぜ食べるのか」という理由を考えてみましょう。

それは、食べ物に栄養があるからです。

でも植物は、先生に食べてもらうために栄養を蓄えたわけではありません。もちろん、みんなのためでもないですよね。では、いったい誰のためでしょう…？

それが次のテーマです。さっそく二つの種子を図で見比べていきましょう。

発芽に必要な栄養分は、胚乳（有胚乳種子）と子葉（無胚乳種子）に……

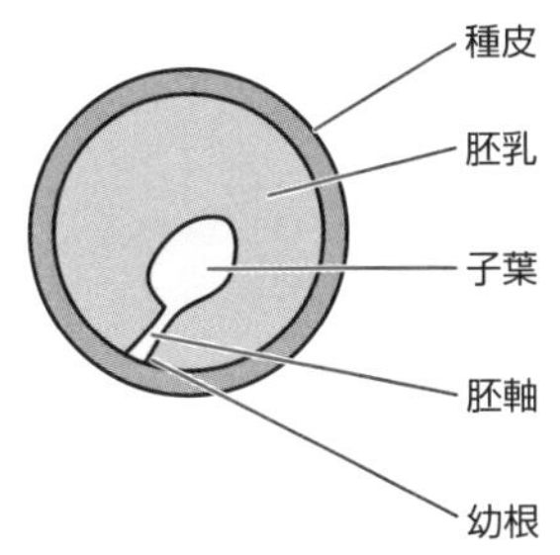

- 種皮…種子を保護する皮の部分
- **胚乳**…**発芽に必要な栄養分を蓄える部分**
- **子葉**…発芽した際に出る葉となる部分
- **胚軸**…将来茎になる部分
- **幼根**…将来根になる部分

（子葉・胚軸・幼根＝**胚**）

有胚乳種子

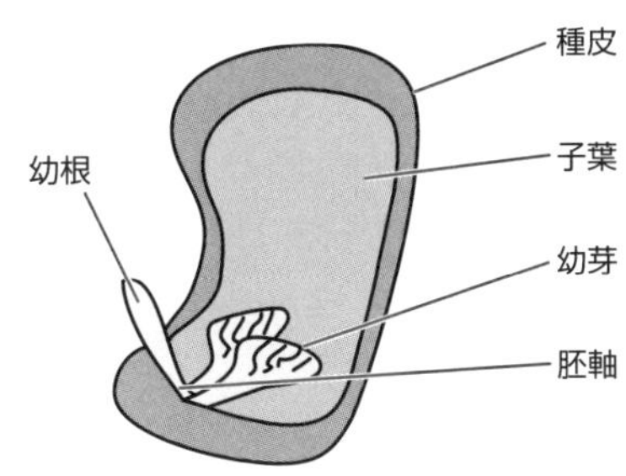

- 種皮…種子を保護する皮の部分
- **子葉**…発芽した時に出る葉となる部分、**発芽に必要な栄養分を蓄える部分**
- **幼芽**…将来本葉になる部分
- **胚軸**…将来茎になる部分
- **幼根**…将来根になる部分

（子葉・幼芽・胚軸・幼根＝**胚**）

無胚乳種子

注目すべき点はもうわかるかな？　栄養が蓄えられている部分ですね。

有胚乳種子は**胚乳**に、無胚乳種子は**子葉**にそれぞれ栄養が蓄えられています。つまり私たちは、胚乳や子葉を食べているのです。

「え⁉　胚乳や子葉を食べたことはないって？」

では、下の二つの図を見てください。

左がお米の断面図、右がピーナッツを割った図です。

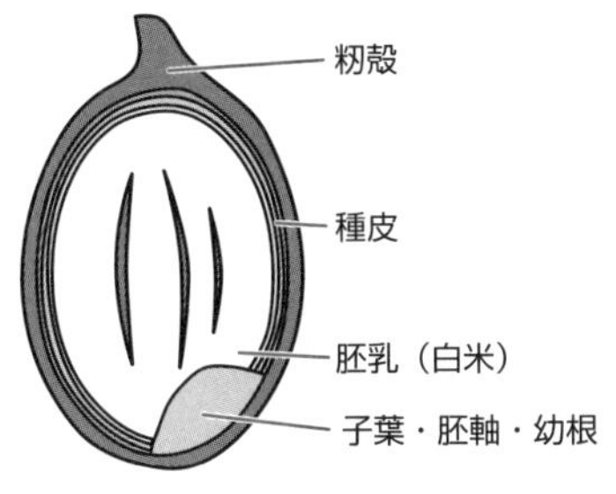

米の断面図

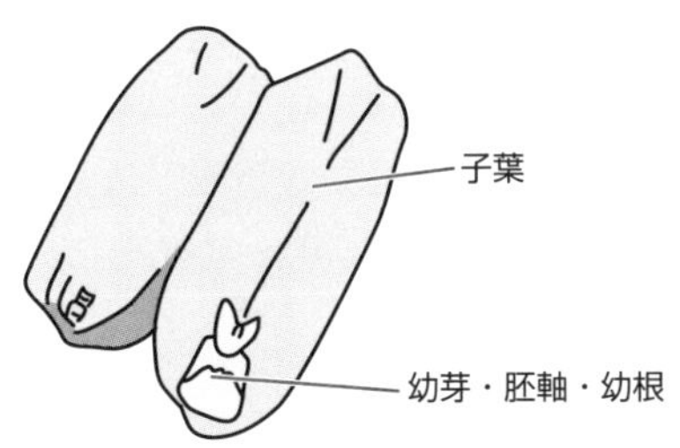

ピーナッツの断面図

この二つの図を、上の図と見比べてみると、「今まで、胚乳や子葉を食べていたんだな～」と実感できるでしょう。

お米の中にある胚乳と、ピーナッツの中にある子葉の、**発芽に必要な栄養分を蓄える部分**に注目しましょう。

発芽とは、芽や根を出すことです。このように、姿かたちを変えるにはとてもたくさんのエネルギーを必要とします。

種子に蓄えられているのは、植物のおかあさんが「この子が将来立派に発芽しますように」という思いを込めて入れた栄養なのです。

発芽するための栄養を食べているんだから、感謝して食べなくちゃいけませんね。

胚乳（有胚乳種子）は体にならず、子葉（無胚乳種子）は体の一部になる

ここで、**胚**についても説明しておきましょう。

胚とは、将来体になる部分のことです。

有胚乳種子の場合、種子の大部分を占める胚乳は、発芽に使われるとなくなってしまいます。だから、将来体にはならないので、胚には含まれません。

それに対して、無胚乳種子は、種子の大部分を占める子葉が栄養源となると同時に、体の一部にもなります。だから、無胚乳種子では種皮以外の部分がすべて胚ということになるのです。

ピーナッツの芽生えを見ると、図のようにかわいく体の一部になっているのが確認できます。

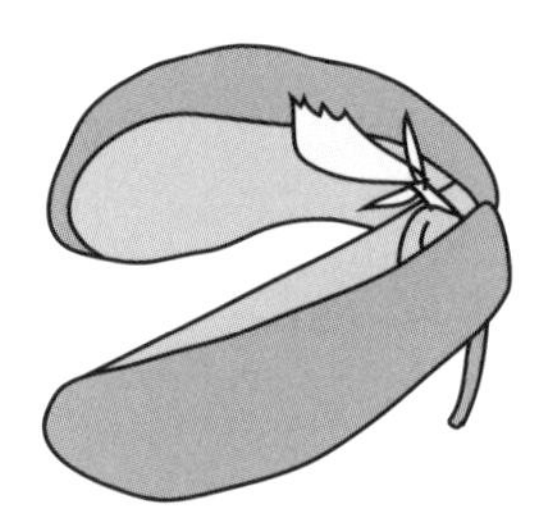

発芽して体の一部になっている
ピーナッツの子葉

なお、無胚乳種子のうち**アズキ**、**エンドウ**、**ソラマメ**などは、子葉を地中に置いていくので、地上に出てこないことも覚えておくと、完璧です。

植物も含めた「生物」は、基本的に水分の確保を考える

さて、ここで発芽に関して一つクイズを出しましょう。

「発芽する時、最初に出てくるのは、芽でしょうか、根でしょうか？」

答えは、【自分が生き残る】という視点を利用して考えましょう。

たとえば、みんなが無人島で生きていかねばならなくなったとしたら、まず一番に何を探しますか？

寝る場所？　服？　それとも、食べ物でしょうか？

どれも大切ですが、最初に探すべきものは「水」です。

私たち**生物は、地上に進出して以来、ずっと乾燥と闘っています**。地上の生物は、「飢えよりも、渇きに弱い」のです。

これは、植物にとっても同じこと。まず水分の確保を考えます。ですから、**発芽をする時に、最初に出てくるのは根**です。

でも、例外もありますよ。それは、イネです。イネは芽を先に出しますが、なぜだと思いますか？

多くの植物が根を先に出すのは、「生物が飢えよりも渇きに弱い」という理由でした。

では、イネはどこで育つでしょう？　水田ですね。

水のたくさんある水田で育つイネは、乾燥を心配する必要がないので、最初に食料である光を求めるのです。

発芽の３条件は「水」「空気」「適温」

植物の種子が発芽するためには、必要なものが三つあります。

テストでは、この三つを答えさせる問題の他にも、様々に条件を変えて種子が発芽するかどうかを調べる実験を行い、そこから発芽に必要な条件を考えさせる問題が出ます。

たとえば、次ページの６個のうち、Ｂ・Ｃ・Ｅの３個が発芽したとします。

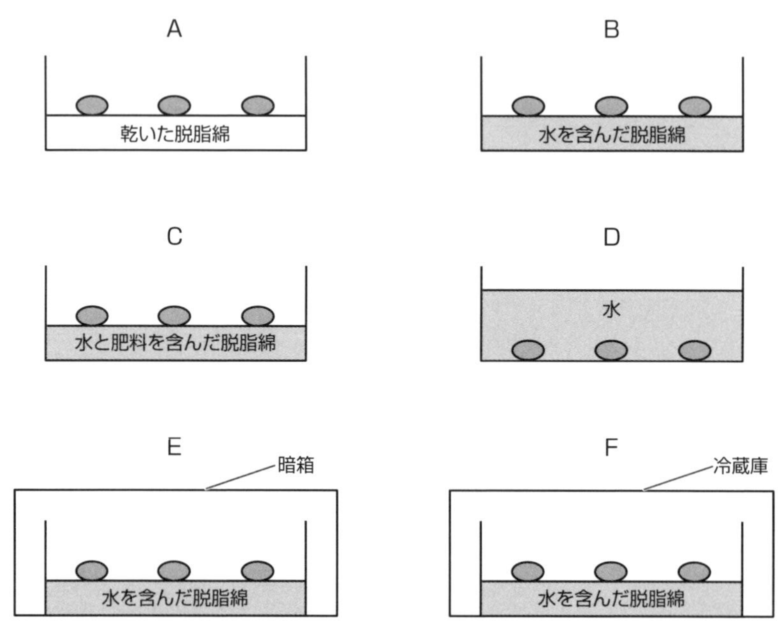

これらを比べることで、発芽には水・空気・適温の三つが必要だということがわかります。

A～Fの条件と発芽したかどうかをまとめた表が下にあるので、見てみましょう。

	水	空気	適温	光	肥料	発芽したか、しないか
A	×	○	○	○	×	しない
B	○	○	○	○	×	した
C	○	○	○	○	○	した
D	○	×	○	○	×	しない
E	○	○	○	×	×	した
F	○	○	×	×	×	しない

①AとBを比べると、発芽に「水」が必要だとわかる

水以外の条件は同じなのに、Aでは発芽せず、Bでは発芽しています。これは、**水が発芽に必要**だということを示しています。

②BとDを比べると、発芽に「空気」が必要だとわかる

空気以外の条件は同じなのに、Dでは発芽せず、Bでは発芽しました。これは、**空気が発芽に必要**だということを示しています。

③EとFを比べると、発芽に「適温」が必要だとわかる

温度以外の条件は同じなのに、Fでは発芽せず、Eでは発芽していますね。つまり、**適温が発芽に必要**なことを示しています。

ここで大切なことは、「**調べたい条件以外は、すべて同じ条件にする**」ということです。

上に挙げた三つは、それぞれ違いが１か所しかないのに、発芽したか・していないか、結果が変わっていますね。他の条件が一緒なので、その条件が発芽に影響しているのだとわかります。

しかし、AとCを比べても、Aが発芽しなかったのは「水がなかったから」なのか、「肥料がなかったから」なのか、「水も肥料もなかったから」なのかわかりません。

だから、「**調べたい条件以外は、すべて同じ条件にする**」ことが必要なのです。

単子葉類は有胚乳種子を、カキを除く双子葉類は無胚乳種子をつくる

発芽した種子が、最初に土から顔を出す部分が、子葉です。

この**子葉が１枚のものを単子葉類**、**子葉が２枚のものを双子葉類**と呼んで区別します。また、**単子葉類の多くは有胚乳種子**を、**双子葉類の多くは無胚乳種子**をつくります。

テストでよく出る例外が「**カキ**」です。

カキは、双子葉類ですが、有胚乳種子をつくる植物です。

覚えておきましょう。

種子はデンプン、タンパク質、脂肪の三大栄養素を含む

三大栄養素という言葉を、聞いたことがありますか？

三大栄養素は、デンプン、タンパク質、脂肪の三つです。

これらはどれも、私たちが生きていくうえで大切な栄養素ですが、種子はこれらの栄養素をすべて含んでいます。

しかし、種子によって含まれる栄養素の割合は違うのです。

デンプン→**イネ**、**ムギ**、**トウモロコシ**、インゲンマメ
タンパク質→**ダイズ**、ソラマメ
脂肪→**ゴマ**、**アブラナ**

イネや**ムギ**のように、主食になるものには、**デンプン**が多く含まれています。**タンパク質**が多く含まれている種子の代表が、**ダイズ**です。畑の肉と呼ばれていますね。

最後に**脂肪**です。ゴマ油やナタネ油って、聞いたことがありますか？　これらは、**ゴマ**の種子やナタネ（**アブラナ**）の種子をしぼってつくられています。

植物が成長するための５条件：水・空気・適温・日光・肥料

無事に発芽した植物が成長していくためには、発芽の３条件（水・空気・適温）に加えて、**日光**と**肥料**の合計五つが必要になります。

日光は、植物が**光合成**をするために欠かせないもの。

肥料は、植物がバランスよく成長するのを助けるものです。

植物は、光合成をすることで、デンプンをつくります。

デンプンは、人間の主食になる成分でしたよね。植物はお米やパンを食べない代わりに、光合成をして自分でデンプンをつくっています。

そういう意味では、植物にとっての日光は、人間の「食事」のようなもの。肥料は、「ビタミン剤」にあたります。

よく「植物は肥料で成長する」と思っている人がいますが、人間もビタミン剤だけでは生きていけません。あくまで肥料は、植物がバランスよく成長

するのを助けるビタミン剤のようなものなのです。

ここで覚えてほしいのは、三つの肥料の名前です。

ビタミン剤のようなイメージを持ちやすいように、各肥料の主な働き(はたら)も紹介しておきますが、覚えるのは名前だけで大丈夫ですよ。

- **窒素肥料**(ちっそ)…葉を育て、緑色を濃くする
- **リン酸肥料**（リン）…花や実の成長に役立つ
- **カリ肥料**（カリウム）…体の働き(はたら)を調節する

日光と肥料の働き(はたら)を確認したところで、ある実験を紹介しましょう。

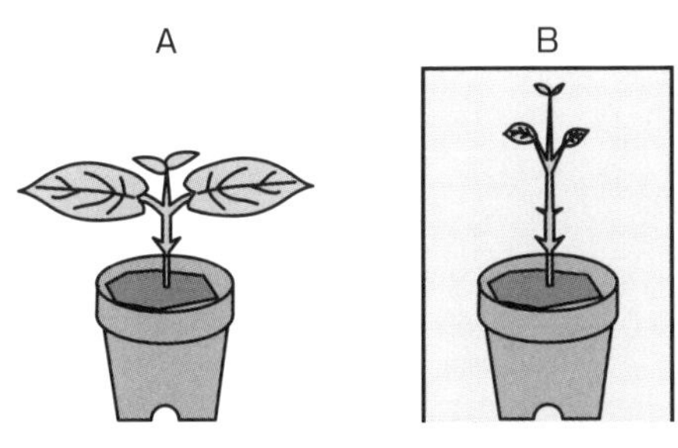

左の図のように、何もおおっていない植物（A）と、箱でおおった植物（B）が、どのように成長していくのかを示したものが、次の表です。

	日光○	日光×
草たけ	低い	高い
葉の大きさ	大きい	小さい
葉や全体の色	濃い緑色	薄い黄色
茎の太さ	太い	細い

表をよく見ると、一つだけ気になるところがないかな？

そう、草たけの部分です。日光が当たらない時のほうが高くなっていますね。

日光が当たっているほうが立派に育つのが普通なので、草たけもそのほうが高くなるような気がするけれど、結果は逆になっています。

では、なぜこのような結果になるのでしょうか？

植物の気持ちになって、考えていきましょう。

植物が持つ能力：屈光性・屈地性・屈湿性

Bでは芽が顔を出しても、日光に当たりません。たぶん植物は、「あれ？今は夜なのかな？」と、そんなふうに考えるはずです。

間違(まちが)っても「むむむ、これは人間が実験のために箱をかぶせたな!!」とは思わないですよね。

では、しばらくしても日光が当たらなかったらどうでしょう。
「ん!?　これは夜ではなく、周りに日光を遮る、高い何かがあるのかな？」と、考えます。

日光は植物にとっての食事なので、このままでは飢え死にしてしまいます。大ピンチです！

そうなると、「何かわからないけれど、光を遮っているものを高さで抜かして、日光を浴びなければマズイぞ」と考えて、必死に背を伸ばします。だから、**日光が当たらない時のほうが、草たけが高くなる**のです。

動物ならまだしも、植物の気持ちになって考えるのはピンときませんか？

では、この話はどうでしょうか。

Bの箱の下のほうに光の入る穴を開けると、植物の茎はそちらのほうに伸びていきます。

植物にとって光は食事ですから、食事をして【自分が生き残る】ために、必死にそちらに茎を伸ばします。その姿は動物と何ら変わりません。

私たちが視覚や嗅覚で食べ物を探すのと同じように、植物には光のある場所を感じることができる能力があるのです。

これを難しい言葉で**屈光性**と言います。

他にも、植物には、重力や湿気を感じる能力もあるので、あわせてまとめておきましょう。

屈光性…光の方向、あるいはその逆の向きに伸びていく
- 茎や葉…光に向かって進む（正の屈光性）
- 根…光とは反対の方向に進む（負の屈光性）

屈地性…地球の重力の向きに、あるいはその逆の向きに伸びていく
- 根…重力の方向に進む（正の屈地性）
- 茎や葉…重力に逆らって進む（負の屈地性）

屈湿性…水分のある方向に伸びていく
- 根…水分のあるほうに進む（正の屈湿性）

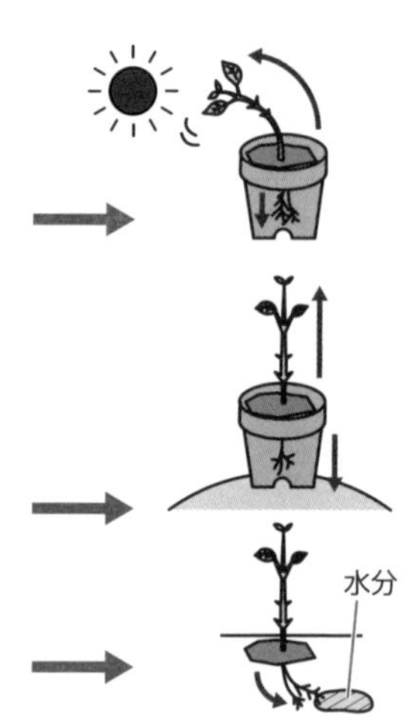

最後に、今回の内容に関する入試問題に挑戦して、授業を終わりにしましょう。

難関中学の過去問トライ！　（浅野中学）

（6）右の写真はカキの果実の断面です。イネの食用部分（白米）に相当するものを、右のア～エの中から1つ選び、記号で答えなさい。

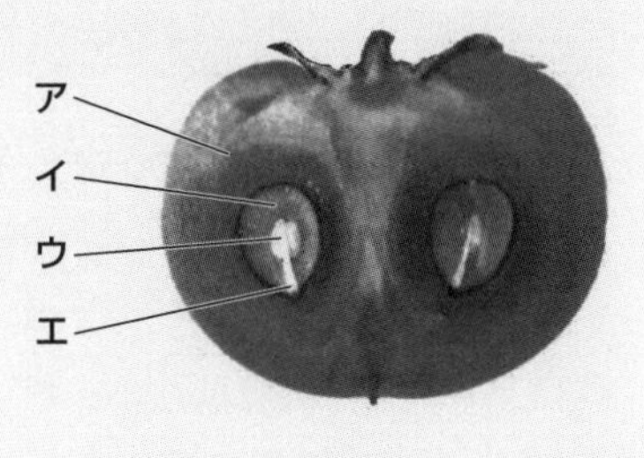

（7）（6）で選んだ部分の名称を書きなさい。

解説

注意したいのは、「カキのどこを食べるのか」を聞かれているわけではない、ということです。そんなの、アに決まっていますよね。

問題文をもう一度ちゃんと読むと、「イネの食用部分（白米）に相当するもの」と聞かれていますね。イネの食用部分は種子の中にある「胚乳」でした。

そして、カキは双子葉類だけど、有胚乳種子をつくるのでしたね。

つまり、この問題では「カキの種子の中の胚乳はどこですか？」と聞かれているのです。

したがって（6）の答えは**イ**、（7）は**胚乳**になります。

ちなみにこの問題の（5）では、こんな出題がされていました。

まだ知らない言葉がたくさん出てきていますね。

（5）モモの花は完全花ですが、イネの花は不完全花です。モモの花にあって、イネの花にないものを、次のア～オの中から2つ選び、記号で答えなさい。

ア 雄しべ　イ 雌しべ　ウ 花弁（花びら）　エ えい　オ がく

ちなみにこの問題の答えは**ウ**と**オ**。

次回は、この問題に答えられるようになる学習をしていきましょう。

花のつくりと植物の分類

花がきれいに咲くのは、虫に花粉をめしべへ運んでもらうため

今回は、まず花について勉強していきましょう。

花について学習を開始する前に、また質問です。

「花は、なぜきれいに咲くのでしょうか？」

「きれいに咲かないと売れないから」ではありませんよ。

前回と同じように植物のキーワードから考えていきましょう。

今回は、【子孫を残す】を使います。

植物の子孫は種子（しゅし）ですが、何も勝手に種子（しゅし）ができるわけではありません。種子（しゅし）ができるためには、花が咲いて、**おしべ**でつくられた**花粉**が**めしべ**の**柱頭（ちゅうとう）**につく必要があります。

でも、花粉はどうやってめしべの柱頭（ちゅうとう）までたどり着くのでしょう？

コンビニに行って「えーっと、この花粉をめしべの柱頭（ちゅうとう）まで届けてください」なんてするわけないのは、みんなもわかりますよね。

多くの植物は、**花粉を虫に運んでもらいます**。

種子（しゅし）を運んでもらう時の宅配料金が「果実」なら、花粉を運んでもらう時の宅配料金は「みつ」です。「おいしいみつはここにありますよ～」と虫にお知らせするものが、きれいな花であり、いいにおいになります。

これが、花がきれいに咲く理由。つまり、**虫をおびき寄せて花粉を運んでもらうため**に、きれいな花を咲かせたり、いいにおいをさせたり、みつを出しているのです。

あとで出てきますが、このような花を虫媒花（ちゅうばいか）と言います。

実際は「みつ」だけでなく、「花粉」を食べる昆虫もたくさんいます。花粉は数多くつくられるので、食べられずに体についた花粉が、めしべの柱頭（ちゅうとう）まで運ばれれば、花にとってもよいことなのです。

花が「受精」するまでの流れ

右の図の真ん中にあるものが**めしべ**、その周りにたくさんあるものが**おしべ**。おしべの周りには**花びら**があって、さらにその外側に全体を支えるように**がく**というつくりがあります。

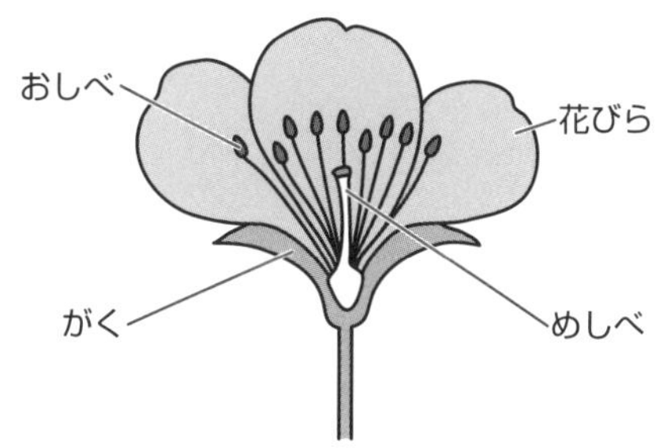

どれも子孫を残すための大切な役割がありますが、その中でも、とくに大切なのがおしべとめしべです。左下の図を見てください。

この図は、花からおしべとめしべだけを取り出して表したものです。

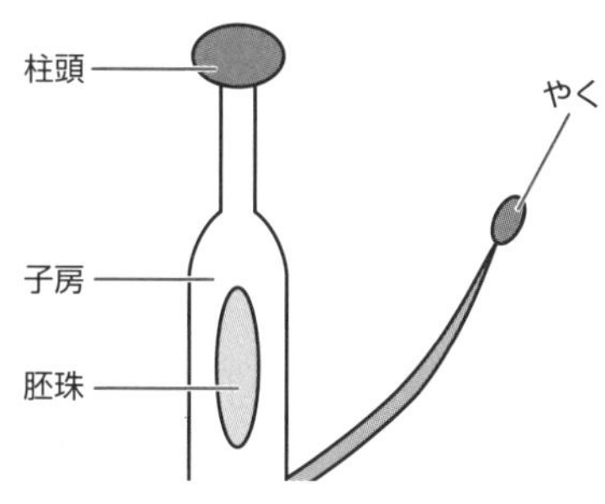

子孫を残すために大切な花粉は、おしべの「**やく**」でつくられます。

「**おしべのやくでつくられた花粉が、めしべの柱頭(ちゅうとう)につくこと**」が**受粉(じゅふん)**です。受粉(じゅふん)した花粉は花粉管を伸ばし、胚珠(はいしゅ)にたどり着きます。その花粉が胚珠(はいしゅ)と合体し、一つになることが**受精(じゅせい)**です。この受精が起こると、**胚珠(はいしゅ)が種子(しゅし)**に、**子房(しぼう)が実**になります。

受精(じゅせい)は、胚珠(はいしゅ)が種子(しゅし)に、子房(しぼう)が実になるためのスイッチのようなもの。逆に流れをたどると、種子(しゅし)ができて子孫を残すためには「受精(じゅせい)」というスイッチが押される必要があり、受精(じゅせい)をするためには「受粉(じゅふん)」する必要があり、受粉(じゅふん)するためには「虫に来てもらう」必要があり、虫に来てもらうためには「きれいな花を咲かせる」必要がある、ということなのです。

生物のミニCOLUMN

完全花と不完全花

めしべ・おしべ・花びら・がくが、一つの花にそろっているものを**完全花(かんぜんか)**と言い、どれか一つでも欠けているものを**不完全花(ふかんぜんか)**と言います。

多くの植物は「他家受粉」だけど、例外も覚えておこう

でも、なんでわざわざ虫に花粉を運んでもらうなんて、面倒なことをしているのでしょうか？　おしべとめしべは近くにあるんだから、もう少し工夫すれば、自分で花粉をつけるしくみがつくれそうな気もしますよね。

じつは、多くの植物は、自分の花の花粉ではなく、他の花の花粉を受粉（じゅふん）（**他家受粉**（たかじゅふん））しています。

他の花の異（こと）なる遺伝子同士が組み合わさると、それぞれの特徴（とくちょう）を受け継いだ植物が生まれます。そのため、代を重ねるごとに様々な個性を持った植物ができていきます。

そして、様々な個性によって、環境変化に適応できる可能性が高まるのです。

そのために、虫に花粉を運んでもらっているのですね。

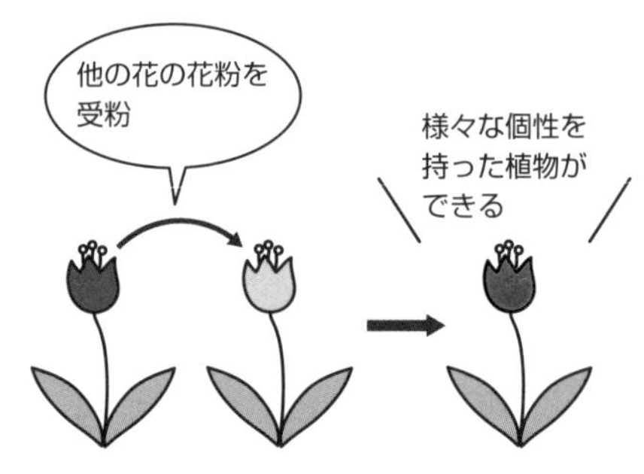

他家受粉で環境変化に
適応できる可能性を高めている

中には、イネ、アサガオ、エンドウのように、自分の花の中だけで受粉（じゅふん）（**自家受粉**（じかじゅふん））するしくみの植物もいますが、それは例外的な存在です。

「あああぁぁぁ！　例外出てきた～！」って思いましたか？

そう、例外はよくテストに出るので、しっかり覚えましょう。

花粉を虫に運んでもらう虫媒花、風に運んでもらう風媒花

ここで、さらなる疑問を一つ提供します。

「昆虫などがいない環境では、植物はどうやって花粉を運んでいたのでしょうか？」

これは簡単だったかな？　正解は風です。

花粉を虫に運んでもらう植物を、虫媒花（ちゅうばいか）と呼ぶのに対して、**風に花粉を運んでもらう花を、風媒花**（ふうばいか）と言います。

もともと植物は、風に花粉を運んでもらっていました。まさに風まかせ。運を天にまかせて、大量の花粉を放り投げていたんですね。

風媒花の花粉は、いっぱいつくられて、風でまき散らされるので、毎年先生が苦しむ花粉症の原因になっています。

でも、もともと先に住んでいたのは風媒花さんたちですから、あとから来た先生が、文句を言うわけにはいきませんよね。

さて、風媒花と虫媒花の花のつくりは、まったく違います。

虫媒花は虫をひきつけるためにきれいだったり、いいにおいがしたり、みつを出したりします。一方、風媒花は虫をひきつける必要がないため、地味な花が咲くのです。

考えてみてください。風に運んでもらうのに、きれいな色をしている必要はないでしょ？　「みつが出ていておいしいよ」と言っても、風が吹いてくれるわけではありません。

運んでもらう相手が違うので、花粉のつくりにも違いがあります。

虫媒花は虫につきやすいように、花粉がねばねばしていたり、とげがあったりします。

風媒花は風に飛ばされやすいように、花粉一つひとつが小さく、さらさらしています。植物も子孫を残すために、それぞれ工夫をしているのが伝わってきますよね。

風媒花と虫媒花の花のつくり

もちろん、花粉がつく柱頭にも違いがあります。どう違うか想像がつくかな？

虫媒花は、虫が運んできた花粉がくっつきやすくなるように、柱頭がねばねばしています。風媒花は風に飛ばされてきた花粉を受け止めやすくするため、柱頭に毛があるのです。

柱頭にたくさんの毛があったり、長い毛が生えていたりするものは、風媒花です。次ページの表にそれぞれの特徴をまとめました。

	虫媒花	風媒花
花の様子	•大きい •きれい •においがある •みつが出る	•小さい •目立たない •においはない •みつが出ない
花粉の様子	•ねばねばしていたり、とげがあったりする •数は少ない	•さらさらしている •数が多い •小さく軽い
めしべの様子	•ねばねばしている	•細かい毛がついている

この表を全部覚えてしまうのも一つの方法ですが、何でも覚えようとすると、キリがありません。

効率も悪いし、暗記ばっかりだとおもしろくないですね。だから、大事なキーワードやストーリーを頭の片隅において考えることが大切です。

たとえば、虫媒花はハデ、風媒花は地味です。

「ハデなんだから、花はきれいだよな」

「地味なんだから、においはないよな」

花粉についても、運んでもらう相手を思い出して、「虫に運んでもらうのだから、花粉はどういうものがよいかな…」と考えていくと暗記量を減らすことができますし、考える問題に対応できる力がついていきますよ。

教室でこの単元の講義をしている時、先生は授業の最後にこんな質問をすることがあります。

「みんなが将来お花屋さんを開くとしたら、風媒花専門店と虫媒花専門店のどちらを開きますか？」

そうすると、

「ハイハイハーイ、お店に虫が来たらイヤだから、風媒花専門店がいいです」

なんて答える子がいるのですが、みんなはこの子の大きな間違いに気がつきましたか？

虫媒花はハデ、風媒花は地味、ですよね。

風媒花専門店は、すぐにつぶれちゃうんじゃないかな？

最後に、それぞれの花粉を見てみましょう。

虫媒花	風媒花
アサガオ	スギ
ヘチマ	マツ

種子で増える植物、胞子で増える植物

さて、「考えることが大切」とは言いましたが、実際のところ、生物分野は暗記しなくてはいけないところが多くあるのも事実です。

ただ、暗記を効率的にする方法はあります。それが分類です。

バラを覚えて、サクラを覚えて、リンゴを覚えて…とやっていたら、キリがありませんよね。

でも、バラもサクラもリンゴも同じバラ科なので、多くの似た特徴を持っています。ですから、まずは分類を学び、そのグループごとの特徴を覚えていくことで、効率的に学習を進めることができるのです。

分類は、効率的な学習に役立つだけでなく、植物の壮大な進化のストーリーを学ぶことにも役立ちます。

そのストーリーをひも解きながら、代表的な植物の分類について説明していきましょう。

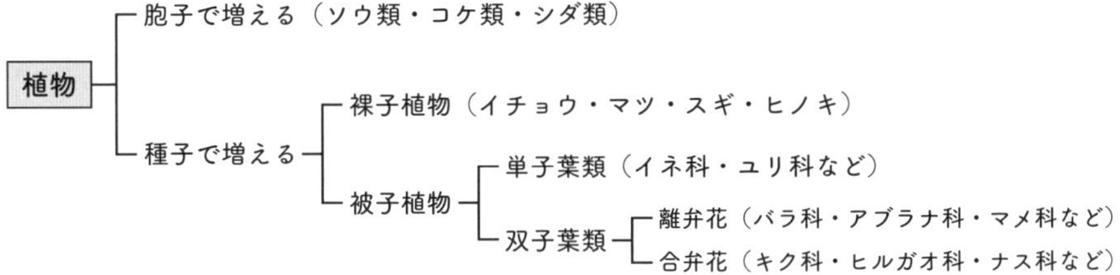

ここまで学んできたのは、種子で子孫を残す種子植物でした。
種子植物が誕生したのは、今から1億年ほど前と言われています。それ以前の植物は、種子でなく、胞子というもので子孫を残していました。

胞子で子孫を残す植物の代表例が、**ワカメやノリなどのソウ類**、そして、**ゼンマイ・ワラビ・スギナ（ツクシ）などのシダ類**。ソウ類は海藻、シダ類は山菜そばの具のイメージかな。どちらも水や栄養が豊富な環境な気がしますね。なお、最近ではソウ類を植物ではなく原生生物に分類する考え方もあります。

その中から進化したものが、**種子をつくって増える、種子植物**です。
種子をつくるようになった理由を一つ挙げるとすれば、乾燥対策です。
地上生物の歴史は、乾燥との闘いの歴史でしたね。じつは、胞子は受精をして子孫をつくる時には、外部の水が必要になります。それに対して、種子植物は花粉をつくって、胚珠の中で受精するので外部の水は不要です。乾燥しているタイミングでも種子がつくれるのです。

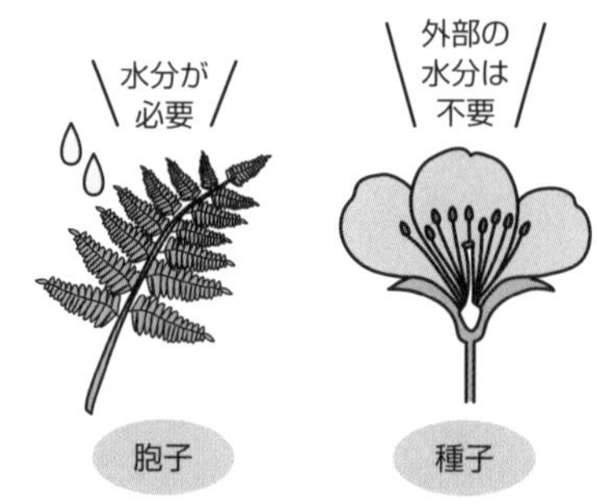

乾燥に弱い胞子、乾燥に強い種子

もちろん、種子が発芽する時には水が必要ですが、種皮で守られている種子は、あまり水のないところにいたとしても、周りに水が来る時まで、じっと待つことができるのです。

先生は、実際に2000年前の地層から発見された種子を発芽・開花させた「古代ハス」を見たことがあります。単なる普通のきれいな花でした。
あ、うっかり花を見た感想を書いてしまいましたが、みんなに伝えたかったのは、「2000年もの長い間、ずっと発芽するチャンスを待っていた、種子のたくましさに感動した」ということです。ただ、花は普通でしたね。

生物のミニCOLUMN

進化と退化

「進化は素晴らしい、退化はダメ」、こう考えてしまうと、思考の幅を狭めてしまいます。
たとえば、クジラはもともと四足歩行だった動物の後ろ脚が退化して、今のヒレのようになりました。でも、これは環境に適応した進化と考えなくてはいけません。大切なのは、生物は「生き残るために」環境に適応するということなのです。

同じように、胞子で増えるシダ類から進化した種子植物ですが、必ずしも全部種子植物が優れているわけではありません。胞子と種子にはそれぞれメリットとデメリットがあるのです。

たとえば、胞子はとても小さいので、何百万個もつくることができますが、その中には栄養がほとんどないため、栄養豊富な土壌でないと発芽できないという欠点があります。

種子は、その中に栄養分が多く含まれており、土に栄養がなくても自力で発芽することができます。でも、胞子ほどたくさんの数をつくることはできません。

種子植物は、裸子植物と被子植物に分類される

こうして、種子をつくれるように進化した種子植物は、**胚珠が子房に包まれていない裸子植物**と、**胚珠が子房に包まれている被子植物**に大きく二分されます。

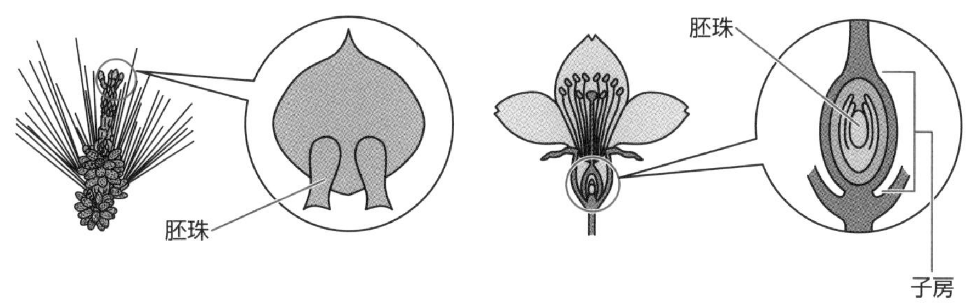

裸子植物のマツ（左）と被子植物のサクラ（右）

裸子植物は、現存している種類はそんなに多くなく、ぱっと思いつくのは、イチョウ・マツ・スギ・ヒノキくらい。日本ではイチョウは公園などの並木に、マツは防潮林に、スギやヒノキは建材用に植林されているので、どれもなじみ深い名前ですが、現存している植物の多くは、被子植物なのです。

なぜ、被子植物のほうが繁栄したのでしょうか？

その理由はいくつかあります。まずは、被子植物が種子を実で包み込むことで、より乾燥した環境に適応したということ。それに加えて、動物を利用した種子の散布により分布で拡大するために、わざとおいしい実をつくるタイプまで出現したことなどが考えられます。

動物を利用することに関しては、花粉でも同じ。裸子植物のほとんどが風媒花で、被子植物のほとんどが虫媒花なのです。

種子の散布や花粉の移動に、動物を利用するスタイル。言い換えれば、動物と共存するスタイルが、動物が多い現在の地球環境にマッチしていたため、被子植物のほうが繁栄したのでしょう。

被子植物は、単子葉類と双子葉類に分類される

被子植物の中で、**子葉が1枚のものを単子葉類**と言い、**子葉が2枚のものを双子葉類**と言います。

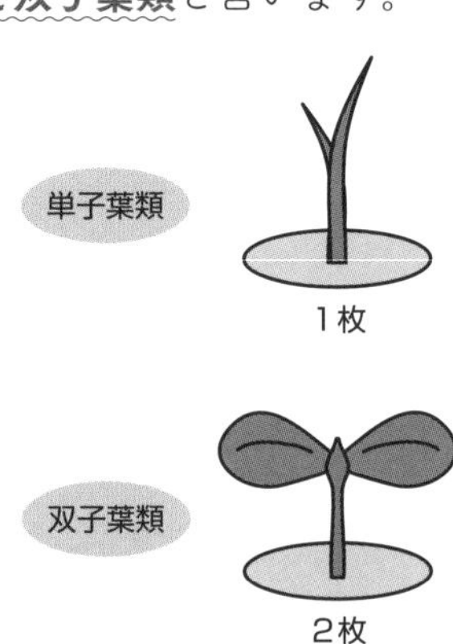

一番大きな差は、単子葉類は草だけで木がないのに対して、双子葉類は草も木もある、ということです。

単子葉類が草しかない理由は、形成層と呼ばれる茎を太くするしくみが存在しないからなのですが、草しかないため化石があまり見つかりません。進化の順番で言えば双子葉類から単子葉類へと進化したのですが、化石が見つからないので、まだよくわかっていないことも多いのです。

生物のミニCOLUMN

草から木へ進化し、そしてまた草へと進化した

最初に地上へと進出した胞子植物は、草のようなものが多く、徐々に大型化し樹木のようになっていきました。限られた栄養豊富な土壌で、他の植物に競り勝って光合成をするには大きいほうが有利だったからです。化石からは20mを越える樹木タイプのシダ類もたくさん見つかっています。

当然、胞子植物から進化した当時の種子植物は、ほとんどが大型の樹木タイプであったと考えられます。現に、現存する裸子植物はほとんど樹木タイプです。

同じように、被子植物も最初は樹木タイプがほとんどでしたが、そこから再び草へと変化したのです。一度地上へ出たクジラの祖先が海に戻ったのと似ていますね。

大型の樹木は、光合成の面では有利ですが、成長に長い年月がかかります。また、栄養豊富な土壌にはすでに大型の樹木があり、種の繁栄のためには、より過酷な環境へと、進出する必要がありました。そこで、樹木から草へ、多年草から一年草へと進化することで、世代交代の期間を短くし、いろいろな環境に適応する能力を高めたのです。

双子葉類は、合弁花と離弁花に分類される

双子葉類はさらに花びらが根元でくっついている**合弁花**と、そうではない

離弁花に分かれます。各科の代表的な植物を語呂合わせでまとめておいたので、覚えてしまいましょう。

離弁花	バラ科	リンゴ・モモ・ウメ・ナシ・イチゴ・サクラ
		リンゴはもうないさ
	アブラナ科	キャベツ・カブ・ナズナ・イヌガラシ・コマツナ・ダイコン
		聞かない子だ
合弁花	キク科	コスモス・ヒメジョオン・ハルジオン・ヒマワリ・ダリア・タンポポ
		コスモス姫は暇だった
	ヒルガオ科	アサガオ・ヒルガオ・ヨルガオ・サツマイモ
		朝昼夜とサツマイモ
	ナス科	ナス・トマト・ピーマン・ジャガイモ
		なんとピーマンじゃ

離弁花に分類される**マメ科**は、シロツメクサだけ覚えましょう。

シロツメクサは「クローバー」とも呼ばれる外来種です。四つ葉のクローバーを探したことがある人もいるんじゃないでしょうか。江戸時代、外国からガラス製品を輸入する時に、ガラスが割れないように白いお花が箱の中に詰められていたので、シロツメクサという名前になりました。

マメ科なのにマメがつかないだけでなく、日本っぽい名前なのに外来種という厄介なタイプなので、ここでしっかり覚えてしまいましょう。他のマメ科はマメがつくので楽勝です。

ちなみに、ウリ科を上の表に入れなかったのは、ウリ科は分類によって、合弁花に分類される時と、離弁花に分類される時があるからです。

ウリ科	カボチャ・メロン・ヘチマ・ツルレイシ・スイカ・キュウリ
	亀はヘチマとツルレイシが好き

ここで紹介した植物たちは、植物学習の骨格のようなものなので、しっかり覚えてくださいね。

入試の苦戦ポイント：単性花・風媒花、自家受粉する花

長年入試問題を見ていると、みんなが苦戦するポイントはだいたい決まっています。その多くは「単性花はどれか？」「風媒花はどれか？」「自家受粉するのはどれか？」、これらが問われた時なんです。

どれも分類をマスターすると、覚えるのが簡単になりますよ。
表にまとめてみたので、確認していきましょう。

単性花 ※雄花雌花(雄株雌株)に分かれているもの	•ウリ科 •トウモロコシ •裸子植物(イチョウ・マツ・スギ・ヒノキ) •ブナ科(クヌギ・カシ・コナラ・シイ・クリ)
風媒花	•裸子植物(イチョウ・マツ・スギ・ヒノキ) •トウモロコシ(トウモロコシ以外のイネ科は自家受粉するものが多い)
自家受粉	•イネ •アサガオ •エンドウ

生物のミニCOLUMN

イネ科は被子植物なのに風媒花

動物と共存することに長けた被子(ひし)植物は、その多くが虫媒花(ちゅうばいか)です。しかし、イネ科は風媒花(ふうばいか)です。籾殻(もみがら)におおわれ、製粉(せいふん)や調理をしないと食べられないイネ科の種子(しゅし)は、本来動物に食べてもらうことを目的としていないと考えるのが妥当(だとう)です。人間はたまたま火を使えたので、イネ科の種子(しゅし)を食用にしましたが、イネにとっては想定外だったことでしょう。風媒花(ふうばいか)になったのも、動物のいない生育環境に適応したことが、理由であると考えられます。

教科書などには、めしべの本数、おしべの本数、花びらの数も書かれていますが、1個1個全部細かく覚えなくて大丈夫です。むかーしの入試では出たりしましたが、最近はほとんど出ませんので。

入試で出題されるとしたら、**アブラナは「花びら」が4枚**であること。**イネは「花びら」や「がく」がなく、「えい」と呼ばれるものがついている**こと。**エンドウの「おしべ」が10本ある**ことくらいでしょうか。

それ以外の花は、**双子葉類(そうしようるい)の花びらやおしべはどっちも5**で、**単子葉類(たんしようるい)の花びらは3おしべは6**と覚えておけばOKです。ちなみに、めしべはどれも1ですね。

「ということは、タンポポも花びらは5枚ってこと?」
「先生! タンポポって、たくさん花びらがあるよ!」
このように、納得がいかない人もいるんじゃないでしょうか。

でも、次の絵を見てください。これがタンポポの花です。５枚の花びらがくっついた合弁花になっているのがわかりますね。

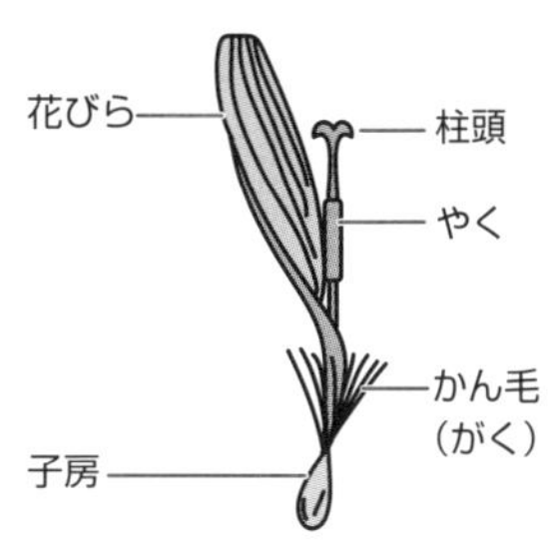

タンポポの花

カントウタンポポ（左）とセイヨウタンポポ（帰化植物／右）

キク科の花は、この小さな花を花束のようにたくさん集めて、まるで一つの花のように見せています。もちろん目立って昆虫を呼ぶためです。

このような花のことを**頭花**（頭状花）と言います。一つずつの花を束ねているのが**総苞**。この形を見ると、もともと日本にいたタンポポ（在来種）なのか、外国から来た**帰化植物（外来種）**なのかがわかります。

もともと日本にいたタンポポは総苞がまっすぐ、それに対して帰化植物のタンポポの総苞は、そり返っているところが特徴です。

今回も、最後に少し入試問題を見ていきましょう。

難関中学の過去問トライ！　（お茶の水女子大学附属中学）

2　ヒマワリについての次の文を読み、後の質問に答えなさい。

ヒマワリの花は、①たくさんの小さな花が集まって一つの花のようになっています。図１はたくさん集まったヒマワリの花ですが、よく観察すると、②中心付近は「つぼみ」になっていて、その周りの花は「おしべ」しかなく、さらにその周りの花は「おしべ」と「めしべ」があります。

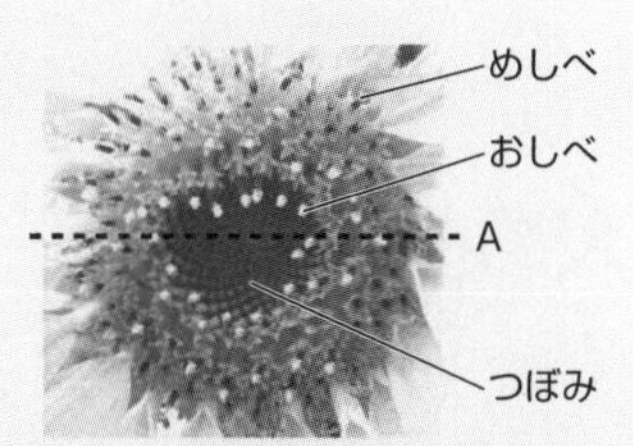

図１

問１　下線部①について、ヒマワリと同じように、たくさんの小さな花が集まって一つの花のようになっている植物を次のアからエの中から一つ選び、その記号を書きなさい。

ア　アサガオ

イ　サクラ

ウ　タンポポ

エ　チューリップ

問6　ヒマワリは虫媒花といって虫によって花粉を運んでもらいます。次のアからエの中から虫媒花でない植物を一つ選び、その記号を書きなさい。

ア　イネ　　イ　ユリ　　ウ　アブラナ　　エ　ヘチマ

解説

問1は、頭花（頭状花）はどれか、と聞かれています。

つまり、「キク科の仲間はどれですか？」という問題ですね。

今回は写真も載っているからわかりやすいのですが、写真がなくても答えられるように、分類はきちんと覚えなくてはいけません。

正解は**ウ**です。

問6は、「風媒花を選べばいい」ということですね。風媒花は表でまとめた、間違えやすいポイントの一つでした。

正解は**ア**です。できましたか？

では、今回はここまで！

根・茎・葉の分類とその働き

単子葉類と双子葉類の根、茎、葉の違いを知ろう

前回、単子葉類が双子葉類から進化したこと、単子葉類は草しかないこと、その理由は茎を太くする形成層がないから、ということをお話ししましたね。

単子葉類と双子葉類は、茎だけではなく、根や葉のつくりも違います。今

回は、まずそこから確認していきましょう。

	根	茎	葉
単子葉類	ひげ根	形成層がない	平行脈
双子葉類	主根 側根	形成層がある 形成層	網状脈

形成層の話をしたので、まずは植物の真ん中にある、茎から見ていきましょう。上図は、茎を輪切りにしてみた状態です。管がたくさんあることがわかりますね。

単子葉類のほうは、中の管がバラバラに散らばっているのに対して、双子葉類は、**形成層**にそって、管がきれいに並んでいるのが特徴です。

次に、根の違い。単子葉類は、同じくらいの太さの根がたくさん出ていて、ひげのように見えるから、**ひげ根**と言います。双子葉類は、真ん中に太い根が1本ありますね。この太い根を**主根**、周りの細い根を**側根**と呼びます。

最後に、葉の違いです。この名前の違いは模様の違いです。

単子葉類の葉は、模様が平行な線のようなので**平行脈**。双子葉類の葉は、模様が網の目のようだから**網状脈**と呼びます。

ちなみに、根拠がないことを意味する「根も葉もない」とは、「根と葉が植物の端から端まで全部ない」という意味合いが語源なのでしょう。でも、植物の端と端には、ちょっとした関連性があるかもしれません。右の落書きを見てください。

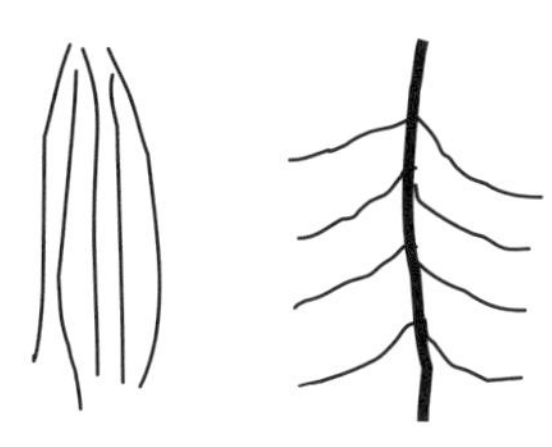

左がひげ根、右が主根と側根を書いたように見えるでしょう？

でもこれを、「ひゅっ」と丸で囲んでみると…はい、平行脈と網状脈ができました。

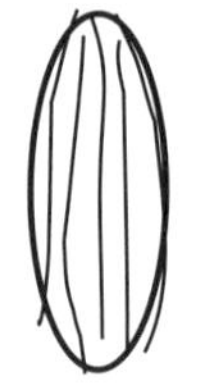

まったく関係なさそうな根と葉ですが、つくりには関連性がありそうな気がしますね。

その視点で茎の断面図を見ると、単子葉類は、バラバラに散らばった管がひげ根の１本１本に、双子葉類は、形成層という大きな主根を中心に側根が伸びているように見えてきませんか？

単に暗記するのではなく、こうやってイメージをすることは、とても大切なのです。

では、それぞれの働きについて学習していきましょう。

根の主な働き、根を食べる植物、根の各部の働き

まずは、根の主な働きと根を食べる代表的な植物をまとめておきます。

働き	•水や肥料を吸収する •地上部分を支える
根を食べる植物	サツマイモ・ダイコン・ニンジン・ゴボウ

次に、各部の働きについて見ていきましょう。

まずは、一番入試に出る**根毛**。根自体も毛のような感じがするけれど、その根をさらに拡大して見ると、小さな毛のようなものがたくさん生えています。それが根毛です。

よくテストで、「毛根」って間違えちゃう人がいるので要注意。毛根は、先生が抜け毛防止のためにケアするところです。

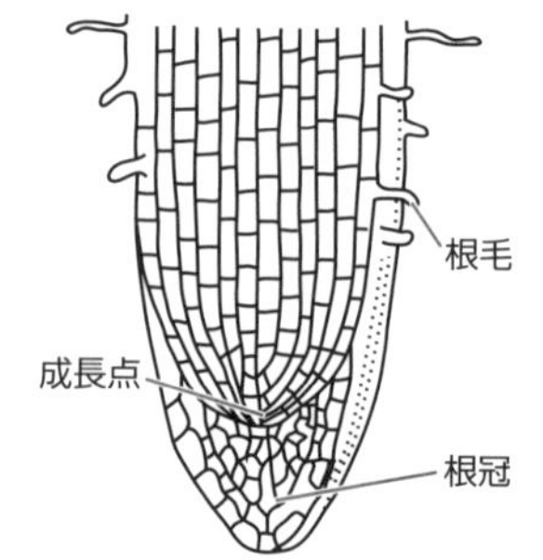

さて、根毛が出題されると、「根毛は何のためにあるのか？」と、その存在理由を必ずと言っていいほど問われます。

正解は「**表面積を大きくすることで、水や肥料を効率よく吸収するため**」。これは、そのまま暗記しちゃってくださいね。

ちなみに、根毛は「表面積三兄弟」の長男です。

「なんだそりゃ？」って思うかもしれないけれど、あとで表面積三兄弟の次男、三男が出てくるのを楽しみにしておいてください。

次に、**成長点**。これはさかんに細胞分裂して根を伸ばしていくところです。

根冠は成長点を守るところです。成長点のあたりが本当に伸びているのかどうかは、根に等間隔の「しるし」をつけて、根が伸びたあとに間隔がどう変化したかを確認して調べることができます。

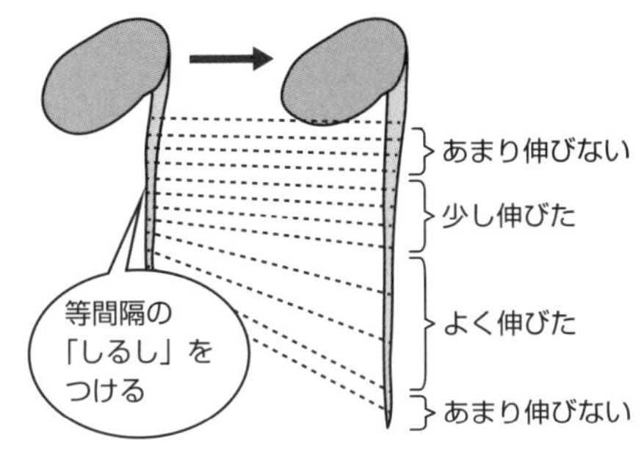

右の図を見てみると、**根冠や根元のあたりはあまり伸びず、成長点の付近がよく伸びているということがわかります**。

茎の主な働き、茎を食べる植物、茎の各部の働き

まずは、茎の主な働きと茎を食べる代表的な植物をまとめておきます。

働き	水や肥料や養分の通り道
茎を食べる植物	ジャガイモ・サトイモ・レンコン（ハス）

次に、各部の働きを見ていきましょう。茎の断面図に注目。たくさんの管があるのがわかりますね。この管を**維管束**と言います。

一つの管のように見える維管束は、じつは無数の管の集合体。その無数の管は、中に通るものに応じて名前が違います。

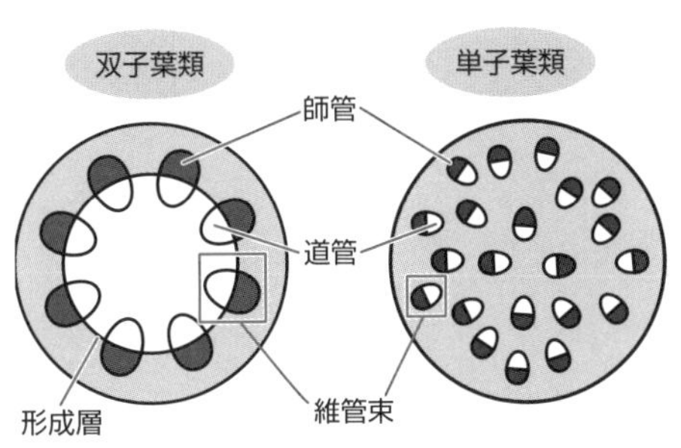

根から吸い上げた水や肥料が通るところが**道管**で、内側に集まっています。

葉でつくった養分が通るところが**師管**で、外側に集まっています。

この無数の道管と無数の師管をすべてまとめたものが、維管束ということですね。

形成層は細胞分裂がさかんに行われるところ。根で言う成長点のようなものです。これは双子葉類と裸子植物に存在します。いわゆる年輪を形成する層が形成層です。

生物のミニCOLUMN

道管はどうやって水を吸い上げるのか

世界でもっとも背が高い木セコイア、その高さは100mを超えます。なぜ、ポンプもなしに水を吸い上げることができるのか。その理由の一つは、水の凝集力(ひとまとまりになろうとする力)が大きいことです。葉から水が蒸発すると、根から水を吸い上げますが、この時、水には重力や摩擦で下向きの力がかかります。この力より水の凝集力が大きいので、水は上へ上へと移動します。凝集力を利用するために、無数の道管の中には、常に水がすき間なく充満しており、根から葉まで連続した水の柱がつくられているのです。

葉の主な働き、葉を食べる植物、葉の各部の名前

まずは葉の主な働きと、葉を食べる代表的な植物をまとめておきます。

働き	・光合成をする ・呼吸をする ・蒸散をする
葉を食べる植物	ニラ・タマネギ・キャベツ・ハクサイ

各部の働きを確認する前に、ちょっと下の図を見てください。

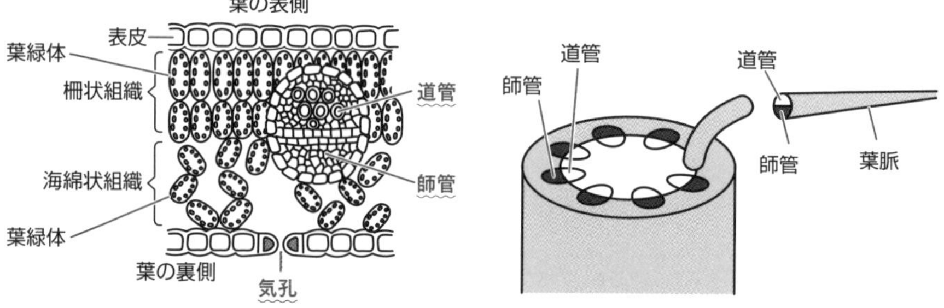

葉の断面図です。葉の表と裏の位置を確認して、どんなふうに切ったのか、ちゃんとイメージしてみましょう。

さて、まず注目するのは、道管と師管です。人間の血管が指先まであるのと同じように、道管と師管も茎からつながって葉まで来ています。この**道管と師管を合わせて葉脈**と呼びます。

「えええええ!? さっき道管と師管を合わせたら維管束って言ってたよ?」って? わかりやすく言えば、東京から高速道路で神戸まで行く時、名古屋あたりを境に、東名高速から名神高速に名前が変わるのと同じことです。

茎では、維管束だったものが、葉に入ると葉脈という名前に変わるのです。

テストでは、「葉の表にあるのは道管と師管のどちらですか？」と聞かれたりします。ただ暗記するのではなく、前ページ右側の図のように、茎の内側にあった道管が葉のほうに向かうと、自然と葉の表側に来ることがイメージできるようにしておけばいいですね。

細胞の中にあるつぶつぶは**葉緑体**と言い、**光合成**をするところです。
葉の表側の細胞がきっちり並んでいる部分を柵状組織、裏側の細胞がまばらに並んでいる部分を海綿状組織と言います。

葉の裏側にある穴は、気孔と言って、気体の出し入れをするところになります。

気孔の周辺には、くちびるのような部分があって、それを**孔辺細胞**と言うことも覚えておきましょう。

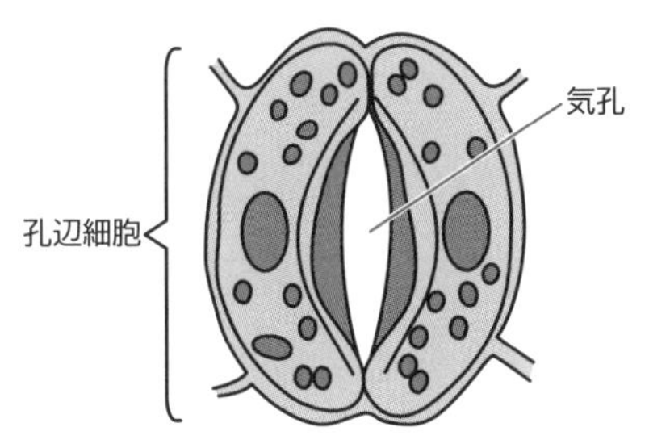

各部の名前を覚えたら、働きを説明していきますよ。
まずは、光合成について見てみましょう。

「光合成」と「呼吸」は、表と裏の関係

光合成とは、**水と二酸化炭素を、日光のエネルギーを利用してデンプンと酸素に変える働き**のことです。これは**葉緑体**で行われ、この時につくられるデンプンが、植物の栄養になります。植物にとっての食事ですね。

次は呼吸についてです。
呼吸とは、**デンプンと酸素から生きるためのエネルギーを取り出し、水と二酸化炭素に変える働き**のことです。
みんなが呼吸をするのは生きるためのエネルギーをつくるため。それは植物

も同じなんですね。

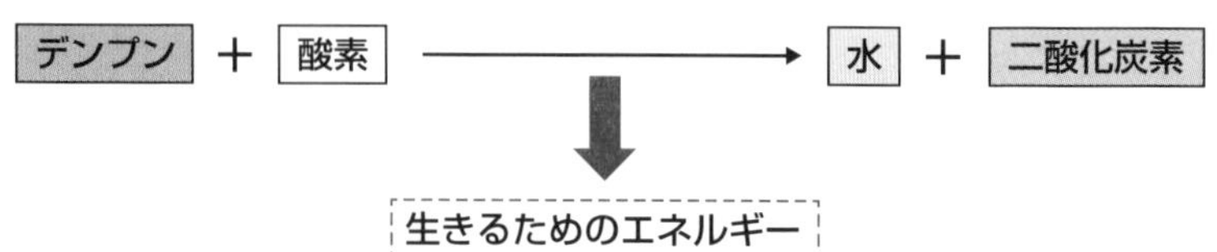

二つを見比べてみると、光合成と呼吸は表と裏のような関係にあることがわかりますか？

水と二酸化炭素に「エネルギー」を入れるとデンプンと酸素に変化し、デンプンと酸素から「エネルギー」を取り出すと元の水と二酸化炭素に戻る。

つまり、私たち人間も、じつは日光のエネルギーで動いているということになります。いきなり自分が日光のエネルギーで動いていると言われてもピンとこないかな？

でも、ソーラーパネルを使えば日光から電気がつくれるのは知っていますよね？　日光のエネルギーがたくさんの機械を動かす電気に変わることを考えると、自分を動かすエネルギーの元にもなっているような気がしてきませんか？

光合成や呼吸に関する実験について知っておこう

テストでは、光合成や呼吸に関する実験についても問われるので、それぞれ代表例を紹介しておきましょう。

まずは光合成。この実験では、いろいろな処理をした葉に**ヨウ素液**をかけ、色の変化を調べます。ヨウ素液は「**デンプンと反応すると青紫色に変わる**」性質を持っているので、葉が青紫色に変われば、光合成をした証拠(しょうこ)になります。

テストで聞かれるのは、「手順とその理由」。

どういう順番でするのか、なぜその作業をするのか。必ずセットで覚えてくださいね。

①まず、実験に用いるアサガオを、**前日から暗いところに置いておきます**。

この作業を行う理由は、**葉の中のデンプンを、一度なくすため**です。葉のデンプンがゼロの状態から実験を行わないと、正確な結果が得られないからですね。

②同じような葉を数枚選別し、下のような処理をしましょう。

A：ふ（葉の一部が白くなっているところ。葉緑体がありません）入りの葉の一部に、アルミはくをかぶせる。

B：ふのない葉に、透明な袋をかぶせる。

C：ふのない葉に透明な袋をかぶせ、袋の中に水酸化ナトリウム水溶液を含んだ紙を入れる。

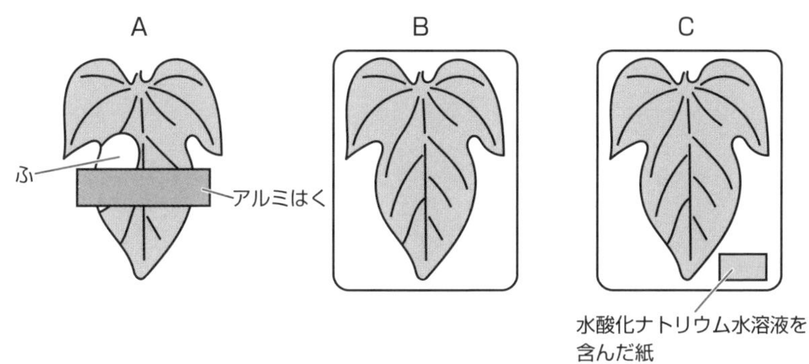

Aで、**ふ入りの葉を選ぶのは**、ふの部分（葉緑体がない部分）で光合成ができるのか、つまり**葉緑体で光合成を行っているのかを確かめるため**です。

アルミはくをかぶせる理由は、日光に当たらない部分をつくるため、つまり**光合成に日光が必要だということを確かめるため**です。

BとCの二つを用意する理由は、この**二つを比べて、光合成に二酸化炭素が必要だということを確かめるため**です。水酸化ナトリウム水溶液は、二酸化炭素をよく吸収するので、Cの袋の中の二酸化炭素がなくなるんですね。

③処理をした葉をしばらく日光に当て、そのあと**葉を摘み取りすぐに熱湯につけます**。この作業を行う理由は、**葉の活動を止めるため**です。

葉でつくられたデンプンは、師管を通って植物の全身に運ばれます。でも、じつはデンプンは水に溶けにくいので運びづらいもの。だから、一度水に溶けやすい**糖**というものに形を変えて運ばれるのですが、葉の活動を止めないと、光合成でつくったデンプンが、次から次へと糖に変えられてしまうので、それを防止しているのです。

また、せっかくアルミはくをかぶせて、日光に当たらない部分をつくったのに、取ったあとに光合成されては困っちゃいますしね。

④葉を温めたアルコールにつけます。

この作業を行う理由は、**葉の緑色を抜き、ヨウ素液を使う時の色の変化を見やすくするため**です。これは、アルコールで葉を脱色するということ。ちなみにアルコールにつけると、葉はパリパリになります。

⑤葉をお湯か水につけます。これは、**固くなってしまった葉を、やわらかくするため**です。

⑥葉にヨウ素液をつけます。この作業を行う理由は言うまでもないかな？どこにデンプンができているかを確かめるためですね。

結果はこうなります。図の色がついているところが、青紫色に変化したところです。

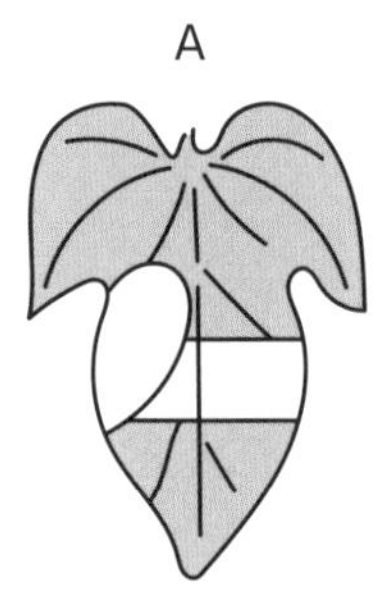

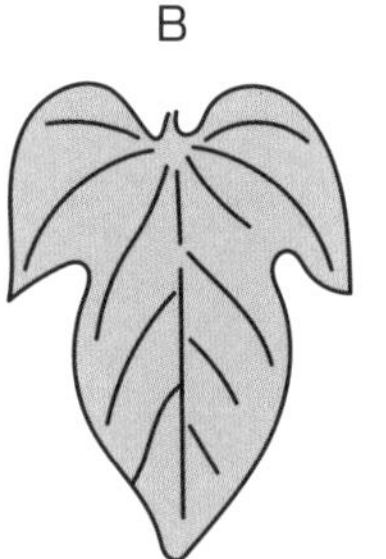

Aの「ふ」と呼ばれる白い部分は色が変化していません。

ａとｄを比べることで、光合成は**葉緑体**で行われていることがわかります。

また、アルミはくでおおった部分のうち、葉緑体があった部分（右図のｃ部分）が変化していないので、ｃとｄを比べることで、光合成に**日光が必要だということがわかるでしょう**。

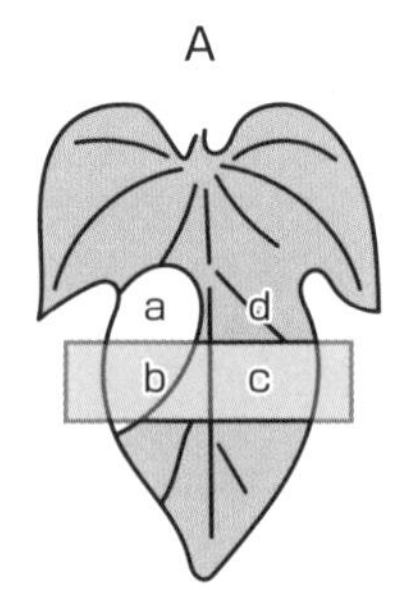

これまでにも伝えたように、「**調べたい条件以外は、すべて同じ条件にする**」ことが、対照実験における重要な考え方なのです。

Bは、葉全体が青紫色に変化しています。Cは、どこも変化していません。この二つの結果を比べると、光合成に二酸化炭素が必要だということがわかりますね。

呼吸の実験

光合成の実験はこんな感じでしょうか。次は呼吸の実験を紹介しますよ。

この実験では、同じビンの**片方に植物の種子(しゅし)やつぼみ**を入れ、もう片方には何も入れず両方フタをし、**2～3時間暗い箱の中で放置**したあとに、**石灰水を入れて色の変化を確かめます**。

石灰水は「**二酸化炭素と反応すると白くにごる**」ので、色が変われば呼吸をした証拠(しょうこ)になるということですね。

結果は当たり前のように、種子(しゅし)やつぼみの入ったビンだけが**白くにごり**ます。

実際にテストで問われるポイントは、どちらが白くにごるかではなく、なぜ、種子(しゅし)やつぼみを使うのかということ。

その理由がわかりますか？

それは**発芽**(はつが)や**開花**のように、姿かたちを変える時には、大きなエネルギーが必要になるからです。大きなエネルギーが必要だから、呼吸がさかんになるのです。実際に、そのことを確かめる実験が、問題として出ることもあります。

呼吸は、生きるためのエネルギーを取り出す活動でした。その正体は日光であることはすでに教えましたが、もっとちゃんと言うと、その正体は、**熱エネルギー**です。

たとえば、走ったりすると、ハァハァゼイゼイして熱くなりますよね？

あれは、走るために大きなエネルギーが必要だから呼吸をいっぱいして、一生懸命エネルギーを取り出しているということ。息が荒くなると、発生させた熱エネルギーが体に充満して、体温が上がるのです。

同じことが、二つのビンを用意して、片方にだけ種子(しゅし)やつぼみを入れることで観察できます。姿かたちを変化させるために、大きなエネルギーが必要になるので、種子やつぼみを入れたほうのビンだけ温度が上がっていくという結果になるのです。

種子やつぼみがビンに入っていたら、「あれ？これは呼吸の実験かな？」と反応できるようになってくださいね。

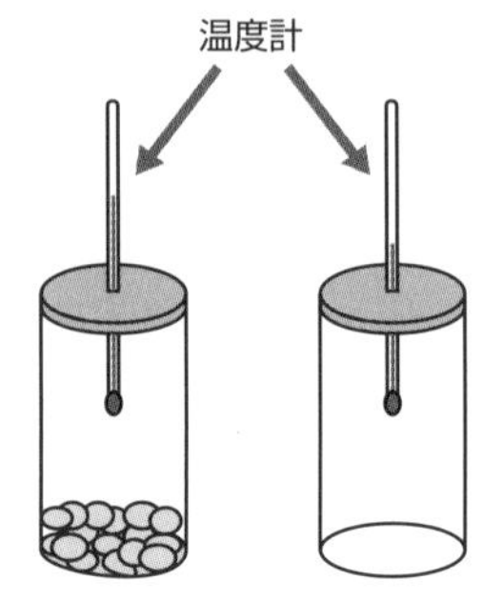

最後に蒸散について説明しますが、その前に質問です。

植物の光合成は、人間の「食事」に当たる活動です。つまり、エネルギーをゲットする活動と言えるでしょう。呼吸は、植物も人間もまったく同じで、生存のために必要なエネルギーを取り出す活動でしたね。

じゃあ、植物の蒸散は、人間で言えばいったい何に当たるでしょうか？

正解は「汗」。

汗は何のために出ているのか、知っていますか？　臭くなるためじゃないですよ。正解は、次の蒸散の説明を読めばすぐにわかります。

「蒸散」は、植物の体温調節。人間の「汗」と同じ

蒸散とは、気孔から**水蒸気**を出す働きで、主な目的は体温調節です。みんなも暑い時に汗をかきますよね。汗は蒸発する時に、**気化熱**と呼ばれる熱を奪っていくので、体温が下がるのです。これが、みんなが汗をかく理由です。覚えておいてくださいね。

同じように、植物も体が熱くなりすぎると大変なので、蒸散して体温調整をしているのです。

また、汗をかくと、のどが渇いて水を飲みたくなるでしょう？

植物も蒸散をすることで、根から水分を吸い上げる活動が活発になるのです。蒸散がさかんになるのは、**光が当たっている時**、**気温が高い時**、**風が吹いている時**、**乾燥している時**です。

「**洗濯物が乾きやすい時と同じ**」なので、そうイメージできると覚えやすい

ですね。

では、蒸散に関する実験も紹介しましょう。水蒸気は気体なので、目には見えません。だから蒸散の実験では、水の入った試験管に、それぞれ異なる処理を施した植物をさし、どのくらい試験管の水が減ったのかを調べます。

せっかくだから、入試問題を使って説明しましょう。

難関中学の過去問トライ！（本郷中学）

植物の葉や茎からの蒸散量を調べるために、目盛りをつけた同じ大きさの試験管A～Dに茎の太さと長さは同じですが、葉の条件が異なる枝を図２のようにさし、風通しが良く、温度・湿度・明るさが一定のところで、以下の図の実験を同時に行いました。下の表は、図２の試験管A、C、Dについて、５時間経過した後の蒸散による水の減少量を、各試験管の目盛りで示したものです。

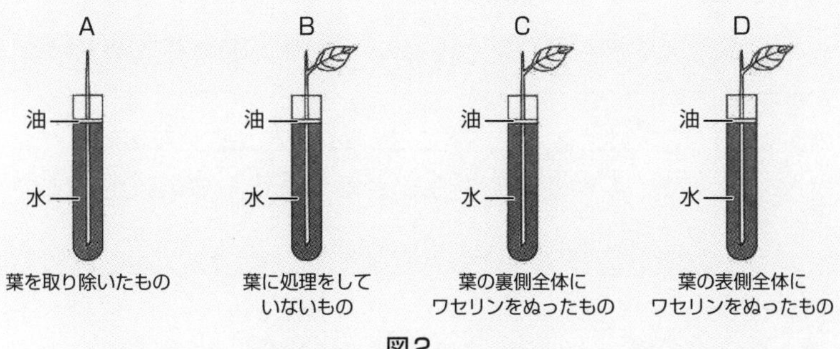

図2

試験管	A	C	D
水の減少量（目盛り数）	0.5	1.4	3.7

（4）この実験で、葉の裏側からの蒸散量は、葉の表側からの蒸散量の何倍ですか。

ただし、割り切れない場合には、小数第２位を四捨五入し、小数第１位まで答えなさい。

（5）同じ条件で、試験管Bを８時間蒸散させたときの水の減少量（目盛り数）を答えなさい。

ただし、答えが小数になる場合には、小数第２位を四捨五入し、小数第１位まで答えなさい。

解説

まず、試験管に油が浮いているのは、**水面からの蒸発を防ぐため**です。ワセリンを葉に塗ると、気孔がふさがって蒸散ができなくなります。ワセリンを知らない人は、リップクリームのような固形に近い油だと思っておけばOKです。

問題に出ている表だけ見てもわかりにくいので、実際に問題を解く時は下のような表を書きましょう。○は蒸散している部分、×は蒸散していない部分ですね。

	A	B	C	D
葉の表	×	○	○	×
葉の裏	×	○	×	○
茎	○	○	○	○
水面	×	×	×	×
減少量	0.5	???	1.4	3.7

すると、Aでは茎からのみ蒸散しているので、**茎の蒸散の量は 0.5** ということがわかります。

Cの減少量は 1.4 ですね。CとAの違いは、葉の表から蒸散しているかどうかの違いなので、AとCの差の **0.9 が葉の表からの蒸散量**だということがわかります。

同じようにAとDを比べると、3.7 − 0.5 = **3.2 が葉の裏からの蒸散量**となります。

（4）では葉の裏からの蒸散量が、葉の表からの蒸散量の何倍かを聞かれているので、3.2 ÷ 0.9 = 3.555…四捨五入して、正解は **3.6 倍**です。

（5）は、Bの減少量ですね。Bは葉の表からも裏からも茎からも蒸散しているので、0.9 + 3.2 + 0.5 = 4.6。よーしできた、正解は！　…と言いたいところですが、問題をよく読むと8時間の減少量と書いてありますね。

表は5時間での減少量なので、4.6 ÷ 5 × 8 = 7.36

四捨五入して、正解は **7.4** です。

先生は、この表を書く時は、必ず水面まで書くようにしています。水面に油を浮かべないタイプの出題もあるので、いつも水面を書くクセをつけておくほうが、ミスをしにくくなるからです。

植物が蒸散をしているのかどうかを調べる時には、**塩化コバルト紙**を使うことがあります。塩化コバルト紙はもともと青色で、水分を吸うと赤色に変化します。

今回も、入試問題を少し確認して終わりにしましょう。
せっかくだから、さっきの問題の（1）～（3）を使いますね。

難関中学の過去問トライ！（本郷中学）

③　植物のからだのつくりやはたらきに関する以下の問に答えなさい。
図1は、ある植物の葉の断面を拡大したものです。

（1）図1の①の名まえを答えなさい。ただし、①は②に囲まれたすき間です。
（2）図1の②、⑤、⑥だけが含んでいる小さい粒状のつくりの名まえを答えなさい。
（3）図1の③の名まえを答えなさい。また、そのはたらきを、次のア～オから1つ選び、記号で答えなさい。

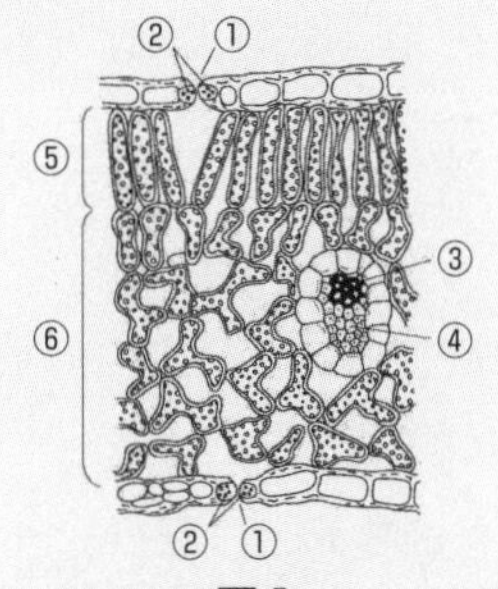

図1

ア．盛んに細胞分裂をして、葉を成長させる部分である。
イ．盛んに光合成をする場所である。
ウ．光合成でできた糖を含む栄養分の通り道である。
エ．光合成に必要な二酸化炭素の通り道である。
オ．植物が根で吸収した水や養分の通り道である。

解説

（1）すき間を聞かれているから、**気孔**が正解です。ちなみに②は孔辺細胞です。
（2）細胞の中の小さな粒は**葉緑体**でしたね。覚えていたかな？
（3）③は「道管と師管のどっち？」と聞かれています。
答えるためには、どちらが葉の表側なのか判断する必要がありますね。あれ？　この問題は意地悪ですね。気孔は葉の裏側に多いので、それで裏表を判断している受験生も多いのですが、今回はどちらにも気孔があるので、きちんと細胞の並びを見ないと表裏がわかりません。細胞がきっちり並んでいる柵状組織のあるほうが葉の表側でしたね。
したがって、③は**道管**、道管の働きは**オ**です。

植物の環境への適応

生育環境の違いによって、いろいろな植物が誕生した

今まで何度も伝えてきたように、植物は環境に適応して進化してきました。その結果、生育環境ごとに違った特徴を持つ、多種多様な植物が誕生したのでしたね。

さて、今回は、いろんな環境ごとに、どんな植物がいるのかという話をしていきましょう。

まずは、明るい場所で育つ陽生植物と、そうでもない場所で育つ陰生植物のお話です。

植物にとって、日光は食事です。日光が当たらないと生きていけません。でも、必要な日光の量は植物ごとに違います。いっぱい食べないとダメな人と、ちょっとだけしか食べなくても平気な人がいるようなものですね。

生きていくために、強い光を必要とする植物を**陽生植物**、比較的弱い光でも大丈夫な植物を**陰生植物**と呼びます。ちなみに、陽生植物の樹木が**陽樹**、陰生植物の樹木が**陰樹**です。

右のグラフは、日光が当たる量によって、デンプンが増えたり減ったりすることを表しています。

光の強さが0ルクスのところを見ると、陽生植物が－15、陰生植物が－8になっていますね。

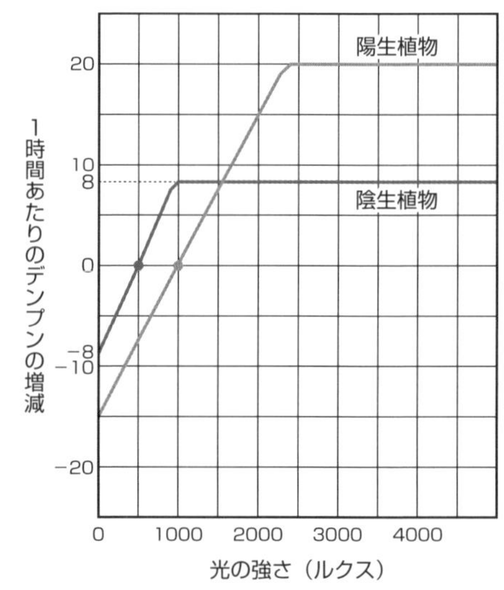

なぜ減っているのかというと、呼吸をしているからです。

みんなも、ご飯を食べる時、寝る時、いつでも呼吸をしていますよね？植物も同じ。光合成をしていない時も、呼吸は常にしているのでデンプンがどんどん減っていきます。

次に、デンプンの増減が0になっているところに注目してみましょう。

陰生植物は500ルクスのところで、陽生植物は1000ルクスのところでデンプンの増減が0になっているのが確認できますか？

これは、呼吸で消費するデンプンの量と、光合成でつくるデンプンの量が、ちょうど同じになったということです。

陽生植物が呼吸で消費するデンプンの量は、15でした。

デンプンの増減がないのは、1000ルクスの時に、光合成でデンプンを15つくっているからです。

このデンプンが増えも減りもしないところを、**補償点**と言います。

さて、ここで問題です。

3000ルクスの光を浴びている陽生植物は、光合成で1時間あたりどのくらいのデンプンをつくっているでしょうか？

「はい、20です！」って答えちゃった人は不正解。よくある間違いですから、このあとの説明を読んでちゃんと理解してくださいね。

最初に、光の強さが0ルクスの時のデンプンの増減は、陽生植物で－15、陰生植物で－8。これは、呼吸して消費する分でしたよね。そして、植物も常に呼吸をしているということでした。

3000ルクスの時にデンプンが20増えているのは、呼吸で15消費して、光合成で35つくっているから。つまり、正解は35です。

陽樹と陰樹を次ページの表にまとめておきました。大食いの人たちの中にも、超大食いな人とまあまあ大食いの人がいるのと同じように、陽樹の中にも比較的少ない日光でOKなタイプもいます。

逆に、陰樹でもそれなりに日光が必要なタイプもいます。ですから、目安程度に覚えておいてください。

語呂合わせで覚えるなら、こんな感じになります。

陽樹	サクラ・マツ（クロマツ・アカマツ）・コナラ・クリ・ハンノキ
	桜、待つなら、栗ご飯
陰樹	タブノキ・ブナ・カシ・シイ・スギ
	たぶん、あぶなっかしいすぎる

この次は長生きする植物と、そんなに長生きではない植物について。
つまり、植物の寿命のお話ですよ。
「寿命と環境なんて関係あるの？」って思う人もいるかな？
じつは、すごく関係あるのです。

一年草と越年草、二年草と多年草

まず、長生きするのは大木、すぐ死んじゃうのは、その辺にある草だとわかりますね。
じつは、今ある草のほとんどは、もともと大木だったものが草へと進化したものだと考えられています。

基本的に、大木が育つためには適度な雨と適度な気温が必要です。ジャングルのような感じですね。その二つが満たされていないところへ進出するために、植物は樹木から草へと小型化し、寿命を短くしました。
つくりを単純化して、世代交代の期間を短くしたのです。そうすることで、様々な環境へと、適応する能力が高まったんですね。

こうしてできた草は、寿命に応じて名前がついています。
まず、寿命が1年以内の植物が、**一年草**と**越年草**（えつねんそう）です。
どちらも1年間で成長し終わって、種子（しゅし）を実らせて枯れますが、どうして名前が違（ちが）うのでしょう？

これは人間の暦（こよみ）の問題です。冬を越さずその年で一生を終える植物が**一年草**。冬を越すタイプ、つまり生きている間に年越しをする植物が**越年草**（えつねんそう）です。

誰がこんな迷惑な名前をつけたのか知らないけれど、夏生一年草、冬生一年草のほうが、わかりやすくてよかったですよね。

一年草にはアサガオ、ヒマワリ、ヘチマ、越年草にはアブラナ、ナズナなどがあります。

発芽してから種子を実らせ、枯れるまでに1年以上かかる植物が**二年草**。ヒメジョオンとビッグマツヨイグサがその例です。あ、間違えた…オオマツヨイグサでしたね。

じつは、オオマツヨイグサは外国からやって来た帰化植物（外来種）なのですが、名前だけ見ると日本っぽいですね。

先生は、帰化植物であることを思い出せるように、普段からオオマツヨイグサをビッグマツヨイグサと呼んでいます。同じく帰化植物のセイタカアワダチソウはビッグアワダチソウ。オシロイバナはオシロイフラワーです。

最後に、数年では枯れずに生き続ける植物が、**多年草**。

ススキ、ヨモギがその例です。ススキは冬に枯れちゃうイメージがあるかもしれないけれど、じつは地上部分が枯れても、地下の茎の部分が生きているのです。

- **一年草**…同じ年の間に、種子を実らせて枯れる
- **越年草**…冬を越してから、種子を実らせて枯れる
- **二年草**…種子を実らせて枯れるまでに、1年以上かかる
- **多年草**…枯れずに生き続ける

いちおう寿命が短いほうから書いたけれど、進化の過程を考えると、**一年草がもっとも過酷な環境に適応した、最新型の植物**ということになります。このことはしっかり理解しておいてくださいね。

森のでき方～裸地から極相林になるまで～

何もない荒れ地が森林になるまでには、とてつもなく長い年月がかかるのはわかりますよね？　草木が何もないところを**裸地**と言います。

この過酷な環境に最初に生えるのは何でしょうか？

もちろん、過酷な環境に適応した、最新型の植物である**一年草**です。一年草しか生育できない過酷な環境も、一年草が生えたことで、徐々に環境が整っていきます。すると**二年草**が生え、そのあとには**多年草**が増えてくる。そう、進化の順番と逆なのです!!

過酷な環境から、住みやすい環境に変化していくというのが、森のできる流れなんです。なんだか、すごい秘密を知っちゃった気がしませんか？

さらに時間が経つと、**陽樹**が大木へと成長し、陽樹の森ができます。ただ、大木の森ができると、地面には日光があまり当たらなくなるので、陽樹の幼木は育ちません。

この頃の森の内部は、陰生の低木と陰樹の幼木が中心になります。陰樹が成長して大木になると、やがて、たくさんの光を必要とする陽樹は駆逐されて、陰樹だけの森になります。この状態を**極相**、もしくは**極相林**と呼びます。

森の推移

ちなみに、現在最新型の種子植物である一年草さえも根をはれないような、ものすごく過酷な環境の場合、そこに最初に生えるのはコケです。

種子植物がまだない時代に地上に進出したコケは、根をはらず岩につくことができるんです。コケが生えて、岩だったところが徐々に砂になり、植物が根をはることができるような状態になると、一年草がやってきます。

現在最新型の種子植物の一年草は、今後、根をはらなくても生育できるように、さらに進化をとげるのかもしれませんね。

生物のミニCOLUMN

陽樹と陰樹

森が、過酷な環境から徐々に住みやすい環境に変わっていくならば、なぜ陽樹が先に来て、そのあとに陰樹が来るのでしょうか？　陰樹のほうが日光の少ない過酷な環境で過ごせるというイメージを抱きがちですが、それは違いますよ。日光があまり当たらない地面、つまり陰樹が育つような地面はジメジメしています。逆に、強い日差しが当たる地面、陽樹が育つような地面は乾燥しています。日光は植物にとっての食事ですが、食事よりもっと大切なものがありましたね。そう、水です。陽樹は、日差しが強く、乾燥している過酷な環境でも育つことができるのです。

次は、葉を落とす植物と、葉を落とさない植物。落葉樹と常緑樹のお話をしていきましょう。

冬に葉を落とす落葉樹、ずっと葉が生い茂っている常緑樹

樹木には、冬になると葉を落とす**落葉樹**と、１年を通じてずっと葉をつけている**常緑樹**があります。日本に住んでいると、木が葉を落とすのは当たり前のように思いがちですが、常夏の南国では１年中緑の葉が生い茂っていますよね。

落葉するのも常緑でいるのも、じつはその環境次第なのです。

テストに出る常緑樹はそんなに多くないので、表にまとめてしまいましょう。

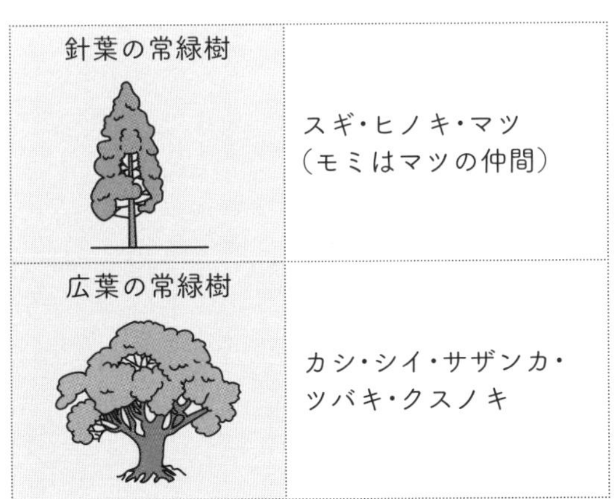

針葉の常緑樹	スギ・ヒノキ・マツ （モミはマツの仲間）
広葉の常緑樹	カシ・シイ・サザンカ・ ツバキ・クスノキ

針葉は針のように細い葉、広葉は広い葉っぱのことです。

あれ？　針葉樹は全部裸子植物ですから、分類さえマスターしていたら、もう覚えなくていいですね。クリスマスツリーに使われるモミの木は、マツの仲間です。

広葉の常緑樹で最初に挙げたカシとシイは、どちらもブナ科。
でも、ブナ科には、クリやクヌギのような落葉樹もいます。

どうして同じブナ科なのに、常緑樹と落葉樹があるんでしょうか？

これも、環境への適応に関係しています。ブナ科の起源は古く、恐竜がいた白亜紀です。その当時、地球の平均気温は、今より10℃ほど高かったのです。それ以前の森林は、ほとんどが針葉の常緑樹（裸子植物）でしたが、白亜紀の温暖な気候に助けられて、広葉の常緑樹も多くの森林をつくるようになっていきました。

常緑樹のまま
環境変化（乾燥と低温）に適応
→シイ・カシ

常緑樹から落葉樹に変化して、
環境変化（乾燥と低温）に適応
→クリ・クヌギ

ブナ科に常緑樹と落葉樹がある理由

でも、ずっと温暖な気候が続いたわけではありません。その後環境が変化すると、ブナ科は乾燥と低温への適応が必要になりました。

その時に、常緑のまま適応したものが、シイとカシ。落葉という新たな手段を獲得して適応したものがクリやクヌギです。

環境への対応の仕方が違ったということですね。

でも、なぜ、落葉が乾燥や低温への適応になるのでしょうか？

これは蒸散に関係があります。コップの水が常に蒸発しているように、葉をつけていれば蒸散をします。乾燥していたり、土壌が凍結するほどの低温になった時に蒸散を行ってしまうと、根から水を吸い上げることができなくなり、命とりになるというわけです。それを避けるために、落葉という手段を獲得したんですね。

凝集力で水を吸い上げるためには、管の中に連続した水の柱ができている必要があります。つまり、水の柱が途切れてしまうことは植物にとって大問題なのです。水の柱の分断の多くは、冬に凍った氷が春に水に戻る時に発生する気泡によって起こります。氷が水に戻るタイミングでさかんに蒸散を行っていると気泡ができやすくなるので、蒸散をしないように落葉するのです。

落葉は、エネルギー不足に対応するためでもある

さて、落葉する理由は他にもあります。

ザックリ言うと、コストと利益の天秤でしょうか。

葉をつくり維持するためのエネルギーと、光合成で得られるエネルギーを天秤にかけて、落葉するかどうかを決めているということです。

落葉すれば、光合成ができなくなる。つまり、利益はゼロになるということ。言うなれば、落葉は植物の一時閉店です。

落葉する理由

どうせ一時閉店するなら、オフシーズンがいいですよね。植物が一番儲からない時期は…そう冬です。だから、日照時間の短い冬に、葉を落とすのです。

じつは、常夏に生育する常緑樹も、ずっと同じ葉を使っているわけではなく、葉の性能が落ちてくると、維持するコストのほうが高くなるので、新品につくり変えます。常夏ということは1年中同じくらい太陽が出ているので、古くなったタイミングで交換すればいいけれど、日本ではそうはいかないのです。

その落葉するための準備期間が、「紅葉」です。

「きれいに紅葉して、今年も観光客をたくさん呼ぶぞ〜」と思っているわけではないことは、もうわかりますね？

紅葉は、葉がどんな色に変化するかで、三つに分けられます。

一つ目は、**葉が茶色になる**もので、種類はたくさんあります（褐葉）。

二つ目は、**葉が赤くなる**もので、**モミジ**が有名です（紅葉）。

三つ目は、**葉が黄色になる**もので、**イチョウ**が有名ですね（黄葉）。

なお、紅葉も黄葉も読み方は「こうよう」です。

長日植物、短日植物の真の基準

さて、日照時間の話が出てきたから、それに関する話もしましょう。

植物には、昼の長さに関係して花を咲かせるものがあります。

昼の長さが一定時間以上になった時に花を咲かせる植物のことを**長日植物**と呼びます。**アブラナ**、**ホウレンソウ**などの植物です。
逆に、昼の長さが一定時間以下になると花を咲かせる植物を**短日植物**と言い、**アサガオ**、**コスモス**、**キク**などの植物があります。

ここで注意してほしいことがあります。
それは、**名前に「長日」「短日」とついてはいるけれど、実際に植物が感じているのは夜の長さだということ**です。

実際に長日・短日植物が基準にしているのは夜の長さ

こんな迷惑な名前がついたのは、この性質が発見された時、学者さんたちもこの現象は日長（日照時間）を基準にして開花していると思っていたからです。
のちに、実際に関係しているのは夜の長さだと気づいた時にはもう手遅れ…。正確には、「連続した、暗い時間（暗期）」を基準として開花しているということがわかりました。

では、なぜ植物は「暗期」を基準にしているのでしょうか？
「学者の人も勘違いしていたことを考えてもわかるはずがない」とあきらめてはダメですよ。いつも通り、【自分が生き残る】【子孫を残す】という観点から考えていきましょう。

たとえば、「明期」が10時間以上続くと開花する植物がいたとします。
でも、自然界にそんな場所ありますか？　太陽が雲に隠れず、木や岩の影にもならず10時間連続で光が当たり続ける場所…。そんな場所はめったにないですよね？
だから、開花なんてできません。開花できるまで生育しないわけですから、【自分が生き残る】ことができていないと考えられます。

次に「明期」が10時間以下になったら開花する植物がいたとします。
そういう場所はたくさんあるから、開花はすぐできそうだね。
でも、この場合は【子孫を残す】のに大きな問題が出てきます。
たとえば、たまたま動物が近くで昼寝をしていてできた影にいたため、他の仲間より早く開花できた花がいたとしましょう。
「やったぞ～！　オレが一番だ～！」と喜んでいる場合ではありません。

だって、ひとりぼっちですよ。同じ種類の植物が一斉に開花するのは、子孫を残すために仲間が必要だからです。

ほとんどの植物は他家受粉をするので、子孫を残すためには仲間と一緒に開花しないといけません。ひとりだけ先に咲いて、喜んでいる場合じゃないんです。

このタイプの場合は開花時期がバラバラになってしまい、子孫を残すチャンスが低く、数世代で絶滅してしまうと考えられます。

実際に植物と話したわけではないので、ひょっとしたら違う理由もあるのかもしれませんが、以上が「暗期」を基準にしたことに対する先生の考察です。

気温を基準に開花するものもある

さて、植物には暗期ではなく気温を基準に開花の時期を決めているものもいます。たとえば、サクラやチューリップです。
「サクラの開花前線」という言葉は聞いたことがありませんか？

サクラが同じ時期に咲く地方を線で結んだもので、「南から北」に移動していきます。これは、日本では南の地方から暖かくなっていくからです。

その線がまっすぐではないのは、山地があるからです。同じ地方でも、山の上と平地では気温が違うということですね。

では、今回も最後に入試問題を見ていきましょう。

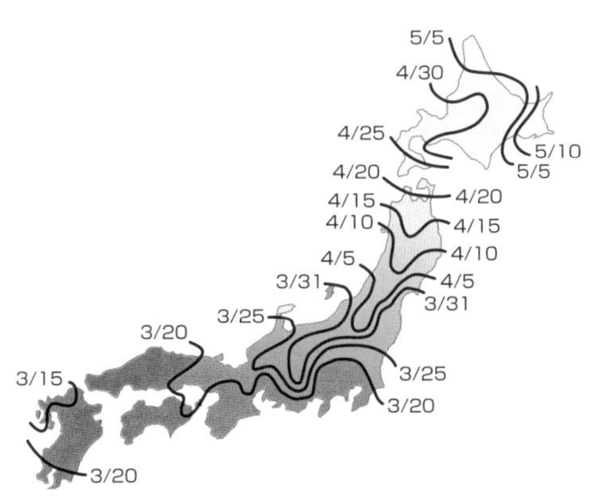

サクラの開花前線

難関中学の過去問トライ！ （桜蔭中学）

Ⅲ　桜さんの住む地域では、定期的に植物の調査をして、絶滅危惧種（絶滅のおそれのある種）、在来種（もともとその地域に存在していた種）、外来種（明治以降にその地域に入ってきた種）を調べています。あとの問いに答えなさい。

調査を行ったのは、以下の６か所です。

落葉樹林：［　A　］を中心とする落葉樹の雑木林
常緑樹林：人工的に植えられた［　B　］や、古くからある［　C　］を中心とする常緑樹の森林
かく乱地：定期的に地面をほり起こして草を取り除く場所
草刈地　：定期的に植物の地上部が刈り取られる場所
湿地　　：水田や休耕田
水辺　　：河川や池

問１　［　A　］～［　C　］に適する樹木の組み合わせとして正しいものを、つぎのア～カから１つ選び、記号で答えなさい。

	A	B	C
ア.	スギ・ヒノキ	クヌギ・コナラ	スダジイ・アラカシ
イ.	スギ・ヒノキ	スダジイ・アラカシ	クヌギ・コナラ
ウ.	クヌギ・コナラ	スギ・ヒノキ	スダジイ・アラカシ
エ.	クヌギ・コナラ	スダジイ・アラカシ	スギ・ヒノキ
オ.	スダジイ・アラカシ	スギ・ヒノキ	クヌギ・コナラ
カ.	スダジイ・アラカシ	クヌギ・コナラ	スギ・ヒノキ

問２　つぎのア～カの植物は、調査地全体で多く見られたものです。この中で、（1）外来種を３つ、（2）胞子をつくって子孫を残す在来種を１つ、それぞれについて選び、記号で答えなさい。

ア. セイタカアワダチソウ　イ. ヨモギ　ウ. スギナ（ツクシ）
エ. ヒメジョオン　オ. シロツメクサ　カ. カラスノエンドウ

解説

問１の正解は**ウ**です。

問２の（1）は**ア・エ・オ**、（2）は**ウ**ですね。

先に問２からいきましょうか。まず、（1）はビッグアワダチソウと、厄介なマメ科の外来種シロツメクサを覚えていれば、あとは外国っぽい名前のヒメジョオンを選ぶだけです。

（2）もスギナが胞子で増えるシダ類だということは、分類のところに太字で書いてありましたね。覚えていたかな？

問１は、なかなか難しいですね。ポイントは二つあります。

まず一つ目は、アラカシが「カシ」だということに、気がつくかどうかです。

カシはブナ科の広葉常緑樹ということは、表になっていました。

でも、同じ表にはスギ・ヒノキが針葉常緑樹だとも書いてあります。

どちらも常緑樹なので、このままではＢとＣのどちらに入るのか決めきれません。

二つ目のポイントは、日本の人工林といえばスギとヒノキだということが思い出せるかどうかです。社会科では、吉野スギ・尾鷲ヒノキ・天竜スギなどが出てきましたよね？

これで正解が出せました。

じつは、この本を隅々まで読めば、ブナ科の起源は古く白亜紀だということ、クヌギは落葉樹だということ、スギ・ヒノキが植林されていることはすべて書いてあります。ただ、表にも太字にもしていません。

おそらく出題者も、細かい知識のすべてを受験生に求めているわけではないでしょう。

一見知識問題に思えるようなものでも、他教科で習うことや、一般常識を使って解ける問題が多くあることを、最後に知ってもらいたかったので、今回の解説はその形にしてみました。

では、植物の授業はここまでです。

動物

動物の体と分類

2種類の無セキツイ動物と5種類のセキツイ動物

先生はこの前、スーパーへ食料を買いに行きました。

お肉売り場で鶏肉と牛肉を買い、魚売り場ではお魚と貝とタコを買いました。途中で卵も買ったのですが、家に帰って冷蔵庫(れいぞうこ)にしまおうとしたら、卵が3個割れてしまっていたことが、最近の悲しい思い出です。

個人的な日記はさておき、スーパーで魚とタコは同じ場所で売られているけれど、生物学的には別の仲間に分類されることを知っていますか？

前章の「植物」の時も、「分類が大切だ」という話をしましたね。

本章の「動物」でも、それは同じです。まずは、動物の分類を学習しましょう。

最初に、動物は背骨があるかないかで仲間分けします。

背骨のある動物が**セキツイ動物**、背骨のない動物が**無セキツイ動物**です。これくらいは、みんなも知っていますよね。

無セキツイ動物の中にはたくさんの種類があるけれど、ここでは**軟体動物**(なんたい)と**節足動物**(せっそく)だけを覚えておきましょう。

軟体(なんたい)動物はイカやタコ、そして貝類です。

節足(せっそく)動物とは、昆虫のように足に節(ふし)がある動物のこと。他に、エビやカニなどの**甲殻類**(こうかくるい)も節足(せっそく)動物に分類されています。つまり、エビやカニは昆虫に

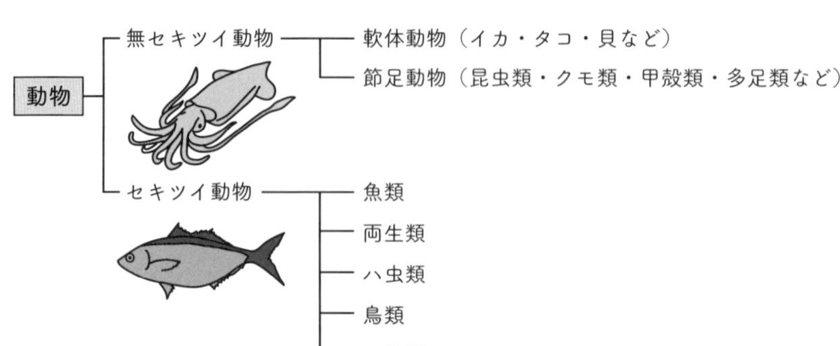

近い仲間だということです。

セキツイ動物は全部で５種類。**魚類**、**両生類**、**ハ虫類**、**鳥類**、**ホ乳類**です。これは、全部しっかり覚えてくださいね。

分類がわかったら、次にセキツイ動物の歴史を勉強しましょう。

先生の祖先は「魚」です

では、ここで重大発表をします。先生の祖先は「魚」です！

何もふざけていませんよ。本当に魚だったのです。

５億年ほど前、立木家の祖先にあたる最古の魚は、海で生きていました。魚と言ってもヒレはなく、上手に泳ぐことはできなかったので、浅瀬の微生物を食べて細々と暮らしていました。

その当時の海の支配者はオウムガイ。硬い殻を持ち、上手に泳ぐイカの祖先です。先生の祖先にとって、オウムガイは恐ろしい天敵でした。

そこで、川に逃げることを考えたのです。

しかし、海の生物たちにとって、川は非常に危険な場所です。川は塩分濃度が低いため、うかつに川へ入ると細胞に水が浸入して、すぐに死んでしまうのです。

天敵のいない川はとても魅力的ですが、そこへ入るのは命をかけた大冒険。最古の魚が誕生してから、およそ6000万年後、ついに立木家の悲願である川への侵入に成功します。

頭を甲羅で、体を鱗でおおうことで体内への水の浸入を防ぎ、ついに天敵のいない楽園を手に入れたのです。

それから１億年ほど経つと、楽園は様変わりしてしまいました。

川も、様々な種類の魚でいっぱいになったのです。かつての海のように、川の中でも食物連鎖が起こり、川や湖の底や、にごった泥水で生活しなくてはならないものも出てきました。立木家の祖先もそのひとりでした。

水の底や泥の中は、しばしば酸素が不足します。そこで、酸素不足を補うために肺というしくみを発達させ、空気中の酸素を利用できるようになりました。そして、ついに地上へ進出。両生類へと進化したのです。

このように、両生類は川から進化したので、今も海にはいません。両生類は子どもの頃は水の中にいて、大人になると陸上で生きていきます。

オタマジャクシがカエルになるのは、みんなも知っていますね。

以前は、両生類がハ虫類に進化し、そのハ虫類が進化して鳥類やホ乳類が出現したと推測されていました。しかし現在では、両生類が進化してハ虫類やホ乳類が、そしてハ虫類が進化して鳥類が出現したという考え方が一般的です。ただ、そのどれもが元をたどると、魚類へと遡ることができます。ほら、さっき言ったように、先生の祖先は魚ですね。

セキツイ動物の分類

セキツイ動物の歴史について理解したら、ここからはさらにくわしい違いについて学びます。次の表は必ず暗記です。

<table>
<tr><th></th><th>呼吸</th><th>体温</th><th>産まれる場所</th><th>産まれ方</th><th>殻</th><th>子どもの世話</th><th>生物の例</th></tr>
<tr><td>魚類</td><td>エラ</td><td rowspan="3">変温動物</td><td rowspan="2">水中</td><td rowspan="4">卵生</td><td rowspan="2">ない</td><td rowspan="3">親が子どもの世話をしない</td><td>サケ・サメ・フナ</td></tr>
<tr><td>両生類</td><td>エラ→肺</td><td>カエル・イモリ</td></tr>
<tr><td>ハ虫類</td><td rowspan="3">肺</td><td rowspan="3">陸上</td><td rowspan="2">ある</td><td>トカゲ・ヘビ・カメ・ヤモリ</td></tr>
<tr><td>鳥類</td><td rowspan="2">恒温動物</td><td rowspan="2">親が子どもの世話をする</td><td>ペンギン・スズメ</td></tr>
<tr><td>ホ乳類</td><td colspan="2">胎生</td><td>クジラ・イルカ・シャチ・コウモリ</td></tr>
</table>

まずは、呼吸について。

魚類と両生類の子どもはエラ呼吸、大人の両生類・ハ虫類・鳥類・ホ乳類は肺呼吸ですね。エラは**水の中から酸素を取り入れるつくり**、肺は**空気の中から酸素を取り入れるつくり**になっています。

次は、体温について。

魚類・両生類・ハ虫類は**変温動物**、鳥類・ホ乳類は**恒温動物**。変温動物は気温が変わると、それに影響されて体温も変わるけれど、恒温動物は気温が変わっても、体温を一定に保つことができます。

そして、産まれ方について。

魚類・両生類・ハ虫類・鳥類は卵生、ホ乳類は胎生ですね。

卵生とは「卵」で産まれてくることで、胎生とは「親と似た姿」で生まれてくること。

また、卵で産まれてくる中にも、大きな違いがありますよ。

魚類・両生類は**薄い膜**におおわれた卵を**水中**に産み、ハ虫類・鳥類は**硬い殻**におおわれた卵を**陸上**に産みます。

硬い殻がある理由は、なぜだと思いますか？

確かに、「衝撃から中身を守る」という役割もあります。

でも、先生の日記を思い出してみてください。スーパーで買った卵は、家に帰ったら割れちゃっていましたよね。意図しなくても殻が割れちゃうくらいなので、衝撃から守るという役割だけではなさそうですよね。

殻のある理由は、**卵の内側を乾燥から守るため**です。

陸上生物の歴史は、乾燥との闘いの歴史です。生物は飢えよりも、乾燥に弱いということを前章で伝えましたが、覚えていましたか？

生物のミニCOLUMN

殻があるかないかは、受精の方法にも関係します。卵に殻がない場合はメスが卵を産んだあとにオスが精子をかける体外受精で受精卵をつくれますが、殻がある場合は精子が卵の中に入れないので、体内受精し受精卵をつくってから産卵するのです。胞子植物が外部に水がある時に受精するのに対し、種子植物がめしべの中で受精するとの同じです。なお、種皮に包まれた種子は、胞子よりも乾燥に強いという点も同じですね。

分類を間違えやすい「3モリ」とイルカ、クジラ

生物の例については、間違えやすいものだけをしっかりと押さえておきましょう。間違えやすいってことは、問題にも出やすいってことですよ。

まずは「3モリ」。これは名前に「モリ」がつく、イモリ、ヤモリ、コウモリのこと。

イモリは、漢字で書くと「井守」です。「井戸を守る」。井戸と言えば水に関係がある。だから、**イモリは両生類**です。

ヤモリは、漢字で書くと「家守」です。「家を守る」のに、その家が水の中だったら大変です。だから陸に関係があるということで、**ヤモリはハ虫類**です。

「あれ？　ヤモリは『守宮』って書くんじゃないの？」なんて言わないでくださいね。覚えやすければ、家守でもいいのです。

空を飛ぶため鳥類と間違えられることが多いのですが、**コウモリはホ乳類**です。注意しましょう。反対に、鳥類なのに飛べない鳥を知っていますか？ペンギンですね。

次に、水中で生活しているイルカ、クジラ。これらが何に分類されるのか。これは知っている人も多いかな？　そう、**イルカとクジラはホ乳類**です。イルカやクジラは必ず水面に出てきて呼吸をします。

生物のミニCOLUMN

ペンギンは、何も最初から飛べなかったわけではありません。昔大空を飛んでいたペンギンの羽がヒレのように、羽毛が鱗のようになったのは、海を泳ぐためです。【自分が生き残る】ために、「環境に適応」したのです。クジラも同じです。クジラは後ろ足が退化してヒレのようになりました。ペンギンは羽が退化して、ヒレのようになったと言われますが、どちらも泳げるように進化したと考えることもできます。退化は「環境に適応」した進化の側面もあることを、忘れてはいけません。

肉食動物と草食動物

動物を分類する時、食べ物で分けるという方法もあります。植物を食べる草食と、動物を食べる肉食です。

テストでは、この分類はホ乳類を使って出題されることが多いので、ここまでの確認もかねて、さっそく入試問題を少し見ていきましょう。

難関中学の過去問トライ！ (昭和女子大学附属中学)

問１　ホ乳類のように、背骨がある動物をまとめて何といいますか。

問２　問１の動物を次のア～オの中からすべて選び、記号で答えなさい。

ア．マグロ　イ．エビ　ウ．ウミガメ　エ．ペンギン　オ．ホタテ

問３　ホ乳類にはライオンのように他の動物を食べる肉食動物と、シマウマのように植物を食べる草食動物がいます。また、図Ａはライオン、図Ｂはシマウマの目のつき方の様子です。ライオンの目のつき方の特ちょうと長所を答えなさい。（シマウマと比べて答えること）

図Ａ　ライオン

図Ｂ　シマウマ

解説

問１　背骨がある動物は、**セキツイ動物**でしたね。

問２　選択肢(せんたくし)の中で、背骨があるのは、魚類のマグロ、ハ虫類のウミガメ、鳥類のペンギンなので、正解は、**ア・ウ・エ**です。ここまではもう習った内容でしたね。

問３　まずは目のつき方の特徴(とくちょう)ですが、シマウマのような**草食動物の目は顔の横についています**。その理由は**視野を広くするため**です。左右の目で別のものを見れば、その分視野が広くなります。どっちに自分を襲う敵がいるかに早く気づけるようになるのです。

それに対し、ライオンのような**肉食動物は顔の正面に二つの目がついています**。理由は**物を立体的に見るため**。言い換(か)えると**遠近感をつかむため**です。

二つの目で同じものを見ることで、左右の視界に角度の違(ちが)いが生じ、その差から、物がどれくらいの距離(きょり)にあるかを認識できるのです。

もし遠近感がなければ、獲物までの距離(きょり)がよくわからず、狩りをする

時にスカッと空振りしてしまいます。そんなライオンは見たくないですよね…。
人間や猿の目が前についている理由も同じです。遠近感がなかったら、木から木へ飛び移る時に、ひどい目にあう未来が浮かんできますね。

ですから、この問題の解答例は、次のようになります。
ライオンの目は、シマウマと比べると間隔が狭く、顔の正面についているので、獲物との距離感を把握しやすいという長所がある。

肉食動物と草食動物の違いは、目と歯と腸

肉食動物と草食動物で、体のつくりの違いを覚えなくてはいけない部分は三つ、「目と歯と腸」です。表にまとめておきましょう。

	肉食動物	草食動物
目	正面についている	横についている
歯	とがった歯が多い	平らな歯が多い
腸	短い	長い

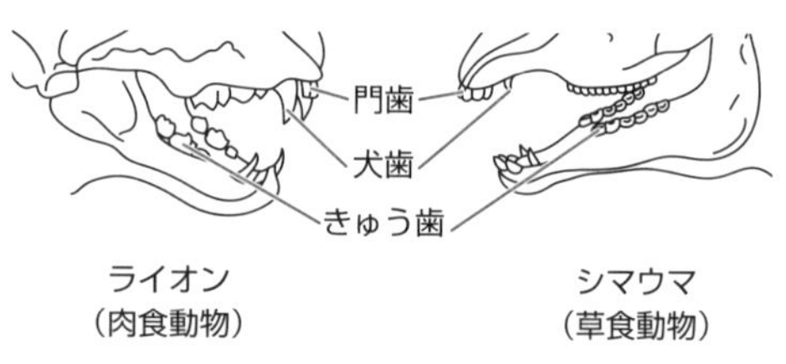

目については先ほど話したので、次は歯です。
みんな、ウマやウシがモシャモシャ草を食べている姿を見たことがありますか？　草食動物には、草をかみ切る**門歯**と、その草をすりつぶす**きゅう歯**があります。ちなみに門歯は前歯、きゅう歯は奥歯です。
肉食動物が肉をかみちぎるのは**犬歯**。みんなにも前歯の部分にとがった歯があるはず。あれも犬歯って言うのだけれど、肉食動物はこの部分が発達しています。いわゆる牙ですね。獲物に致命傷を与えるためでもあり、肉を引きちぎるためでもありますよ。

最後に腸の違いです。食べ物が違うので、腸の長さも違っています。
どうして肉食のほうが短いのか？
それは、肉は消化しやすく、草は消化しにくいからです。
消化に時間がかかるから、草食動物の腸は長いのです。
草は消化しにくいからといって、「よしっ、野菜を食べたくない時は『野

菜は消化に悪いから食べません』と言い訳すればOKだな」と思ってもダメですよ。野菜を食べるメリットはたくさんあります。たとえば腸内環境です。

腸内環境は、免疫力や健康に大きな影響をおよぼすと言われています。そして、腸内環境を整えるためには、ビフィズス菌や乳酸菌などの、腸内に住む善玉菌の量を増やす必要があります。

食物繊維は、この善玉菌の重要なエサなんです。

人間は、食物繊維の消化はできないけれど、腸内細菌がそれを食べて増えることで、腸内環境が整うのです。

厳密に言うと、草食動物も自分で食物繊維を消化することはできません。たとえば、ウシは四つの胃袋を持っていますが、第一の胃袋に細菌が大量に生息しています。食物繊維を分解しているのは、その細菌たちなのです。食物繊維を分解して増殖した細菌は、あとの三つの胃で段階的に消化され、ウシに栄養として吸収されます。これがウシのタンパク源です。

草を食べているだけなのに、タンパク質をたくさん含んだ牛乳が出るのはこのためです。

ウマも、ウシと同じように腸内細菌が食物繊維を分解しますが、その細菌が住んでいるのは胃ではなく、大腸です。この差があるため、ウマは細菌をタンパク源として利用しにくいのです。

なぜ、細菌が大腸に住んでいると利用しにくいのかって？

それについては、これから説明していきましょう。

消化と吸収

「消化」は食べたものを体内で利用できる状態に変化させること

今回は、「消化と吸収」についての勉強をします。

その前に、大切なことを確認しておきましょう。私たちが生きていくためには、呼吸と食事が必要だと思っている人も多いと思います。

でも、先生は呼吸も食事もせずに数ヵ月間生きていたことがあります。

え!? また嘘ばっかりって? みんなも呼吸も食事もせず、生きていた時期があるんですよ。そう、おかあさんのお腹の中にいた時ですね。

では、なぜ食事も呼吸もせず生きていることができたのかな?

それは、おかあさんからへその緒を通して、血液にたくさんの酸素と栄養を送ってもらっていたからです。

でも、産まれたあとはもうへその緒はないので、なんとかして自分で血液の中に酸素や栄養を取り入れなければなりません。

だからと言って、「よーし、血管に空気とお米を注射するぞー」というわけにもいかないので、食べ物を食べるわけです。

ヒトが生きるための三大栄養素

ヒトが生きるために食べる栄養の中で、とくに大切な三つの栄養素は**デンプン(炭水化物)**、**タンパク質**、**脂肪**です。でも、どれもこの形のままでは体内で使えません。

そのため、**デンプンはブドウ糖**に、**タンパク質はアミノ酸**に、そして**脂肪は脂肪酸とモノグリセリド**へと変化させてから吸収します。

このように、口にしたものが体内で利用可能な状態へと変化する過程を「**消化**」と言うのです。

栄養素と消化～消化液の働きで栄養素を吸収しやすくなる～

デンプン	コメ、ムギ、トウモロコシ、イモ
タンパク質	肉、魚、卵の白身、ダイズ
脂肪	バター、ゴマ

デンプンは、いわゆる主食になるような食べ物ばかりですね。

タンパク質と脂肪は、それぞれ動物性のものと植物性のものがあるのがわかりますか?

肉や魚などは動物性タンパク質、ダイズは「畑の肉」とも言われる植物性タンパク質。バターは牛乳由来の動物性脂肪、ゴマは植物性脂肪ですね。

これらの栄養素を吸収しやすい形に変える働きをするのが、「**消化液**」です。
次の表は、どの消化液がどの栄養素に働くのかをまとめたもので、働くところに○がついています。

消化管	口	胃	小腸				大腸
			十二指腸		空腸・回腸		
消化液	だ液	胃液	たん液	すい液	腸液	吸収	水分調整
デンプン	○	⇒	⇒	○	仕上げ		
タンパク質	⇒	○	⇒	○			
脂肪	⇒	⇒	○	○			

デンプンは、**だ液**の働きで**麦芽糖**になって、最終的に**ブドウ糖**になります。**タンパク質**は、胃液でペプトンになって、最終的に**アミノ酸**になります。脂肪は、**たん液**で**乳化**されて、すい液で**脂肪酸**と**モノグリセリド**になっていきます。
この表は、内臓の図を見ながら、頭の中で思い出せるようにしましょう。

小腸は三つの部分に分かれていて、順番に、十二指腸、空腸、回腸と言います。また、大腸は、盲腸、虫すい、結腸、直腸の四つの部分に分かれます。
とくに、小腸が三つの部分に分かれていて、はじめの部分が「十二指腸」と呼ばれることは、しっかりと覚えておいてください。

この図を使って、口に入ったあとの食べ物の動きをイメージしながら、「今は口だから、だ液でデンプンが麦芽糖になったな」「胃を通過したあとだから、ここは十二指腸だな。ここでは、肝臓でつくられたたん液と、すい臓でつくられたすい液が出ていたな。それぞれの働きは…」というように考えてみてください。

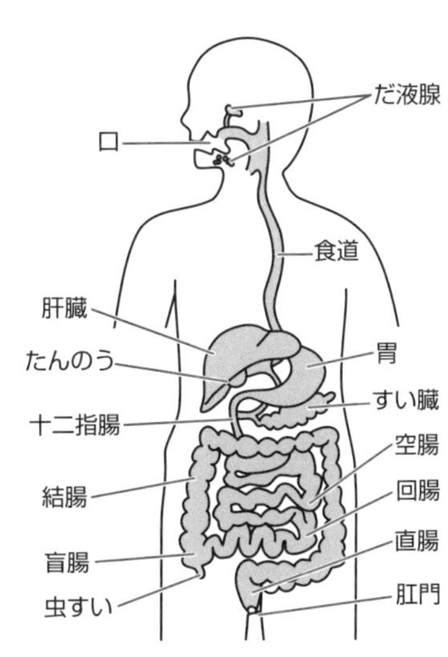

小腸…十二指腸＋空腸＋回腸
大腸…盲腸＋虫すい＋結腸＋直腸

ヒトの内臓

この練習を、何度もすることが大切ですよ。

このあと、消化についてもう少しくわしく解説しますが、それを読んだあとは必ずこのページに戻って、内臓の図だけを見ながら、きっちり思い出せるようになるまで、何度も何度も練習してください。

実際に食べ物が通る部分を「**消化管**」と言います。肝臓(かんぞう)やすい臓のような消化に関係している臓器と消化管をあわせて「**消化器官**」と言います。

消化液～だ液、胃液、たん液、すい液、腸液～

1. だ液

お米を食べている時、たくさんかんで甘くなった経験って、ないですか？これは、デンプンがだ液の働(はたら)きで麦芽糖(ばくがとう)という糖分に変わったからです。実際にデンプンを麦芽糖(ばくがとう)に変えているのは、だ液に含(ふく)まれる**アミラーゼ**（**プチアリン**）という消化酵素(こうそ)です。

消化酵素(こうそ)は、胃液、すい液、腸液(ちょう)などにも含(ふく)まれていて、それぞれ働(はたら)きかける栄養素が違(ちが)います。

でも、入試で問われるのはアミラーゼだけなので、他の消化液に含(ふく)まれる消化酵素(こうそ)は覚えなくても大丈夫ですよ。

覚えておきたい消化酵素

2. 胃液

胃液は、タンパク質をペプトンに変えます。胃液に含(ふく)まれるペプシンという消化酵素(こうそ)の働(はたら)きによるものです。

3. たん液（胆汁(たんじゅう)）

たん液は、「肝臓(かんぞう)」でつくられ、「たんのう」に蓄(たくわ)えられ、「十二指腸(じゅうにしちょう)」に出される消化液です。たん液は脂肪(しぼう)を**乳化**します。乳化とは、細かくしてドロドロにする感じです。**たん液に、消化酵素(こうそ)は含(ふく)まれていません**。

知っての通り、水と油は混ざりません。脂肪は油なので、これをどうにかして水と混ざるような状態に変えなければ、消化液も働きませんし、体内に吸収もできません。本来混ざり合わない二つの液体を、混ざった状態にすることを「乳化」と言います。そのような働きをするものが「界面活性剤」。たん液は体内でつくられる天然の界面活性剤なのです。

4. すい液

すい液は、「すい臓」でつくられて「十二指腸」に出される消化液です。

三つの栄養素すべてに働き、**デンプン（麦芽糖）をブドウ糖**に、**タンパク質（ペプトン）をアミノ酸**に、**脂肪を脂肪酸とモノグリセリド**に変えます。

5. 腸液

腸液は、すい液の働きを手伝って、消化の仕上げをします。主な働きはタンパク質（ペプトン）をアミノ酸に変えるというものです。

モノグリセリドは、文部科学省の学習指導要領が変わる前まではグリセリンと呼ばれていました。入試では「グリセリン」と出てくる可能性もあるので、どちらにも対応できるようにしておきましょう。

今回の学習を終えて、内臓の図を見ながら口にした食べ物が変化する様子を考える作業を繰り返していると、十二指腸が消化においてとても大きな役割を果たしていることに気がつきます。

ちなみに、十二指腸の名前の由来は「指の幅 12 本分くらいの長さがある」というところから来ています。その短い管に、たん液とすい液という二つの大切な消化液が流れ込みます。たん液は肝臓で、すい液はすい臓でつくられる消化液ですね。

肝臓の働きは入試で問われる

とくに、たん液をつくる肝臓は中学受験でもよく問われます。「人体の化学工場」とも呼ばれる**肝臓**は、たん液をつくる以外にもたくさんの働きがあるのです。

まずは、**ブドウ糖をグリコーゲンに変えて蓄えておく**という働き。小腸で吸収したブドウ糖を、別の形で蓄えておいて、そこから少しずつ利用しているのです。

次に、体内の**有毒なものを、無毒なものに変える**働き。たとえば、人体にとって有害なアンモニアを、尿素というものに変えます。

つくられた尿素は腎臓でこし取られ、尿として体外へと出ていきます。

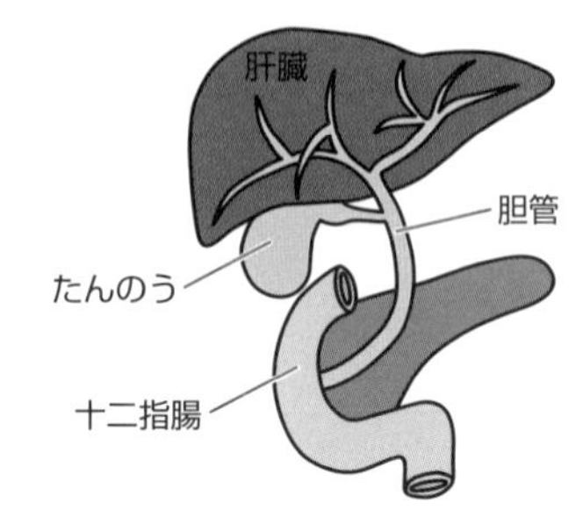

- ブドウ糖をグリコーゲンに変えて蓄える
- 体内の有毒なアンモニアを、無毒な尿素に変える
- たん液をつくる

入試でよく問われる肝臓の働き

他にもたくさんの働きがありますが、まずは今挙げたことを覚えてしまいましょう。

十二指腸、小腸、大腸の働きを知っておこう

十二指腸を過ぎると、空腸、回腸、そして大腸へと向かいます。

十二指腸を含む小腸の大事な仕事が、**養分を吸収する**ことです。体に吸収できる形へと変化した栄養は、小腸で吸収されます。

同時に、水も大量に吸収されることには要注意です。栄養分は水に溶けた状態で吸収されるので、じつは**人体に必要な水分の大部分は小腸で吸収**されています。**大腸で行うのは水分量の調整**なのです。

小腸で栄養を吸収した残りカスには、まだ水分が多く含まれているので、大腸が水分量を調整してほどよい硬さの便にします。もし水分調整がされなかったら、毎日下痢…ということです…。

小腸について、一つ大切なことを話し忘れていました。

小腸には、栄養を効率よく吸収するためのしくみがあります。それが**柔突起**（柔毛）。小腸の内側の壁に存在する毛のようなつくりのことです。そうなっている理由は、「**表面積を大きくすることで、効率よく養分を吸収するため**」。

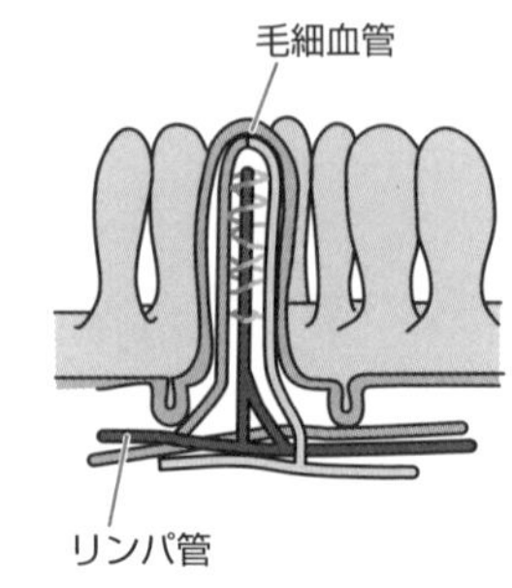

ん!? なんだか聞いたことあるフレーズですね。そう、根毛のところで出てきましたよ。柔突起は「1章 植物」で紹介した「表面積三兄弟」の次男です。

柔突起から吸収された養分のうち、ブドウ糖やアミノ酸は毛細血管へ、脂肪酸やモノグリセリドはリンパ管に送られて運ばれます。

表面積三兄弟の三男(肺胞)の話から、呼吸の要点を知ろう

ここで、一気に三男のことも紹介しちゃいましょう。

ここまでは体に栄養を取り入れる話でしたが、今度は酸素を取り入れるためにする呼吸の話です。

ヒトが呼吸しているのはどこでしょう? 口? 鼻?

どれも違います。**肺**ですね。

ヒトの肺は左右に二つあって、中には**肺胞**という小さな袋が何億個もあります。これが表面積三兄弟の三男です。

肺胞は、**肺の表面積を広げることで、気体を効率よく交換しています。**

「表面積を広げる→効率をよくする」という流れはもう大丈夫ですか?

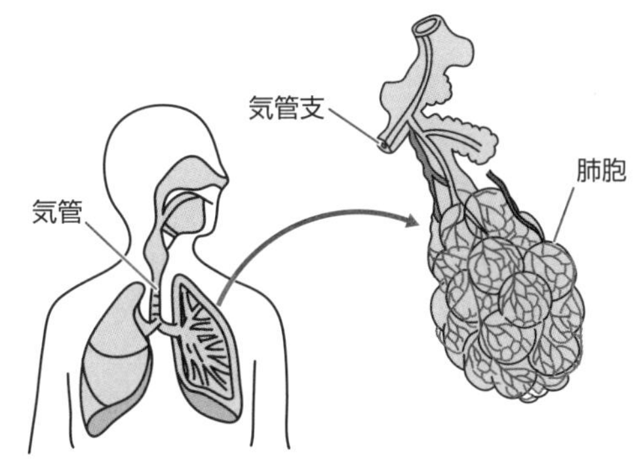

ヒトの肺の構造

呼吸に関して覚えるべきことは、全部表にまとめておきましょう。

	窒素	酸素	二酸化炭素	水蒸気	肋骨	横隔膜
吸う	約78%	約21%	約0.04%	空気と同じ	上がる	下がる
吐く	約78%	約16%	約4%	量が増える	下がる	上がる

まず注目したいのが、**吸う息も吐く息も、一番多いのは窒素、二番目は酸素**だということ。吐く息の酸素や二酸化炭素の割合には個人差があるけれど、酸素より二酸化炭素を多く吐き出す人がいたら、それは体内に酸素を取り込む能力が常人の数倍ある超人です。

もし、みんなの中にそんな人がいるなら、すぐにこの本を読むのをやめてマラソン選手を目指しましょう。たぶん、金メダルを何個も取れますから。

吐く息の水蒸気量が増えていることにも、注目してください。

ガラスに落書きする時に、ハァーッて息を吐きかけると白くくもりますよね？　あれが、吐く息に水蒸気が多く含まれている証拠です。

呼吸は「酸素とデンプンから生活に必要なエネルギーを取り出して、二酸化炭素と水に変える働き」です。二酸化炭素だけでなく、水にも変えられることを忘れてはいけません。

さて、息を吸えば肺は膨らみ、吐けば肺は縮みます。

しかし、肺には筋肉がないので、実際には肺周辺の肋間筋と横隔膜という筋肉を使っています。肋間筋の動きは肋骨と連動しているので、肋骨と横隔膜がどう動くのかを覚えておくといいですね。

息を吸う時は肋骨が上がり、横隔膜が縮んで下がります。容積を増やし、外の空気を取り込みます。息を吐く時は肋骨が下がり、横隔膜がゆるんで上がります。容積を小さくして、気体を押し出すのです。

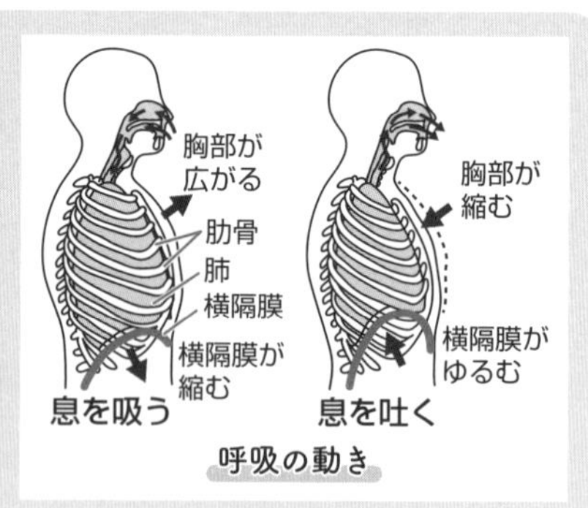

呼吸の動き

だ液の働きに関する実験

忘れた頃にテストに出てきて、かつ間違えやすいのが、だ液に関する実験です。

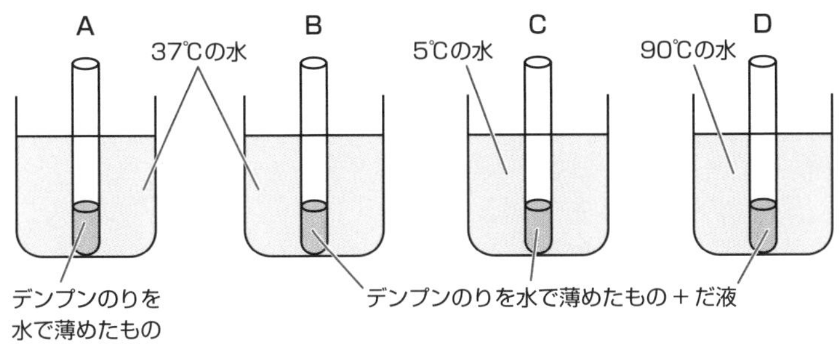

上の各試験管の中にヨウ素液を入れて、色がどう変化するのかを確認すると、下の表のような結果が得られます。

	上の温度のままヨウ素液を入れる	CとDを、37℃に戻してからヨウ素液を入れる
A	青紫色	
B	茶褐色のまま変化なし	
C	青紫色	茶褐色のまま変化なし
D	青紫色	青紫色

注意点はだ液が働いたのは「色が変化していないところ」だということ。**ヨウ素液はデンプンと反応すると、青紫色に変化する**試薬でしたね。

だ液が働けば、デンプンは麦芽糖に変わってしまうので、ヨウ素液の色は変化しないのですが、つい変化したところを選んで間違えてしまうことが多いのです。

表（左）の結果から、だ液は体温に近い37℃で働くことがわかります。

表（右）の結果からは、**低温にしただ液は体温くらいに戻せば働きが復活する**けれど、**高温にしただ液は体温くらいに戻しても働きは復活しない**ことがわかります。

高温になるとだ液の働きが失われてしまうのは、消化酵素が主にタンパク質からできているからです。タンパク質は卵の白身に多く含まれているので、ちょっと生卵をイメージしてください。卵を冷凍庫に入れて凍らせても、解凍すれば、また中身はドロッとした状態に戻ります。でも、ゆで卵にしたあとに冷蔵庫にしまっても、もう生卵には戻りません。タンパク質は熱に弱いのです。

では、最後に入試問題をやって今回の授業を終わりにしましょう。

難関中学の過去問トライ！ (東大寺学園中学)

2　右の図を見て次の問いに答えなさい。

(1) ㋑・㋔・㋗の名前を書きなさい。

(2) ㋐～㋖のうち消化液をつくっていないものはどれですか。すべて選んで、記号で答えなさい。

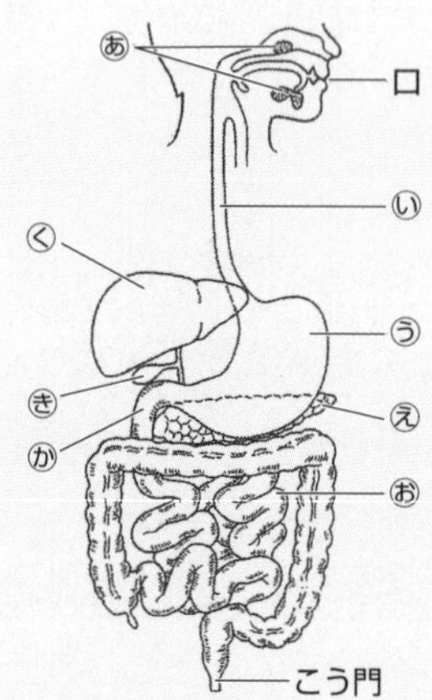

(3) ㋐から出てきた液とでんぷんを試験管に入れて40℃に保ち、じゅうぶんな時間をおきました。その後、この試験管にヨウ素液を加えました。ヨウ素液の色はどのように変化しますか。次のア～オから1つ選んで、記号で答えなさい。

ア　無色→赤色　　イ　無色→茶色　　ウ　茶色→青むらさき色
エ　青むらさき色→茶色　　オ　変化しない

(4) ㋒の中にある液にリトマス紙をひたしました。リトマス紙の色はどのように変化しますか。次のア～エから1つ選んで、記号で答えなさい。

ア　緑色→青色　　イ　緑色→黄色
ウ　赤色→青色　　エ　青色→赤色

(5) (4)の結果をふまえて考えると、㋒の中にある液にはどのようなものがふくまれているといえますか。

(7) ㋗はどのようなはたらきをしていますか。次のア～オからすべて選んで、記号で答えなさい。

ア　尿(にょう)をこしとる。
イ　からだに害のあるものを無害なものにする。
ウ　余った養分を一時的にたくわえる。
エ　尿(にょう)を一時的にたくわえる。
オ　血液から二酸化炭素をのぞく。

解説

(1) ㋑は**食道**、㋔は**小腸**(しょうちょう)、㋗は**肝臓**(かんぞう)ですね。
(2) たん液は「肝臓(かんぞう)」でつくられて、「たんのう」に蓄(たくわ)えられて、十二指(じゅうにし)

腸に出される消化液でしたね。
消化液をつくっていないのは「食道」と「十二指腸」と「たんのう」なので、正解はⓘ・ⓚ・ⓚです。

（3） 体温に近い40℃で十分な時間を置いたと書いてあるので、だ液はデンプンをすべて麦芽糖へ変えたと考えるのが妥当です。正解は**オ**です。
（4） 胃液には塩酸が含まれているので、正解は**エ**です。
（5）「どのようなもの」と聞かれているので、**酸性の液体**です。くわしくは、拙著『合格する理科の授業 地学・化学編』の化学のところで扱っています。
（7） 正解は**イ**・**ウ**です。すべて選ぶのを忘れないようにしてください。

では、今日はここまで！

血液の循環

心臓は、血液を全身に送り出すポンプの役割をする

酸素や栄養を体全体に運んでいるのは血液です。体の隅々の細胞まで酸素と栄養を運ぶために、全身に血管が張りめぐらされています。
まずは、血液を全身に送り出すポンプのような役割をしている器官、心臓について話をしましょう。

みんなの心臓を前から見ると、次ページの図のように四つの部屋に分かれています。「右と左が変だよ？」って思った人はいますか？
でも、自分の心臓を前から見ることはできませんよね？
この図は、人と向き合ってその人の心臓を前から見た状態の図です。
それぞれの部屋には血管がつながっているのがわかりますか？

今回は、その部屋と血管の名前、それぞれの血管がどこに向かっているのか、どこから帰ってきているのか…これらを即答できるようになることが最大の目標です。
ただ、いきなりこの図を覚えてはダメですよ。軽く眺めたら、まずは先を

読み進めてくださいね。

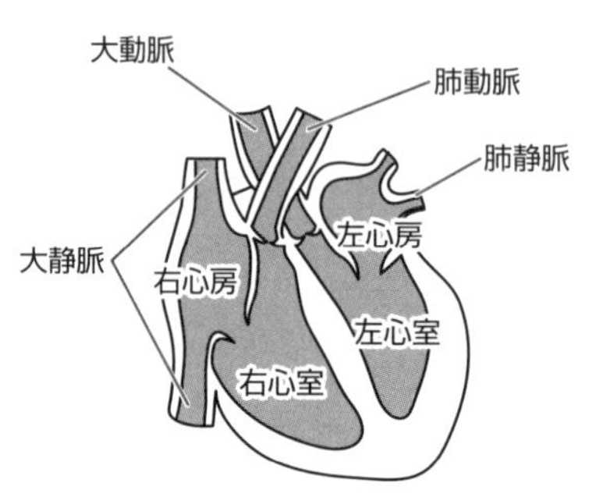

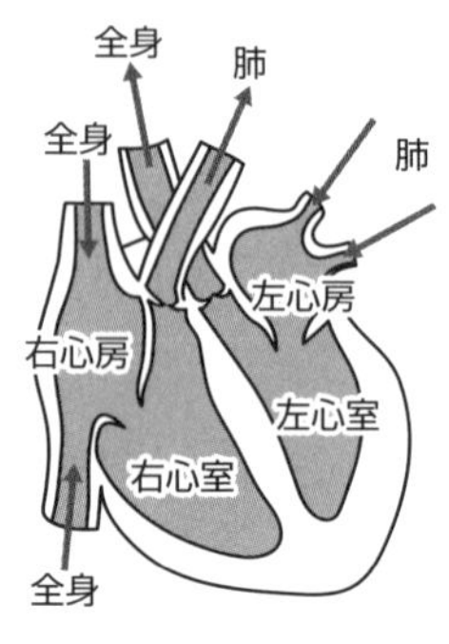

心臓から遠ざかる血液は動脈、近づく血液は静脈を流れる

最初に覚えたいのは、血管の名前です。血管の名前のつけ方にはルールがあるので、まずはそのルールを覚えてしまいましょう。ルールは簡単です。

心臓から遠ざかっていく血液が流れているのが「動脈（どうみゃく）」。
心臓に近づいていく血液が流れているのが「静脈（じょうみゃく）」。
電車でも、東京駅から遠ざかっていくのを下り電車、東京駅に近づいていくのを上り電車と呼ぶのと同じようなルールですね。

動脈（どうみゃく）と静脈（じょうみゃく）について、もう少しくわしく説明していきますよ。
動脈（どうみゃく）は、心臓から遠ざかっていく血管。つまり、心臓から送り出されたばかりの、これから全身をめぐる血液が流れている血管です。
人間の血管を全部つなげてみると、地球２周半くらいの長さになると言われています。この長い距離（きょり）をこれから旅するわけですから、当然最初の勢いはとても強いものになります。

そのため、動脈（どうみゃく）は、**厚く**、**弾力性がある**ゴム管のようになっています。心臓からドクンッと血液が送り出されるたびに、伸びたり縮んだりしている、この動きが**脈拍（みゃくはく）**です。

みんなも、１分間あたりの脈拍（みゃくはく）数を数えたことがあると思います。その時、手首や首を触って脈をとったでしょう？
まだ体で使い始める前の大切な血液が流れている動脈（どうみゃく）は、ケガをしても切れないように、手首や首などの特別な場所を除いて**体の内側を通っているん**

です。体の内側に隠しているということですね。

静脈は、心臓に近づいていく血液。言い換えれば、体の各所で使い終わった、これから心臓に戻っていく血液が流れています。

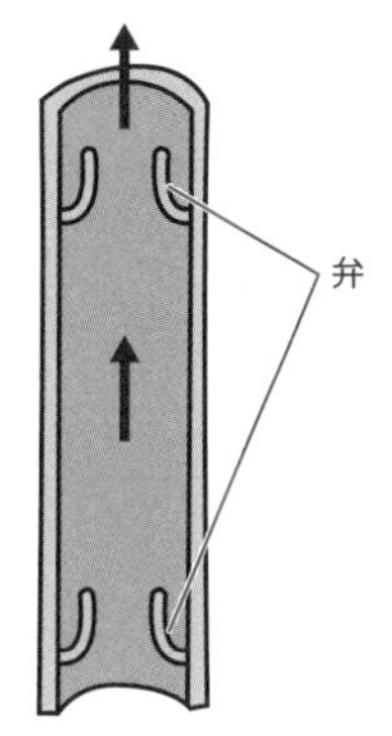

もうかなりの距離を旅していますから、ほとんど勢いはありません。ですから、動脈と比べ、**薄く**、**弾力性がない**血管です。

勢いがないので、**脈拍もない**ですし、体の外側を流れています。

勢いがなくなりすぎて逆流しないように、静脈には左図のような**弁**というつくりが備わっています。弁は、血液の**逆流を防ぐためのつくり**です。

この弁は、心臓にもついています。心臓は上下が交互に伸縮します。その時に、血液を流したい方向と逆に流れないようにしているのです。

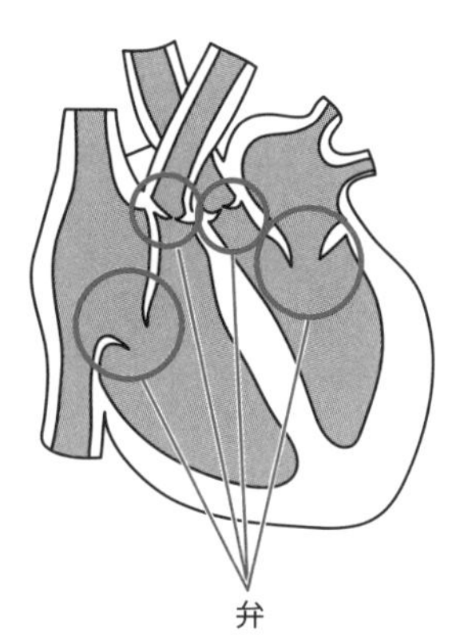

この心房と心室が交互に伸び縮みすることを、**拍動**と言います。

心臓は筋肉のかたまりで、大きさはだいたい**にぎりこぶしくらい**。**体の真ん中よりも少しだけ左側**に寄っているのはみんな知っていますね。

図を見ると、**左心室を囲む筋肉の壁がとても厚い**ことがわかりますか？

左心室は、全身に血液を送り出す血管がついているところです。これから全身を旅する血液を勢いよく送り出すために、壁がとくに厚くなっているんですよ。

血液の流れ、血管の名前が頭に浮かぶようになる練習

ここからが今回で一番大切なところです。

次ページの図は、血液がどのように全身を流れているのかを模式的に表したもので、心臓の各部屋にはＡ～Ｄ、血管には①～⑨の番号がふってあります。

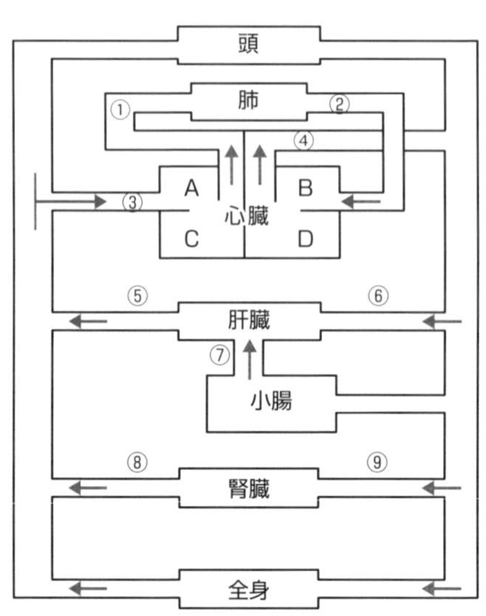

A　右心房
B　左心房
C　右心室
D　左心室

①　肺動脈
②　肺静脈
③　大静脈
④　大動脈
⑤　肝静脈
⑥　肝動脈
⑦　門脈
⑧　腎静脈
⑨　腎動脈

心臓からの血液の流れをたどってみると、Cの部屋からスタートして肺を通り、Bの部屋へと戻ってくる流れと、Dの部屋からスタートして全身を通り、Aの部屋へと戻ってくる流れの二つがあることに気がつきます。前者が**肺循環**、後者が**体循環**です。

肺循環は1本道なので、心臓から離れて肺へ向かう血管①は**肺動脈**、肺から心臓へ戻ってくる血管②が**肺静脈**です。

体の各部を通る体循環には、たくさんの道があります。

まず、心臓から離れてすぐ通る血管④が**大動脈**です。

大動脈は各部へ向かうために分岐しますが、分岐した先は名前が変わります。たとえば⑥は肝臓に向かうので肝動脈、⑨は腎臓へ向かうので腎動脈です。腎臓を過ぎたあとは心臓へ戻るので⑧は腎静脈、いろんな静脈が合流して、最終的に心臓へ戻っていく③は**大静脈**です。

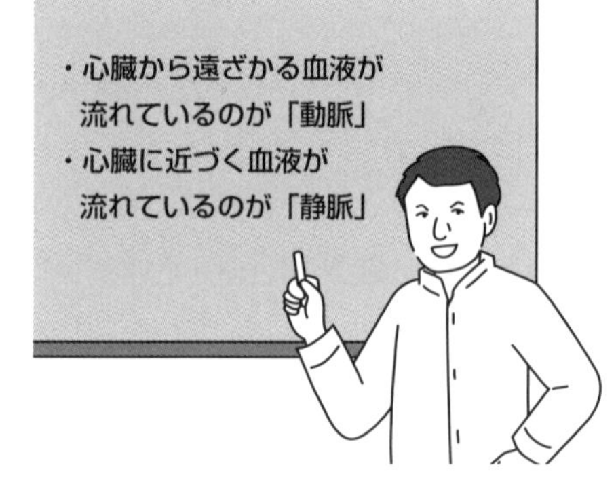

血管の名前のつけ方ルール

血管の名前のつけ方のルールがわかっていれば、そんなに難しくはありませんね。

唯一の例外は**門脈**。前回、「小腸で栄養を吸収する」という話をしましたが、その吸収した栄養を肝臓に送る血管が門脈です。

矢印の向きにしたがいながら、「あ、今はDだから、えーとここは左心室だな」、次は「④にきたぞ。えーと心臓から離れていっているな。ということは、ここは大動脈だ」というように確認しながら、何周も何周も全身をめぐってください。この作業を何度も行うことが、今回の学習で一番大切です。

同時に、各部を通る時、たとえばDの部屋なら、「今から全身をめぐるから、ここは筋肉の壁が一番厚いところだ」というように特徴を意識しながらできれば完璧です！

それ以外で意識してほしいのは、下の5個です。

- もっとも酸素の多い血液が流れている血管の名前
- もっとも二酸化炭素の多い血液が流れている血管の名前
- もっとも不要物の少ない血液が流れている血管の名前
- 食後、もっとも養分の多い血液が流れている血管の名前
- 普段、もっとも養分の多い血液が流れている血管の名前

酸素と二酸化炭素は肺で交換されますから、**酸素がもっとも多いのは、交換が終わったばかりの②（肺静脈）**。

逆に、**二酸化炭素がもっとも多いのは、肺に戻る直前です。だから①（肺動脈）**になります。

もっとも不要物の少ないのは、腎臓を過ぎた⑧（腎静脈）。腎臓は、尿素をこし取って尿をつくるところです。

食後に一番養分が多いのは、⑦（門脈）。小腸で吸収した栄養は、門脈を通って肝臓に送られています。

肝臓では、送られてきた養分をグリコーゲンとして蓄えます。普段はその蓄えたものを、少しずつ血液に流しているのです。

だから、**普段、もっとも養分が多いのは、⑤（肝静脈）**になります。

このことを意識しながら、全身をめぐる作業を何度も繰り返してから、心臓の図が書いてあったページに戻ってみてください。

最初見た時には、「こんなの覚えられるはずがない」と思った図が、さっきより頭に入ってくるのではないかな？

心臓の図を見て、血液の流れや、各血管の名前がパッと頭に思い浮かぶようになったら、この練習は完了です。

練習が完了したら、まだいくつか話していないことがあるので、先に進みましょう。

血液は、毛細血管を通って体の隅々まで行き届く

さて、ここまで紹介した血管は、どれもかなり太い血管です。

しかし、体の隅々まで血を行き届かせるためには、細い血管が必要です。その細い血管を**毛細血管**と言います。

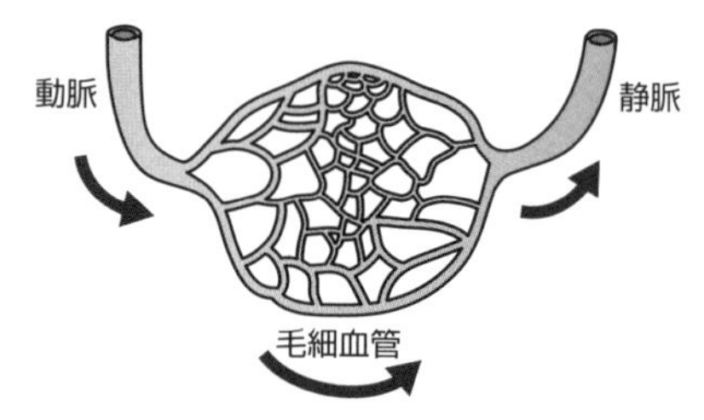

このことは、水道管をイメージするとわかりやすいかな。水道管には、地面の下を通るすごい太い水道管もあれば、そこから分岐して各家庭へと向かう少し細い水道管もありますよね。

そして、家庭の中ではさらに細い水道管となって、それぞれがお風呂やキッチンへ向かっていますよね。

同じように、細胞まで血液を送るために、血管もどんどん細くなっていくのです。そして、お風呂やキッチンで使われた水は、それぞれ細い下水管を通り、少し太い管にまとまったあとは、地面の下にあるとても太い下水管につながっています。血液の流れもまさにそんなイメージです。

だからよく、「酸素の多い血をきれいな血」、「酸素の少ない血を汚い血」なんて言ったりするんですね。

肺動脈には静脈血が、肺静脈には動脈血が流れていることに注意！

実際、そのきれいな血には**動脈血**、汚い血には**静脈血**という立派な名前がついています。つまり、動脈血は酸素の多い血、静脈血は二酸化炭素の多い血ということです。

誰が決めたのか知りませんが、受験上これは本当に迷惑な名前です。何が迷惑なのか、わかった人はいるかな？

図をもう一回見て確認してみてください、基本的に動脈には動脈血が、静脈には静脈血が流れていますね。

でも、肺循環の部分だけは、肺動脈に二酸化炭素の多い静脈血が、肺静脈には酸素の多い動脈血が流れているでしょう？

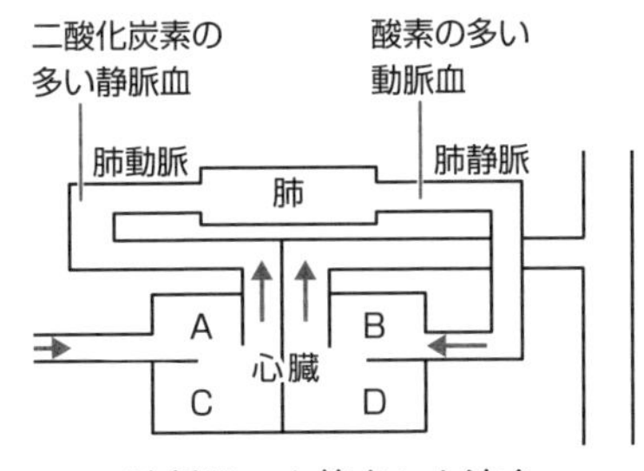

肺循環の血管名と血液名

血管の名前の決め方と、血液の名前の決め方の基準が違ったために、こんな謎なことになったのです。

血管の名前は「心臓に近づくか遠ざかるか」を基準に決まっています。一方、血液の名前は「酸素が多いか少ないか」を基準に決めました。

その結果、肺循環では静脈に動脈血が流れるというわかりにくいことになってしまったんですね。動脈血や静脈血なんて難しい名前をつけずに、多酸素血、少酸素血などにしてくれたらよかったのに…。

ホ乳類以外のセキツイ動物の心臓のつくり

せっかくだから、他のセキツイ動物の心臓のつくりも少し見てみましょう。左から順に魚類・両生類・ハ虫類・鳥類の心臓です。

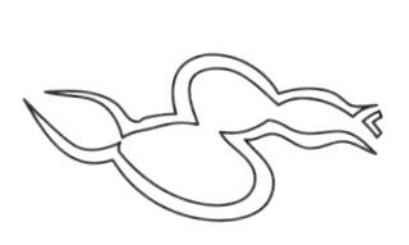
魚類の心臓

両生類の心臓

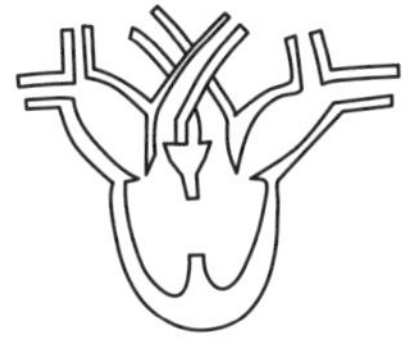
ハ虫類の心臓

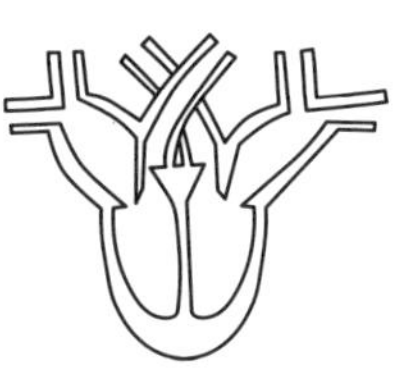
鳥類の心臓

右に行くほど、だんだん構造が複雑になっていることがわかります。

ただ、ここで知ってほしいのは、「右に行くほどいい心臓、というわけではない」ということです。

まず、魚類の心臓は、心房と心室が一つずつ（**1心房1心室**）です。

心臓から送り出された血液は、エラで二酸化炭素と酸素を交換し、動脈血となり全身をめぐります。全身で酸素を使い終わった静脈血は心臓に戻ってきて、またエラへと送り出されるという、単純ながら無駄なく完成された形になっています。

しかし、この完成された形を両生類は捨てなくてはなりませんでした。地上に進出し、肺呼吸を始めたからです。もともとは存在していなかった肺という器官に多くの血液を送り出すために、新しく肺循環をつくらなくてはならなかったんですね。

両生類の心臓は、心房が二つ、心室が一つ（**2心房1心室**）です。心房を二つにすることで、いちおう肺循環のルートはできたものの、心室が一つなので、そこで動脈血と静脈血が混ざり合ってしまい、純粋な動脈血を全身に送ることはできません。

そのため、両生類は肺呼吸だけでは生きられず、皮膚呼吸もしています。皮膚が水で濡れていないと皮膚呼吸はできないので、両生類は水の近くでしか生きられないのです。

ハ虫類の心臓も、心室の壁が完全には閉じていない（**不完全な2心房2心室**）ので、純粋な動脈血を全身に送ることはできません。

ただ、両生類よりは2心房2心室に近くなったため、皮膚呼吸をする必要がなくなり、陸上生活により適応することができました。

鳥類の心臓は、完全な2心房2心室になっているので、静脈血は動脈血と混ざることはありません。やっと純粋な動脈血を全身に送ることができるようになったのです。

結果的に同じ2心房2心室を獲得したホ乳類と鳥類ですが、前にも言ったように、現在では両生類が進化してハ虫類やホ乳類が、ハ虫類が進化して鳥類が出現した、と考えるのが一般的です。

つまり、ずいぶん前に進化の道筋は分かれたことになります。

違うルートをたどったのに、結果的に同じ構造を獲得したのは、この形が陸上生活に合っていたから、ということなのでしょう。

生物のミニCOLUMN

進化の道筋が分かれた結果、鳥類がホ乳類より優れている部分も多くあります。その一つは肺です。ホ乳類は、肺を膨らませたり縮ませたりして呼吸をします。ところが、「深呼吸」という言葉があるように、普段の呼吸では息を吐いた時にも完全に肺は空にならず、一部の空気が残ってしまいます。

それに対し、鳥類の肺はたくさんの細い管の集まりになっていて、空気がそこを通る時に酸素と二酸化炭素を交換しますが、肺そのものは膨らんだり縮んだりはしません。気嚢という袋を膨らませたり縮ませたりすることで、肺の中に空気を通すのです。空気の流れが一方通行になっているので、ホ乳類のように肺に使ったあとの空気が残ってしまうことはありません。そのため、気体の交換効率はホ乳類よりも優れていると言えます。

まず、前後の気嚢が同時に膨らみ、後部気嚢は体外からの空気を（矢印①）、前部気嚢は肺の中の空気を（矢印③）取り込みます。そのあと、前後の気嚢が同時に縮み、後部気嚢は肺へ空気を（矢印②）、前部気嚢は体外へ空気を（矢印④）送り出します。

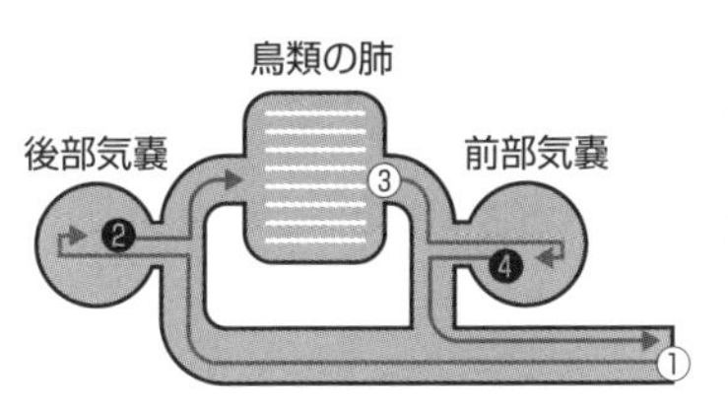

血液が赤く見えるのはサビだから

血液は**赤血球**、**白血球**、**血小板**という３種類の固体と、「**血しょう**」という液体成分でできていて、それぞれが違う働きをしています。

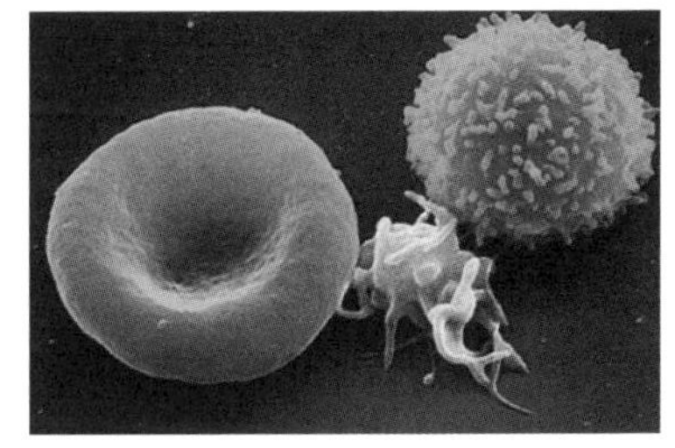
左から赤血球、血小板、白血球

- **赤血球**…酸素を運ぶ（ヘモグロビンという色素を含む）固体
- **白血球**…細菌やウイルスと闘う固体
- **血小板**…出血を止める固体
- **血しょう**…血球、養分、不要物を運ぶ液体

赤血球は、**ヘモグロビン**という赤い色素を含んでいて、これに**酸素をくっつけて運びます**。ヘモグロビンは中心部に鉄原子を持っています。

酸素とくっついている時は、鮮やかな赤色になりますが、これは酸素と結びついて赤サビになったということ。血のにおいや味が「鉄っぽい」と言われるのも納得ですね。

ヘモグロビンは酸素と結合している時は赤ですが、酸素と結合していない時はやや黒くなります。エビや昆虫の血が青と言われるのは、ヘモグロビンではなく、銅を含んだヘモシアニンという色素が酸素を運ぶからです。銅のさびは緑青です。なお、酸素と結合していないヘモシアニンは透明なので、死んだエビをさばいても青い血は見られません。

菌やウイルスと闘う白血球、出血を止める血小板、養分などを運ぶ血しょう

白血球は、**菌やウイルスと闘う**しくみを持っています。決まった形はありません。

血小板には、**出血を止める**しくみがあります。出血すると集まってきて、固まって傷口をふさぎます。その時にできるものが、みんなの知っている「かさぶた」です。

血しょうは、液体成分なので、いろいろなものを運ぶ働きがあります。**血球や、養分や不要物（二酸化炭素を含む）を運んでいる**のは血しょうです。

血しょうは「血漿」と書きます。よく漢字で書こうとして「血小」って間違えちゃう人もいるから、「血しょう」とひらがなで覚えましょう。

ちなみに先生は、「漿」なんて難しい漢字はそもそも書けないので、間違えたことはありません。

排出器官～尿を排出する腎臓、汗を排出する汗腺～

最後に、排出器官について話をしましょう。

まずは、血液中の不要分をこし取って尿をつくる腎臓について。

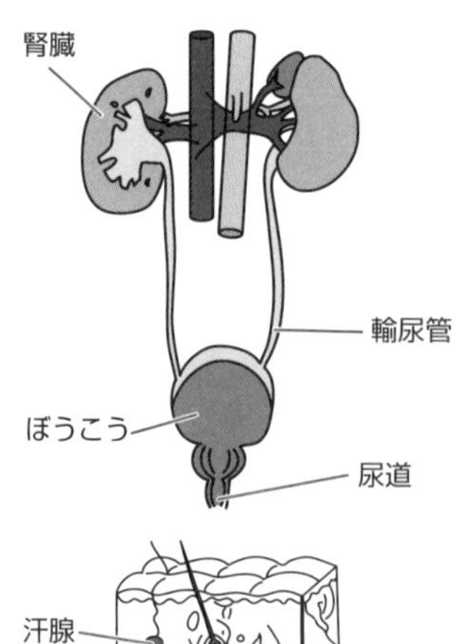

腎臓は、図のようにソラマメのような形をしていて、腰の上の背中側に二つあります。

尿素や塩分などの不要物をこし取り、尿として体外に出すという働きをしています。腎臓の下にあるぼうこうは、つくられた尿を一時的に蓄える場所です。ぼうこうがなかったら大変ですね。

また、尿の他に体外に出すものとして、汗があります。

汗をつくるところが汗腺。ここは名前だけ覚えておいてください。

漢字で書くなら、「腺」がにくづきである

ことに注意。先生はもちろんひらがなで「汗せん」と書きますよ。

では最後に、今回も入試問題にチャレンジしてみましょう。

難関中学の過去問トライ！ （桜蔭中学）

Ⅲ　図はヒトを正面から見たときの体内の血液の流れを表したもので、細い線は血管を示しています。心臓は４つの部屋からなり、図の ⌝ ⌜ は血液が逆流しないようにするための弁を表しています。また、心臓に血液がもどってくる部屋を心房、心臓から血液を送り出す部屋を心室といいます。

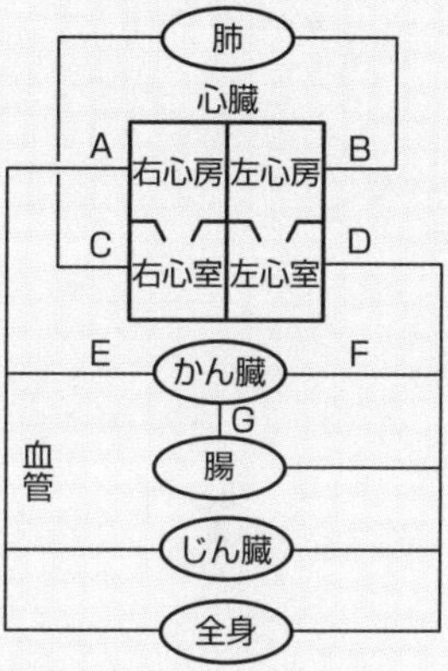

肺
心臓
A
B
右心房
左心房
C
D
右心室
左心室
E
F
かん臓
G
腸
血管
じん臓
全身

問１　酸素の多い血液を動脈血、酸素の少ない血液を静脈血といいます。心臓につながる４つの血管Ａ～Ｄのうち、動脈血が流れている血管をすべて選び、記号で答えなさい。

問２　ヒトの心臓の４つの部屋のうち、一番壁が厚くて丈夫な部屋の名前を答えなさい。

問３　魚類と両生類の心臓について述べたつぎの文章の空らんにあてはまる語句をそれぞれ選び、記号で答えなさい。

フナなどの魚類は心室と心房を１つずつ持ちます。心室から送り出された血液はエラを通ると勢いが①（ア．強く、イ．弱く）なり、そのまま全身をめぐります。

また、カエルなどの両生類は１つの心室と２つの心房を持ちます。全身からもどった血液と肺からもどった血液が心室で混ざり、心室から送り出される血液は肺からもどった血液と比べて酸素の割合が②（ア．大きく、イ．小さく）なります。

問７　つぎの文①～④はかん臓の役割について述べたものです。それぞれの役割から考えて、（　　）内の特ちょうをもつ血液が流れている血管を図中のＥ～Ｇから選び、記号で答えなさい。なければ「なし」と答えなさい。同じ記号を何回選んでもよい。

①食べ物を消化したときにできた養分の一部をたくわえる。（養分が多い）
②食べ物の消化を助ける胆汁をつくる。（胆汁をふくむ）
③血液中の有害物質を分解する。（有害物質が少ない）
④血液中の糖分が少なくなると、かん臓にたくわえられている物質から糖分が作られ、血液に供給される。（糖分が多い）

解説

問1　肺を通ったあと、各部に行く前の血管を選べばよいので、答えは**B**・**D**です。

問2　全身に血液を送る**左心室**が正解です。

問3　エラを通ったあとは、当然血液の勢いは弱くなります。両生類の心臓は心室で動脈血と静脈血が混ざってしまうので、酸素の濃度は低くなります。正解は①**イ**、②**イ**です。

問7　①食後一番栄養分の多い血液が流れているのは、**G**の門脈でしたね。
②消化液は、血管を流れません。「**なし**」が正解です。
③肝臓を通過したあとは有害物質が少なくなるので、肝静脈の**E**です。
④普段、栄養素が一番多いのも肝静脈でしたね。これも**E**が正解になります。

動物の誕生・人の骨格や感覚器官

メダカは繊細で変化に弱い

今回は、まずは動物の誕生から解説していきますよ。

動物の誕生で、よく問題に出てくるのはメダカです。

メダカについては、誕生だけではなく特徴や飼い方のことなども一緒に聞かれるので、少しくわしく学習していきましょう。

メダカは、3㎝くらいの小さなお魚。もともと日本の小川にたくさん生息していたけれど、今は数が減ってしまって、絶滅危惧種に指定されています。

そうなった理由は、メダカがとても繊細な生き物で変化に弱いからです。「繊細で変化に弱い」、これが大切なキーワードです。

メダカの特徴～オスとメスの違いは、絶対に暗記～

メダカは魚類なので、５種類のひれがあります。それぞれ、**背びれ**、**胸びれ**、**はらびれ**、**しりびれ**、**尾びれ**。胸びれとはらびれは左右にそれぞれ一対ずつついているので、合計７枚のひれです。

図を見ながら、ひれの名前、オスとメスの違いについて確認しましょう。

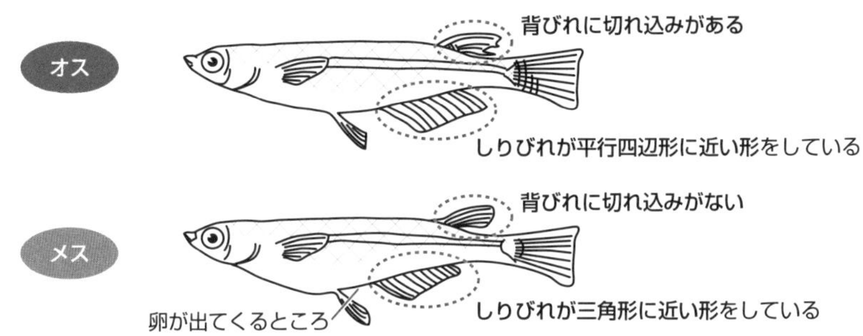

この違いは、入試頻出なので絶対暗記してくださいね。
オスは、背びれには切れ込みがあり、しりびれは平行四辺形に近い形。メスは、背びれには切れ込みがなく、しりびれは三角形に近い形をしています。このまま丸暗記しましょう。

それらに加えて、産卵前は、メスのお腹が膨らんでいることも覚えておいてください。なお、卵が出てくるところは「はらびれ」と「しりびれ」の間にあります。また、オスとメスに共通したメダカの特徴としては、口が上向きについていることも知っておきましょう。だから、水面のエサを食べるのがとっても上手なのです。

メダカの飼い方～水槽の選び方からエサの与え方まで～

メダカを飼う時の注意点を、いくつか教えます。

まずは水槽の選び方。左はダメで右はOKです。どうしてでしょうか？

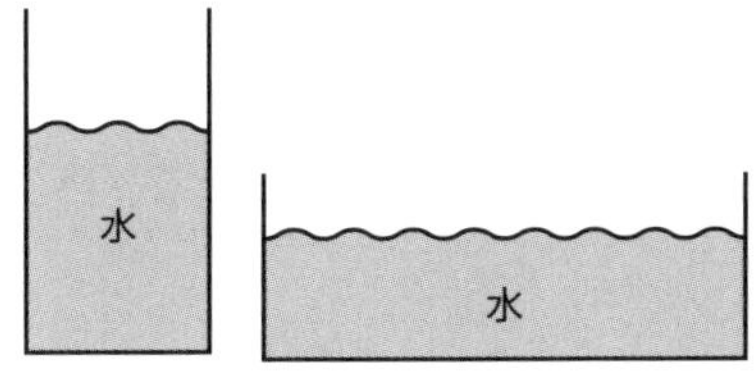

魚類は、水中の酸素をエラから取り

入れて呼吸しています。

右側の水槽のほうが**水面の面積が大きくて、酸素が溶け込みやすい**ので、水中の酸素が多くなるのです。

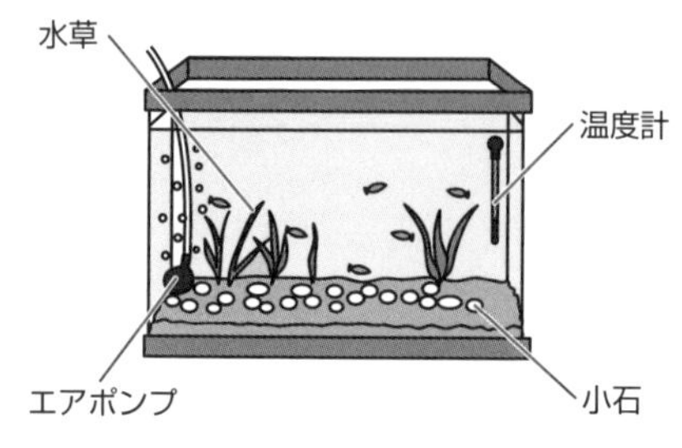

水槽を選んだら、理想的な環境は左の図のような感じかな。

中に入れる水は、**きれいな池や川からくんできた水**。できれば、そのメダカを捕まえた川の水が理想的です。メダカは環境の変化に弱いですからね。

でも、「お、そろそろ水替えだな。捕まえた長野の清流までちょっと水くみに行くか」というわけにもいかないし、そもそも都会ではきれいな池や川もあまりありません。だから、たいていは水道水を使うことになります。

水道水の場合、**一晩くらいおいてから使います**。

理由は二つ。水道水に含まれる**塩素を抜くため**と、**温度をそろえるため**です。新しく入れる水の温度を、今メダカがいる水槽の水とそろえます。塩素はハイポと呼ばれる固体を入れて抜くこともできますが、温度はしばらくおいておかないとそろいませんね。

さらに、なるべく今の環境を変化させないために、水槽の水は一度に全部を入れ替えず、水槽の**2分の1から3分の1**程度だけ替えるようにして、今ある水を残してあげることが大切です。

水槽の中には、水草を適量入れます。水草を入れる目的は二つ。

一つは、**光合成によって酸素を発生させる**こと。

もう一つは、**卵を産みつける場所にする**こと。

あくまで適量ですよ。たくさん入れてしまうと、夜は光合成をせずに呼吸だけを行うので酸素が減ってしまうし、そもそもメダカが泳ぎにくくなりますからね。

水槽は、直射日光の当たらないところに置きます。直射日光が当たるところでは、昼夜の水温の変化が大きいから、環境の変化に弱いメダカにとってはよくないのです。

メダカが生活するために適切な水温は、23 ～ 27℃くらい。ちょっとわがままですね。

サーモスタットという機械を入れて水温調整することもあります。空気を出すエアポンプも入れてあげると、より環境が整いますよ。

エサは、**食べ残しがない程度の量**を与えましょう。たくさん与えすぎると、食べ残したエサによって水が汚れてしまうからです。

もう何から何まで至れり尽くせりで、先生より贅沢な環境にいる気もしますが…メダカは、繊細で環境の変化に弱い生き物だからこそ、それを飼う人には果たすべき責任がたくさんあるということですね。

メダカの産卵〜卵の成長の順番が試験で問われやすい〜

水槽でメダカを繁殖させる時は、オスとメスを必ず一緒の水槽に入れること。その時、メスが少し多くなるように入れましょう。

メダカは、水温が18〜20℃くらいの時期（5〜8月くらい）の早朝、**太陽が出てきたあとくらいの時間帯**に産卵します。

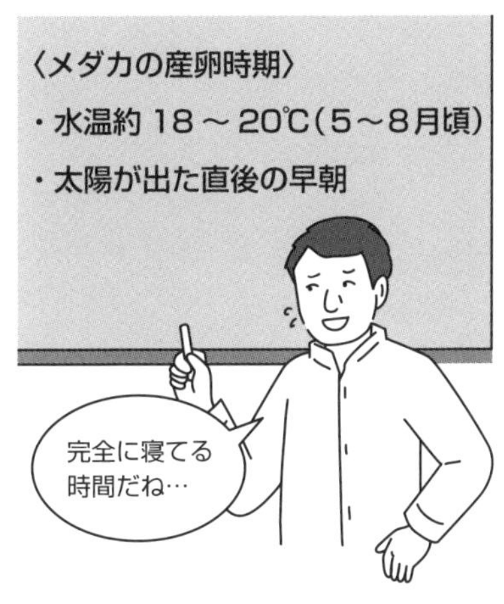

だから、飼っているメダカの産卵を観察するのは難しいでしょう。

産卵しそうな時期に、前日の夜から水槽に黒い布をかぶせ、みんなが集まってから布をはずすと、産卵を観察できる確率が上がります。布を取った時に、朝になったと勘違いさせるのです。

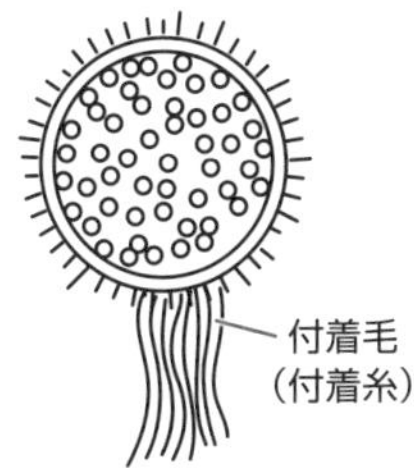

産卵をする時は、まず、オスがメスを追いかけるように泳ぎます。

そのうち、並んで泳ぐようになって、オスがメスの体をひれで包むような様子が見られると、やがてメスが産卵を始めます。そこにオスが精子をかけて受精させ、その卵を水草に**付着毛**（**付着糸**）でからませます。

魚類と両生類は、**体外受精**でしたね。つまり、メスが卵を産んだあとで、オスが卵に精子をかけることで受精して、**受精卵**ができるのです。

受精した卵は、すぐに別の容器に移さなければなりません。そうしないと、親メダカが卵を食べてしまうからです。

卵がかえる日数は、水温次第で変わりますが、**おおよそ10日**くらい。「ふ化までの日数×水温＝250」という式は有名です。

水温が25℃だったら10日、20℃だったら12～13日でふ化します。この式を覚える必要はないけれど、意味は知っておいてくださいね。

メダカが一度の産卵で産む卵の数は10～20個。およそ直径1㎜の大きさの卵を産みます。

卵がどのように育っていくのか、次の図を使って確認しましょう。

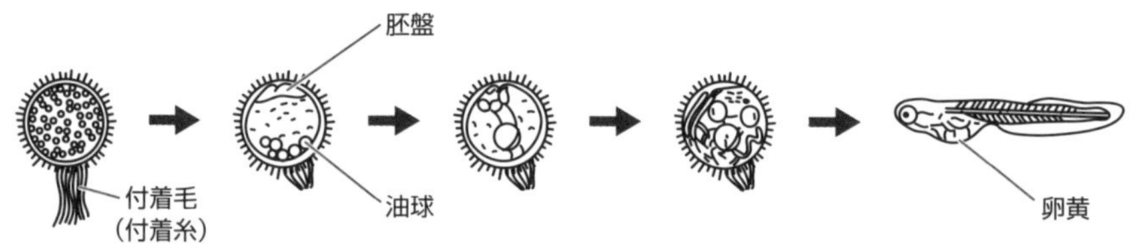

メダカの問題では、卵の成長の様子を時系列に並べ替えさせる問題が出ます。見極めるポイントはいくつかありますが、その一つが油球に注目する方法です。

最初は散らばっていた油球が徐々に集まっていくことを覚えておきましょう。

図の一番右は、産まれたばかりのメダカです。

産まれたてのメダカは、数日間エサを食べずに、**卵黄に蓄えられている栄養を使って生活します**。数日は**水槽の下のあたりでじっとしている**だけです。

メダカは消化器官が未発達のまま産まれるので、数日間はエサを食べられません。さらにヒレもきれいに分かれておらず、上手に泳ぐこともできません。それでも早く卵からかえるのは、まったく動けない卵でいるより、少しでも動ける状態になれば生存確率が上がるからです。生物の大原則の一つは【自分が生き残る】ことでしたね。

メダカの習性～メダカは今いる場所に留まろうとする～

メダカって、上流を向いて泳いでいるのか？　下流を向いて泳いでいるのか？　さて、どっちでしょう。

下流を向いて泳いでいて気づいたら海にいた、なんてことがあったら大変ですよね。メダカは上流を向いて泳いでいます。

キーワードは、「メダカは今いる場所に留まろうとする」性質があるということ。自分が今いる場所から動きたくない、環境を変化させたくないということです。

次のような実験をすると、メダカはどっち向きに泳ぐか考えてみましょう。下のような円柱の容器にメダカを入れます。右は真上から見た様子ですね。

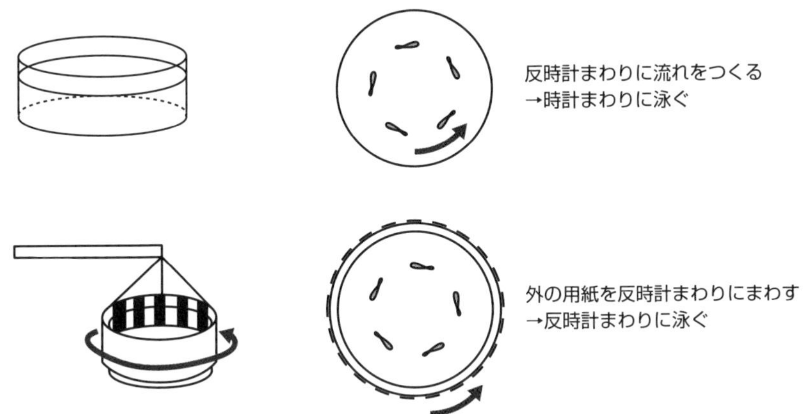

まず、この水を反時計まわりにぐるぐるかきまわすと、メダカは流れとは逆方向の時計まわりに泳ぎます。

次に、この容器の周りに黒・白・黒・白と色を塗(ぬ)ったものを置き、それを反時計まわりにまわすと、メダカは黒・白模様と同じ反時計まわりに泳ぎます。

でも、これらの実験結果を暗記しようとしたらダメですよ。

どちらも、「今いる場所に留まろうとする」性質から考えることができるからです。今いるところに留まりたいので、流れには逆らって、周りの景色に合わせて動くんですね。周りの黒・白模様が動くと、自分が動いてしまったと勘違(かんちが)いしたメダカが、元に戻ろうと周りに合わせて泳ぐということです。

卵のどこがヒヨコになるの？

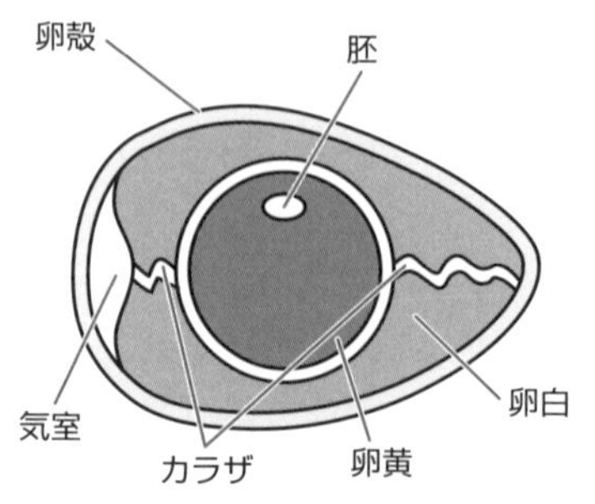

さて、ここで問題です。卵の中で、将来ヒヨコになるのはどこでしょう？

このように質問をすると、「黄身（卵黄）」と答える人がたくさんいますが、正解は胚です。黄身をよーく見ると、その中に、白い小さなポチッとした部分が見えるのですが、それが胚です。ここがヒヨコになります。

みんなが黄身って呼んでいる**卵黄**、白身って呼んでいる**卵白**。これらはどちらも、**胚がヒヨコに成長するための栄養分**なのです。

一番外側は、みんながカラって呼んでいる**卵殻**です。

この殻には小さな穴があって、卵はそこで呼吸をします。卵殻は、外界と中身を隔て、乾燥から守っています。

カラザには、大切な胚のある卵黄を固定する役割があります。食べる前にお箸で取り除いたりする人もいますね。

気室は、時間の経過とともに卵の内側の水分が蒸発していく時にできるすき間です。産卵直後はほとんどないので、この気室の大きさで卵の鮮度をはかることができるのです。

胚がヒヨコになると言っても、市販の鶏卵は、温めてもヒヨコが生まれてきたりはしません。理由は、受精をしていない無精卵だからです。

受精した卵は、有精卵と言います。これが、ヒナになる卵なんですね。

ちなみに、ウズラの卵は市販の物の中にも有精卵が多く、上手に温めるとヒナになることもあります。興味があったら挑戦してみてくださいね。

ヒトの男性と女性の違いは、中学生くらいから出てくる

では、最後にヒトの誕生について話をします。

ヒトは、子どもの頃は男子と女子で体のつくりにあまり違いはないけれど、大人になるとかなり違ってきますよね。

大人の男の人と女の人は何が違うのでしょうか？

男性のほうが、一般的に筋肉や骨格が発達していて力が強いですね。

また、男性は中学生くらいになると、声変わりをしてのどぼとけが出てきて声が低くなります。

逆に、女性は少し丸みを帯びたような体つきになってきます。赤ちゃんを産み育てる準備のために骨盤が発達したり、乳房が膨らんできたりします。この頃から、男性の**精巣**では**精子**が、女性の**卵巣**では**卵子**がつくられ始めます。

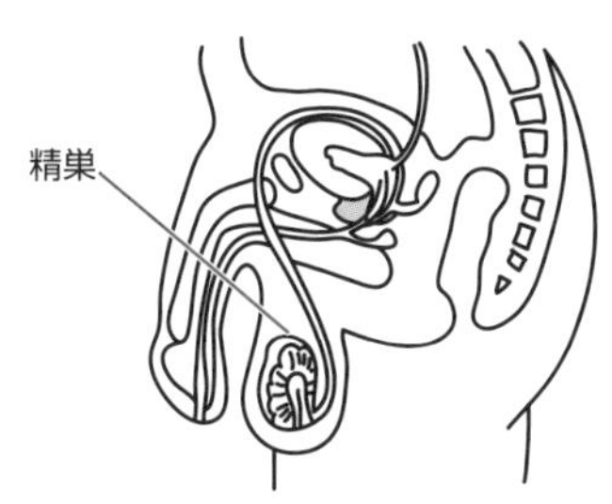

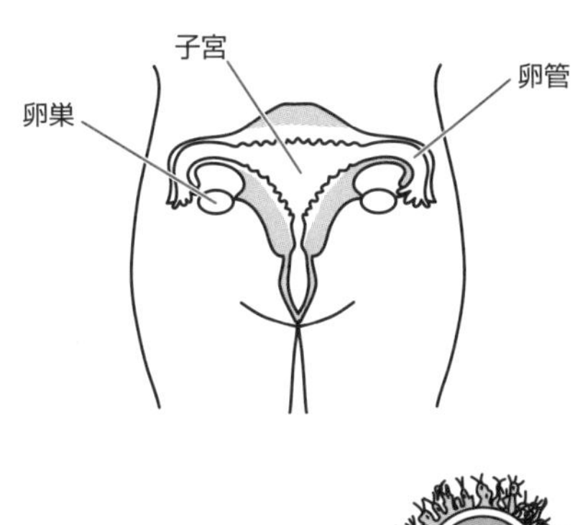

また、女性には、**子宮**という胎児が育つためのつくりが備わっています。

卵子が卵巣から出ることを**排卵**と言い、排卵はおよそ30日に1回行われます。出てきた卵は無精卵なので、これが精子と出会い、**受精**することで子どもができます。1個の卵子と受精する精子は、1個だけです。

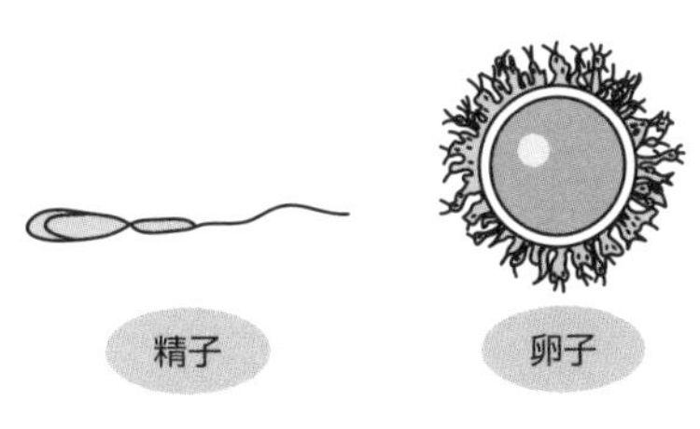

卵子の大きさは**0.14㎜**、精子の大きさは**0.06㎜**程度です。
卵子のほうが精子より大きい、と覚えておいてください。

受精した受精卵は子宮へ移動し、子宮の壁の中に入ります。このことを、**着床**と言います。着床が起こると、**胎盤**ができ始めます。おかあさんの体と受精卵が一つになって、赤ちゃんが大きくなっていく準備が完成するのです。

下の図は、子宮の中での胎児の様子を表したものです。

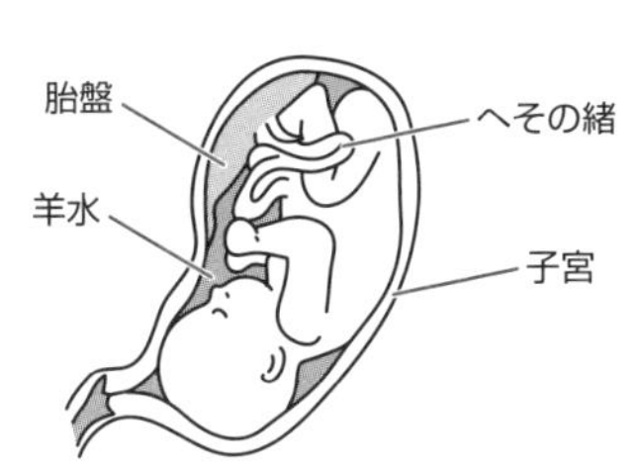

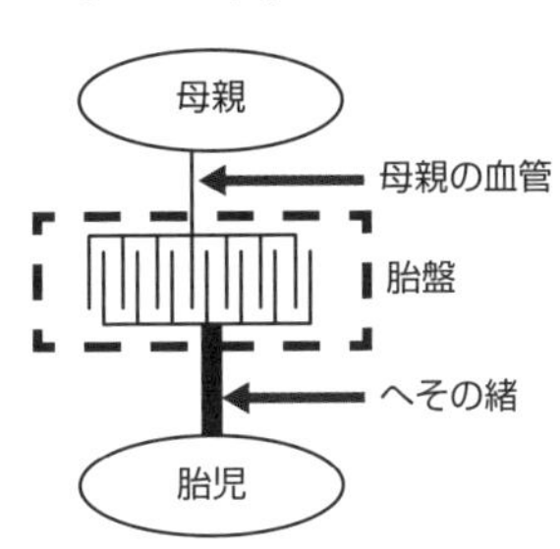

子宮の中の胎児

お腹の中にいる胎児は、食事や呼吸をしません。母親から**栄養分**や**酸素**をもらい、**二酸化炭素**や**不要物**を送り返しているからです。この役割を担っているところが、**胎盤**です。

胎盤と胎児をつなぐ、ひものようなものが**へその緒**です。中には胎児の血液が流れています。胎盤では、必要なものと不要なもののやりとりをしているだけなので、母親の血と胎児の血は混ざり合いません。

衝撃から胎児を守るため、子宮の中を満たしている液体が**羊水**です。これらは全部大切なことなので、しっかり覚えておきましょう。

受精してから胎児が誕生するまでの数字を覚えよう

胎児が誕生するのは、受精してから約**38週間**、約266日後です。

胎児は、子宮の中で逆立ちしたような状態でいるので、**頭から**産道を抜け、おかあさんの体から出てきます。

赤ちゃんが生まれてきて一番はじめにすることは、**産声**をあげることです。泣くことで、呼吸が開始されます。

生まれた時の胎児の平均身長は**50センチ**で、平均体重は**3000グラム**くらい。これらもしっかり覚えておいてください。

ここからは少し趣向を変えて、筋肉と骨、そのあとに目と耳についてお話ししていきますよ。

筋肉と骨の秘密～ヒトなどの体が動くしくみを知ろう～

ヒトの体は、いろんな種類の筋肉と骨でできています。

ん!?　先生のお腹のぜい肉はどうするかって？　それはまた別の話です。

さて、筋肉と言えば「力こぶ」がすぐ思い浮かびますが、なにも筋肉は腕だけにあるわけではありません。心臓は筋肉のかたまりですし、内臓も筋肉でできています。

筋肉には、自分の意思で動かせる随意筋と、自分の意思では動かせない不随意筋があります。心臓や内臓は不随意筋だから、普段は筋肉として意識していません。

「お腹減ったなぁ。よし、お腹をグルグル鳴らしてアピールだ」なんてできないのは、内臓が不随意筋だからです。残念ですね。

ヒトの骨は200個以上あるけれど、主要な成分はだいたいどれも同じです。もちろん、骨は自分の意思では動かせないものです。
「え!?　指の骨は動かせるよ？」って思った人。
それは、指の骨についている筋肉が動いているんです。

この、骨と筋肉をつないでいるところが**腱**です。反対側も腱で別の骨とつながっています。筋肉が伸び縮みすることで、骨が動くことができるのです。

たとえば腕を曲げる時は、内側の筋肉が縮まり、外側の筋肉がゆるんで伸びます。腕を曲げてできる力こぶは、内側の筋肉がきゅって縮まって硬くなったものなんですね。

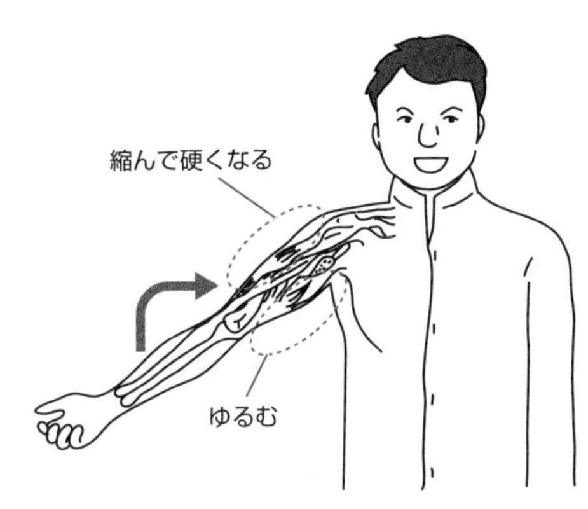

「ひじ」のように、比較的自由に動く骨と骨のつながりが**関節**です。動いた時にバラバラにならないように、骨同士は**靭帯**という強い弾力性のある繊維で結ばれています。むしろ、「弾力性の高い繊維で結ばれているのでよく動く」と言ったほうがいいかもしれませんね。

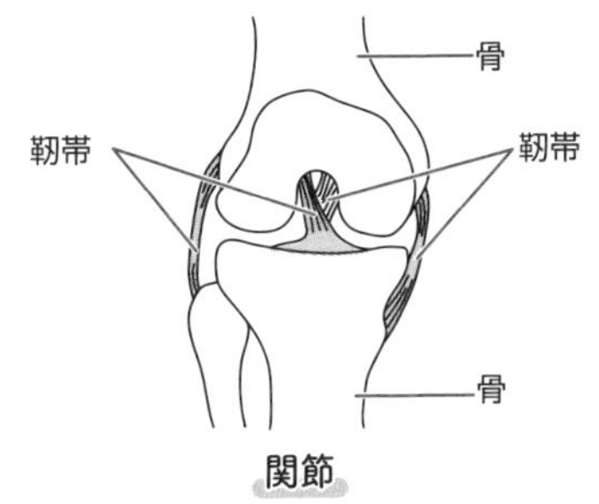

関節

関節以外のつながり方には、**軟骨接合**と**縫合**があります。
軟骨接合は、背骨のように少しだけ動く部分です。骨同士が、靭帯ではなく軟骨で結ばれているので、関節のように大きくは動きません。

縫合は、頭骨のようにほとんど動かない部分のつながり方です。頭骨は、電球のように一枚というわけではなく、ジグソーパズルのようにバラバラのものがピタッと組み合わさってできています。
この分野でみんながよく間違えるものに、ウマやイヌの足の関節について考える問題があります。入試問題を使って説明していきますね。

生物 2 動物

難関中学の過去問トライ！　(慶應義塾中等部)

(3) 図3はウマの骨格の一部を示したものです。ヒトのからだの「ひじ」はウマの骨格ではどこにあたりますか。図3の1～4から選びなさい。

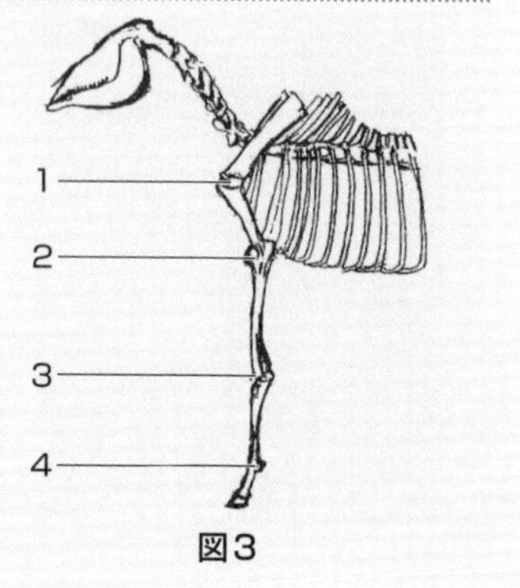

図3

解説

この問題を深く考えずに、3を選んで間違える人がたくさんいます。正解は**2**です。

この図は前足なので、人間で言うと1が肩の関節、2がひじの関節、3が手首の関節、4は指の関節です。ウマの後ろ足だとすると、1が股関節、2がひざの関節、3が足首の関節、4が指の関節です。

「ウマやイヌの足の関節は変な方向に曲がっているな～」と思っていた人もいるかもしれませんが、ウマやイヌはいつも言わば“つま先立ち”しているような状態だということですね。

ヒトの感覚器官～目と耳のつくりを覚えよう～

最後に、ヒトの感覚器官について話をしますよ。感覚器官というのは、外からの刺激を感じるところです。その中で今回は、目と耳についてお話しします。

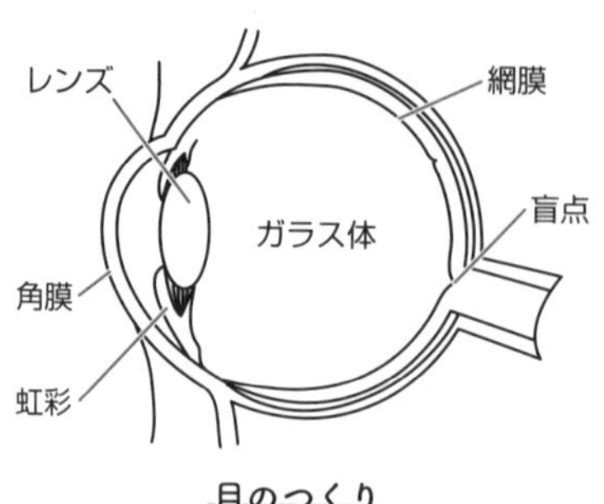

目のつくり

ヒトは、レンズで集めた光を**網膜**で感じて、その情報を視神経が脳に伝えることで、ものを見ています。

視神経がたくさんつながっているあたりには光を感じる細胞がなく、そこへ届いた光の情報は脳へと送られないので、脳は「見えない」と判断してしまうのです。その部分を**盲点**と言います。

ちょっと、次のことを試してみてください。

1. ページと顔を平行にし、右目の前に●を持ってきます。
2. 左目を閉じ、右目で●をしっかり見つめ、本と目の間隔をゆっくり近づけたり、離したりしてみましょう。

ふと、▲が消える時がありませんか？

こんな簡単に確かめる方法があるとは、まさに盲点でしたね。

角膜は、目を守る働きがあるとわかっていれば大丈夫です。

最後に**虹彩**。目に入る光の量を調節する働きをしています。

ヒトがどうして「もの」を見ることができるのかというと、蛍光灯や太陽の光が「もの」に反射して、みんなの目に入っているから。

いいですか？　光が目の中に入るから「もの」が見えるんですよ。真っ暗だと何も光が入ってこないから、「もの」は見えません。

じゃあ、薄暗いところはどうでしょうか？

先生は、夜寝る時に小さい電気をつけたままにするのだけれど、それをイメージしてみてください。先生の姿ではなく、電気のほうですよ。

明るかった部屋の電気をパチッと消して、小さい電気だけにすると、最初は何も見えないけれど、しばらくすると周りが見えるようになってきますよね。

あれは、「ん!?　暗くなったぞ。これじゃ光の量が足らなくて何も見えないぞー」と感じた脳が、虹彩に「もっと開け」という命令を出すのです。

その命令が伝わって虹彩がゆっくり開き、ある程度の光が入ってくるようになると、徐々に周りが見えるようになるというわけです。

逆に、暗い部屋から急に出る時、まぶしく感じることがありますよね。

これはどうしてなのか、わかるでしょうか？

暗いところにいると、あまり光がないから虹彩は開いています。その状態のまま明るいところにいくと、一気にたくさんの光が入ってきてしまうので、まぶしく感じるのです。

「瞳孔が開く」という表現はあまりに有名ですが、瞳孔とは虹彩に囲まれた「瞳の孔」の部分のこと。本当は開いたり、閉じたりはしません。瞳孔が大きくなったり小さくなったりしているように見えるのは、その周りにある虹彩が、伸びたり縮んだりしているからなのです。本文では「虹彩が開く」という表現にしてみました。

次に、耳の話をしますよ。

音を聞く時に活躍するのが**鼓膜**です。たとえば、先生が「アーーッ」って声を出すと、まずは空気が振動します。空気が震えれば、みんなの鼓膜も振動しますよね。

鼓膜の振動が、耳小骨へ、さらにそれがうずまき管というつくりを通って、聴神経を通って脳へ伝わります。それで脳が「音が聞こえた」という情報を、認識しているのです。

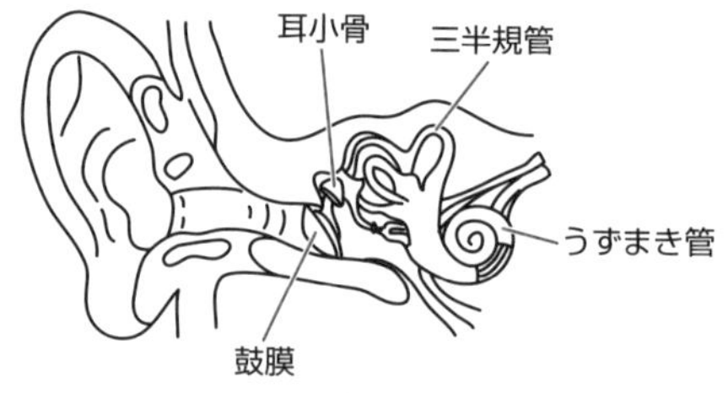

耳のつくり

じつは、耳にはもう一つ大切な役割があります。それは、「体のバランスを取る」ことです。バランスと耳が関係あるなんて、意外な感じですよね。

バランスをつかさどる器官は、**三半規管**。三つの半規管ということです。たとえば、ネコは三半規管がものすごく発達しているので、さかさ向きで落とされたとしても、ちゃんと足から着地することができるのです！

では、今回の授業はここまで。

生物総合

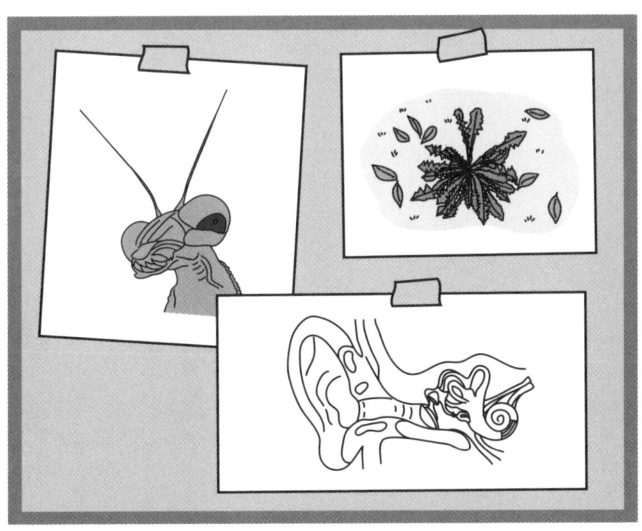

季節と動植物

季節ごとの動植物のメインテーマは「冬越し」

今回は、季節ごとの動物や植物について勉強しましょう。

一つ質問です。みんなは、夏と冬のどっちが好きですか？

たぶん、いろんな意見の人がいるでしょう。

好き嫌いはさておき、生物にとってよいのは、暖かい夏です。

北極や南極にいる生物を思い浮かべてみてください。

ペンギン、白熊、アザラシ……まだいそうだけれど、あまり思いつきませんよね。

次に、熱帯のジャングルにいる生物を思い浮かべてみましょう。

草原を走りまわるたくさんの動物たち、色とりどりの鳥や魚、見たこともないような昆虫、多様な植物。数えきれないくらいの生き物が思い浮かびますよね。

このことが、生物にとって暖かいほうが生きやすいという何よりの証明だと思いませんか？

これから、季節と動植物の学習をしますが、メインは「冬越し」。

過ごしにくい冬をどう越すのかは、生物の大きなテーマなんです。

植物の冬越しは、種子や根・茎、球根など様々

まずは、植物について説明していきますよ。

過ごしにくい冬に、地表で見られる植物は、あまり多くありません。

たとえば、アサガオのような一年草の多くは、種子で冬越しをします。２年以上生きる植物の多くは、根や茎になって冬越しをしているのです。

有名なのはタンポポ。地面にべったりとはりつく様子は、**ロゼット**と言います。

タンポポのロゼット

地面にはりつくのは、花茎（かけい）をつくるエネルギーを使わなくてよくなるし、冷たい風に当たらなくてすむから。生き抜くための工夫なのです。

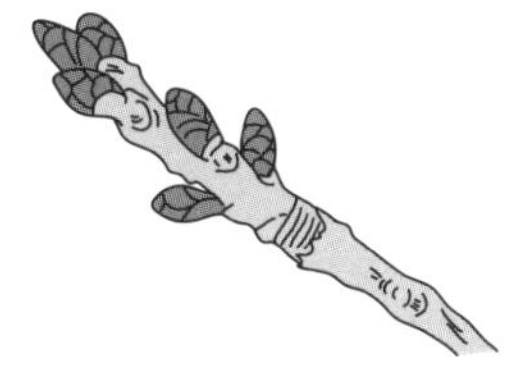

サクラの冬芽

地下の根だけになってしまうのが、チューリップ。球根（きゅうこん）という状態になるのは、知っていますよね。他にも地下の茎（くき）だけになってしまう、ススキのようなタイプもいます。

大きな木になると、さすがに根だけになるわけにはいきません。たとえば、サクラは落葉（らくよう）し、寒さに強い**冬芽**（とうが）をつけた状態で冬越しします。**りんぺん**と呼ばれる、魚の鱗（うろこ）のような硬い殻（から）で花や葉の芽を包み、冬の寒さと乾燥（かんそう）から守っているんですね。

春に先に開くのは花芽（かが）です。先に花の芽が咲いてサクラが満開になり、その後雨や風などで花が散ってしまうと、あとから出てきた葉だけが残った葉桜になります。

季節の植物〜いつ頃、どんな植物が見られるのかを知ろう〜

「ウメ」「サクラ」「アジサイ」「ススキ」「カエデ」「イチョウ」、これらがだいたい何月に見られる植物なのか、わかりますか？

気象庁は、季節を知らせる動物の「初鳴日（しょめいび）」や「初見日（しょけんび）」、植物の「開花日」などを知らせる「生物季節観測」を、全国で行ってきました。

全国的に都市化が進んだことなどもあり、一度は廃止が決定されたこの観測は、その後、気象庁、環境省、国立環境研究所で協力し今後も存続していくことになりました。観測されるすべての植物を覚えるのは無理ですが、いつ頃どんな植物が見られるのか、代表的な植物をこれから紹介していくので、参考にしてみてください。

日本列島は縦に長く、寒い地域と暖かい地域では開花などの時期に大きな差があるので、あくまで目安として考えましょう。

まず、2月頃**ウメ**が花を咲かせます。地表近くでは**アブラナ**が開花を始め、

3月には各地で一面に広がる黄色い菜の花畑を見ることができます。4月頃に**サクラ**が満開になることは、みんな知っていますね？

ちょうどサクラの花が散ったあたりが、**チューリップ**の見頃です。

5〜6月には**アジサイ**がきれいな花を咲かせます。

ちなみに、アジサイの花のように見えるところは、花びらではなく「がく」です。

7月には、**アサガオ**が開花します。

さらに暑くなってきた夏に咲く花と言えば、やはり**ヒマワリ**ですね。

その他、**オオマツヨイグサ**、**オシロイバナ**、**ホウセンカ**なども夏に花を咲かせます。“ビッグマツヨイグサ”と“オシロイフラワー”は両方とも帰化植物でしたね。

夏も終わり、秋になると花を咲かせるのが、**コスモス**や**ヒガンバナ**です。コスモスは漢字で「秋桜」と書きます。ヒガンバナは9月のお彼岸の頃に咲く花で、汁が体につくとかぶれてしまうことで有名です。

ススキもその頃から見頃を迎えます。「中秋の名月」と言えば、ススキとお団子ですね。

2、3月	ウメ アブラナ
4月	サクラ チューリップ
5、6月	アジサイ
7月	アサガオ
8月	ヒマワリ オオマツヨイグサ オシロイバナ ホウセンカ
9月	コスモス ヒガンバナ ススキ
10月	カエデ イチョウ
11月	サザンカ
12月	ツバキ

徐々に寒さが強くなってくると、**カエデ**や**イチョウ**が紅葉し始めます。紅葉が見頃を終えたあたりから、きれいに咲き始めるのが**サザンカ**と**ツバキ**。とても似ているので先生は区別がつきません。**どちらも鳥媒花**（ちょうばいか）です。寒い冬は昆虫がほとんどいないので、鳥に花粉を運んでもらうのです。

これら以外で、季節に関係する植物としては、「春の七草」と「秋の七草」を知っておくとよいでしょう。1月7日に「七草がゆ」を食べますよね？その中に入っているものが、春の七草です。

どちらも、五・七・五・七・七の短歌のリズムで覚えましょう。
「**セリ**、**ナズナ**、**ゴギョウ（ハハコグサ）**、**ハコベ（ハコベラ）**、**ホトケノザ（コオニタビラコ）**、**スズナ（カブ）**、**スズシロ（ダイコン）**、**春の七草**」
「**ハギ**、**ススキ**、**キキョウ**、**ナデシコ**、**オミナエシ**、**クズ**、**フジバカマ**、**秋の七草**」という感じになりますね。

昆虫が見られる季節と、昆虫の冬越しを覚えよう

次は、昆虫の冬越しなどについて紹介していきますよ。どんな状態で、どこで冬越しをするかを覚えなくてはいけません。

ただし、どんな状態なのかは暗記をしなくても、だいたい考えることができます。たとえば、カブトムシは夏の昆虫です。「夏」のあとの「秋」には卵、そのあとの「冬」は「幼虫」…。つまり、「成虫」が見られる季節を覚えたら、冬はだいたい予想がつくでしょう。

ということで、季節ごとに見られる代表的な昆虫（成虫）をまとめました。

春	夏	秋	冬
モンシロチョウ アゲハ	カブトムシ クワガタ セミ	カマキリ トンボ バッタ スズムシ コオロギ	ナナホシテントウ ミツバチ

冬越しについて、テストでよく聞かれる昆虫もまとめておきますね。

名前	状態	場所
カマキリ	卵	木の枝
オビカレハ	卵	木の枝
コオロギ	卵	土の中
カブトムシ	幼虫	腐葉土の中
ミノガ	幼虫（ミノムシ）	木の枝
モンシロチョウ	さなぎ	植物の枝
アゲハ	さなぎ	木の枝
テントウムシ	成虫	石や葉の下
ミツバチ	成虫	巣の中

昆虫の冬越しは、
「状態」と「場所」を
セットで覚えよう！

状態と場所をセットで覚えるのが重要ですよ。

昆虫の体のつくりを知っておこう

昆虫についてもう少し勉強しましょう。

昆虫とは、次のような生き物のことを言います。

- 体が三つのつくりに分かれている
- 足が6本ある

体をつくる三つの部位は、それぞれ**頭**・**胸**・**腹**と言います。これは絶対に暗記してください。

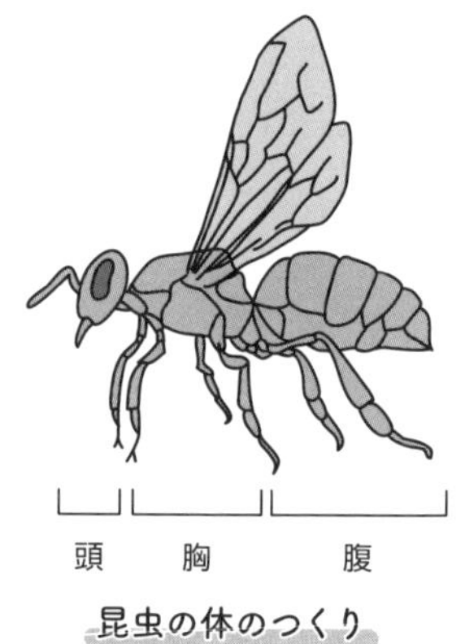

昆虫の体のつくり

昆虫の頭～複眼と単眼、触角の役割、口の形の違い～

頭には、色や形を見分ける**複眼**、明るさを感じる**単眼**、においを感じる**触角**、そして口があります。口は食べ物によって形が違います。

それらを書き込んだものが次の図です。

あれ？　なんとなく仮面ライダーに似ていますね。

最近では、いろいろな雰囲気の仮面ライダーがいるけれど、初代の仮面ライダーは、バッタをモチーフにデザインされました。

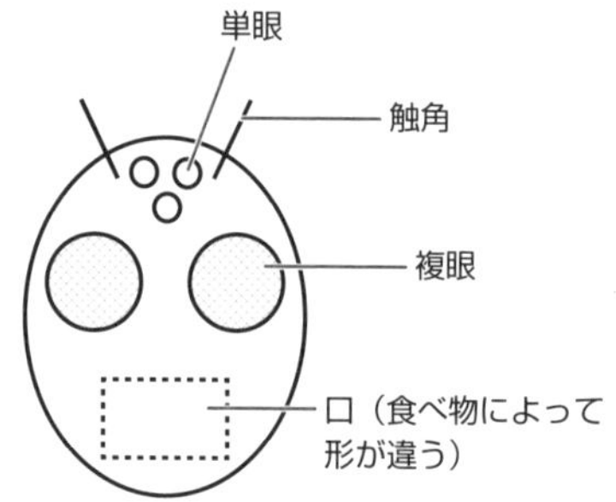

口は、その昆虫が何を食べるのかによって、形が違います。

たとえば、カマキリは他の昆虫を捕まえて、むしゃむしゃと食べるから「かむ口」です。

ハエは、いろいろなエサをなめて体に取り入れる「なめる口」。

チョウは花のみつを吸うので、もちろん「吸う口」ですね。

セミはいつも、木にくっついています。セミの食べ物は樹液（木のみつ）ですが、木はとても硬いですよね。セミの口は針のようなつくりになっていて、木に口を刺して、樹液を吸う「刺して吸う口」です。「刺す口」と言ったりもしますよ。

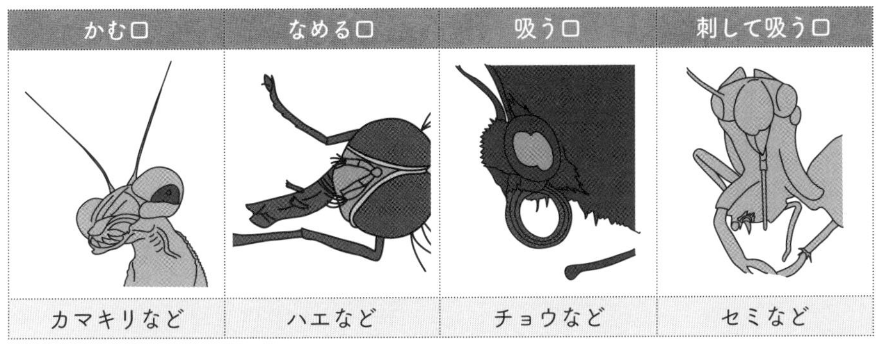

刺して吸う口の昆虫に、カを思い浮かべる人も多いかな？

カは、血を吸って生きているイメージが強いけれど、じつは普段の主食は花のみつです。ヒトの血を吸うのは、産卵する前のメスだけ。卵を成熟させるためのタンパク源を摂取するために、命がけで血を吸いに行くのです。

生物のミニCOLUMN

カに刺された時に、「痛い」と感じることはありませんが、これは、ヒトのことを気づかってくれているわけではありません。ヒトに痛みを与えれば、見つかって殺されてしまうからです。痛みを与えないのは、自分が生き残って子孫を残すためですね。このカの口のしくみを研究して開発されたのが、痛くない注射針です。生物の力は、時に人間の頭では思いつかないようなしくみをつくり上げることができるのです。生物が持つ特殊な機能や不思議な能力を利用する「バイオミメティクス（生物模倣）」は、近年注目の分野の一つです。痛くない注射針の他にも、サメの皮に似た構造を採用してスピードを速めた競泳水着なども開発されています。

昆虫の胸には足と羽があり、基本的に羽は４枚（例外あり）

昆虫の胸には、**足**と**羽**がついています。この二つのつくりだけでいいから覚えましょう。足は**６本**。ということは、クモは足が８本なので、昆虫ではありません。

羽は、基本的には**４枚**。入試でよく問われるのは、羽が２枚の昆虫です。下の表にまとめてみました。

足（６本）	生活しやすいような形になっている
羽（４枚）	例外（２枚）：ハエ、カ、アブ

覚え方は、「**はえーカーブ**」。野球のピッチャーが投げる、速いカーブってことです。

昆虫は、腹にある「気門」で呼吸をしている

昆虫は、腹にある**気門**(きもん)という穴が、**気管**(きかん)につながっています。つまり、昆虫は腹で呼吸をしているのです。

気門	気体の出し入れをするところ(ヒトの鼻の穴や口に相当)
気管	呼吸をするところ(ヒトの肺に相当)

先生の好きなものの一つに、温泉があります。

温泉に入る時は、「もし昆虫に生まれ変わったら、うっかり温泉につからないようにしよう」とよく考えています。だって、呼吸できなくて死んじゃいますからね。

完全変態をする昆虫、不完全変態の昆虫

昆虫は卵で産まれて成虫になるけれど、途中で幼虫やさなぎになることはみんな知っていますよね。

卵→幼虫→さなぎ→成虫と姿を変えていくことを、**完全変態**。卵→幼虫→成虫と姿を変えていくことを、**不完全変態**と言います。下図をチェック。

完全変態	卵 —(ふ化)→ 幼虫 —(よう化)→ さなぎ —(羽化)→ 成虫
不完全変態	卵 —(ふ化)→ 幼虫 —(羽化)→ 成虫

不完全変態をする昆虫は、**カ**マキリ、**ト**ンボ、**バ**ッタ、**セ**ミ、**ゴキブリ**、**ス**ズムシ、**コ**オロギなど。覚え方は、頭文字をつなげて、
「かっとばせー、ゴーキブリ。…スコッ」。スコッは空振りする音です。

せっかく、バッターのゴキブリくんを応援していたのに、いったいピッチャーはどんなボールを投げたんでしょうか?

答えは、「はえーカーブ」ですよ。

昆虫の話の最後に、昆虫は**オスだけが鳴く**ということを覚えておきましょう。基本的に自然界では、メスよりもオスのほうがハデで、目立ちたがり屋が多いのです。たとえば、カブトムシのツノ、ライオンのたてがみ、クジャ

クのきれいな羽は、全部オスだけが持つものです。

オスが子孫を残すためには、メスに選んでもらわなければならないので、メスにアピールしているんですね。

「冬眠」の種類は、カエル型、クマ型、ヤマネ型

昆虫以外の動物の冬越しと言えば、「冬眠」です。冬眠には三つの種類があります。次のグラフを見てみましょう。

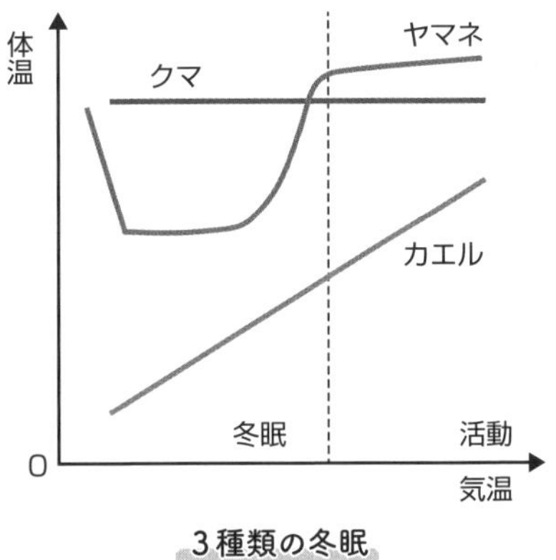

3種類の冬眠

まずはカエル型。カエルは**変温動物**だから、気温が下がれば体温も下がっています。気温が下がりすぎると死んでしまうので、土を掘って冬眠をします。

次はクマ型。クマは**恒温動物**だから、気温が下がってもへっちゃらです。グラフを見ても、気温に関係なく体温が安定していますね。

じつは、クマは寒さにめっぽう強い生き物です。寒さに強い理由は二つあって、一つは体が大きいから。

体がつくる熱の量は体積で決まります。体長が2倍になると体積が8倍になりますが、表面積は4倍にしかなりません。8倍の熱をつくっているのに、外気と触れている肌の面積は4倍にしかならないので、大きいほうが寒さに強いのです。

もう一つの理由は、いい毛皮を着ているからです。

そんなクマがなぜ冬眠するのかと言えば、答えはエサ不足。

エサもないのに歩きまわっているのは無駄なので、寝て過ごしているのです。なので、これは「冬ごもり」とも呼ばれます。

もちろん、体温をつくるためにはたくさんのエネルギーが必要です。だから、クマは秋にいっぱい食べるんですね。

生物のミニCOLUMN

算数で面積比と体積比をまだ学習していない場合、まずは「クマは寒さに強いけど、ヤマネは寒さに弱いから体温が下がってしまう」とわかっていれば大丈夫です。

面積比と体積比の学習を終えたあとに、もう一度ここを読んでみてください。

最後が、ヤマネ型。ヤマネもホ乳類なので恒温動物です。

でも、グラフを見ると、体温が下がっていますね？

これは、クマの話の反対のことが起きているからです。

体の小さいヤマネは、そもそもあまり多くの熱をつくれません。

それだけではなく、長い冬の間、体の表面から逃げていく熱と、同じ量の熱をつくるだけのエネルギーを体に蓄えることもできないのです。

そこでヤマネは、気温がある程度まで下がると、あえて熱をつくるのを止めます。呼吸数や心拍数も減り、仮死状態に近い状態になるのです。当然、体温もぐんぐん下がります。そして、体温が危険域までくると、少し目を覚ましてブルブルと小刻みに震えて体を温めます。グラフを見ると、気温が0℃近くで体温が急上昇しているのは、そういうわけです。

生物のミニCOLUMN

わたり鳥には夏鳥と冬鳥がいます。夏鳥は、夏を日本で過ごす鳥のことで、**ツバメ**、**カッコウ**、**ホトトギス**などがいます。冬鳥は、日本で冬を過ごす鳥のことで、**ツグミ**、**ガン**、**カモ**、**ハクチョウ**などが有名です。なぜ海をわたるのかについては、まだまだわかってないことも多いのですが、一番は食料のためだと考えられています。

では、最後に少し入試問題にチャレンジしましょう。

難関中学の過去問トライ！　（光塩女子学院中等科）

1　ある冬の日、公園で遊んで帰ってきた光子さんが、家でお母さんと話しています。

光子さん「外が寒くて、手が冷たくなっちゃった。部屋の中はあたたかいね。」

お母さん「今は冬だものね。木は、葉っぱがなくて寒そうね。」

光子さん「公園では草がかれて、こん虫は見られなかったよ。こん虫は、冬の間はどう過ごしているのかな。」

お母さん「$_{\text{A}}$こん虫は、それぞれの方法で冬をこしているのよ。鳥も、ツバメのような$_{\text{B}}$〇〇〇鳥は、冬の間、南の方へ移動しているわね。」

光子さん「カエルやヘビは、土の中などで冬みんしていると学校で習ったよ。まわりの温度に合わせて体温が変わるから、冬は体温が下がって動けなくなってしまうんだって。私の体温はどうかな？　わきの下で体温を測ってみよう。」

お母さん「C平熱ね。わきの下で測った体温は、体の中心部の温度を示しているのよ。」

光子さん「カエルやヘビとちがって、外が寒くても私たちの体の中心部の温度は変わらないんだね。」

お母さん「そうね。[1]や[2]などの大切な臓器のはたらきを保つために、私たちのD体の中心部の温度は一定に保たれているのよ。E体温を保つには、ご飯をしっかり食べて体の中で熱をつくりだす必要があるわ。今からいっしょに夕ご飯の準備をしましょうね。」

問１　下線部Aについて、次の①～④のこん虫は、どのような姿で冬をこしますか。あとの［語群］から、もっともあてはまるものをそれぞれ選び、ア～エの記号で答えなさい。ただし、同じ記号をくり返し選ぶことはできません。

①カブトムシ　②オオカマキリ

③ナナホシテントウ　④アゲハチョウ

［語群］

ア．たまご　イ．幼虫　ウ．さなぎ　エ．成虫

問２　下線部Bの〇〇〇にあてはまる、ひらがな３字を答えなさい。

問６　次の[　　]は、光子さんがシマリスについて図かんで調べた記録です。下線部Eを参考に、シマリスが冬みんする理由について述べた、あとの文中の[3]にあてはまる言葉を[　　]からぬき出して答えなさい。また、[4]にあてはまる言葉を答えなさい。

シマリスの好きな食べ物は、木の実です。シマリスは、秋にドングリなどの木の実を集めて、地面にほった穴の中にたくわえます。カエルやヘビとちがい、体温を保つことができますが、冬になると、体温を5℃くらいまで下げ、冬みんします。冬みん中は、1週間に1回くらい目をさまし、たくわえた木の実を食べます。

シマリスが体の中で熱をつくりだすためには、熱をつくるための[3]が必要だが、冬は[3]が足りないので、冬みんしてエネルギーをなるべく[4]ようにする。

解説

問1　①**イ**　②**ア**　③**エ**　④**ウ**
本問では、冬越しの姿だけ問われていますが、場所についても確認しておいてくださいね。

問2　「**わたり**」が正解ですね。

問6　[3] 抜き出しなので「**食べ物**」です。[4]「**使わない**」ですね。「**節約する**」などでももちろんOKです。

生物のつながりと環境

食物連鎖の登場人物は、生産者と消費者、分解者

今回は、まず生物のつながりについて考えていきますよ。

みんなは想像できるでしょうか？

草や植物があって、その草や植物を草食動物であるシマウマやウサギが食べ、そのシマウマやウサギを肉食動物であるライオンが食べる。そのライオンもやがて寿命を迎え、土にかえる。それを肥料にしてまた植物が成長していく…。

この、生命の鎖のようなつながりのことを、**食物連鎖**（しょくもつれんさ）と言います。その様子を示したものが下の図です。

食物連鎖（しょくもつれんさ）**は必ず、植物か植物プランクトンから始まります。**

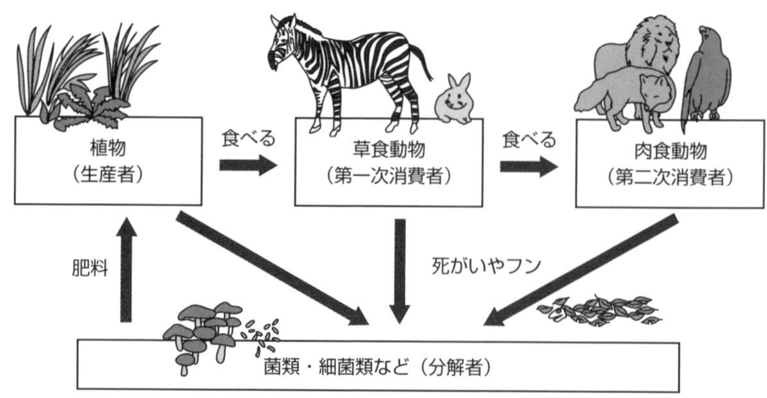

各生物は、それぞれの役割に応じて呼び方が決まっていて、自分で光合成をして養分をつくり出せる植物は**生産者**と呼ばれます。その植物を食べた動物や、さらにその動物を食べる動物が、**消費者**です。

最初にみんなに想像してもらった例では、まず草を食べるシマウマが第一次消費者、そのシマウマを食べるライオンのことを第二次消費者と呼ぶこともありますよ。

菌類や細菌類など、**分解者**と呼ばれる生物もいます。分解者は、**植物や動物の死がいや動物のフンなどを取り入れ、再び植物が利用できる状態に戻す**のです。

生態ピラミッド（生物ピラミッド）は、バランスが崩れても元に戻る

食物連鎖では、食べられるものほど、個体数や量が多くなっています。食べるほうが多かったら、あっという間に食べつくしてしまいますよね。そのため、関係は下の図のようなピラミッド型になります。

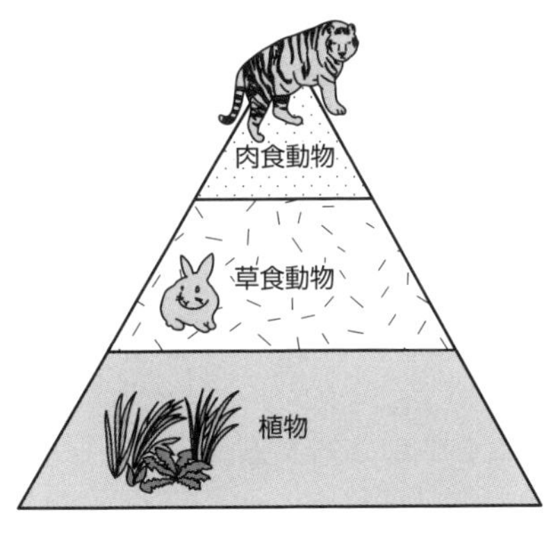

このピラミッドは、何らかの原因で一部のバランスが崩れても、また元に戻ります。

たとえば、何かの原因で草食動物が増えたとしましょう。すると、一時的に草食動物に食べられる植物が減ってしまいます。

逆に、草食動物を食べる肉食動物は増えそうでしょう？

でも、植物が減ってくると、今度はそれをエサにする草食動物が減ってくる。同時に、増えた肉食動物に食べられることでも、草食動物は減ります。

草食動物が減ってくると、今度は、草食動物に食べられていた植物は増え、草食動物をエサにしていた肉食動物が減っていきます。

このようにして、はじめのピラミッドの形に戻るのです。

食物連鎖に関しては、気体の出入りを同時に問われることもあるので、そこは入試問題を使って一緒に考えていきましょう。

難関中学の過去問トライ！ （慶應義塾湘南藤沢中等部）

【3】 森林では多くの生物がともに暮らしており、図１は生物どうしのつながりと、気体のやりとりを示しています。例えば、「生物イ➡生物ア」は生物イが生物アに食べられていることを表します。また、「生物ア→気体Ａ」は生物アが気体Ａを放出していることを、「気体Ａ→植物」は植物が気体Ａを吸収していることを表します。

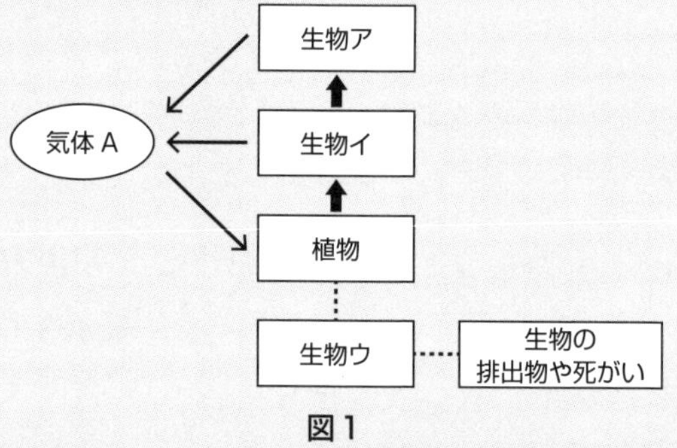

図１

（問１）図１の生物ウは、植物、生物の排出物や死がいと関わるはたらきをもっています。図中に点線で示されているそのはたらきについて、正しく述べているものを次の中からすべて選び、解答らんの番号を○で囲みなさい。

1　植物が育つのに必要な土を作り出すために、岩石をくだき分解する。
2　土の中から水を吸収し、植物に水を与える。
3　植物が吸収する栄養分を作り出す。
4　生物の排出物や死がいがくさらないようにする。
5　生物の排出物や死がいを食べる。

（問３）図１の気体Ａの名称を漢字で答えなさい。
（問４）図１には、生物間における気体Ａのやりとりのすべてが示されているわけではありません。不足している矢印（→）を解答らんの図に描き入れなさい。

解説

問１　生物ウは分解者ですね。死がいやフンなどを取り入れ、再び植物が利用できる状態に戻すので、**3・5**が正解です。

問３　植物が取り入れているので、**二酸化炭素**だとわかります。

問４　二酸化炭素の動きを考えるので、図のようになります。植物の「呼吸」では、二酸化炭素を出すことを、忘れないようにしましょう。

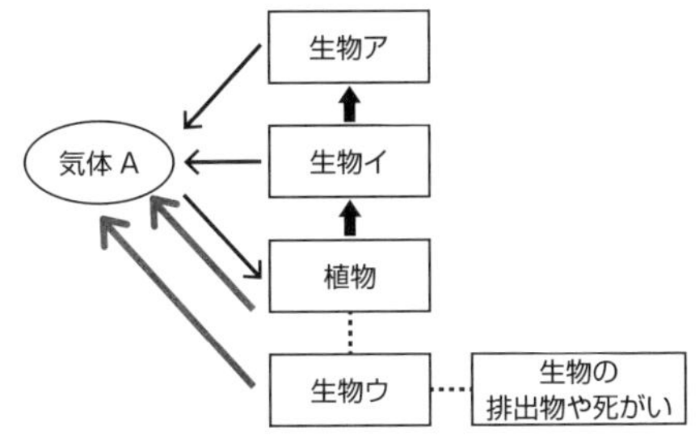

プランクトン（浮遊生物）の分類と特徴

プランクトンには、**植物プランクトン**と**動物プランクトン**があります。

植物プランクトンは、動くことはできないけれど、水中を漂いながら、光合成をして、養分をつくり出す水中の生産者。**ミカヅキモ**、**ハネケイソウ**、**クンショウモ**、**ツヅミモ**、**イカダモ**などがその例です。

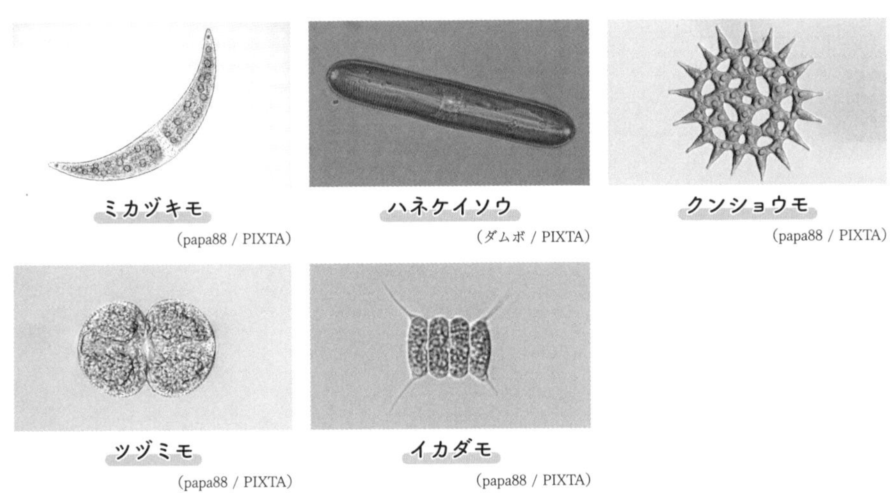

ミカヅキモ
(papa88 / PIXTA)

ハネケイソウ
(ダムボ / PIXTA)

クンショウモ
(papa88 / PIXTA)

ツヅミモ
(papa88 / PIXTA)

イカダモ
(papa88 / PIXTA)

動物プランクトンは、光合成はできないけれど、動きまわることができます。**ミジンコ**、**ゾウリムシ**、**ラッパムシ**などがその例です。

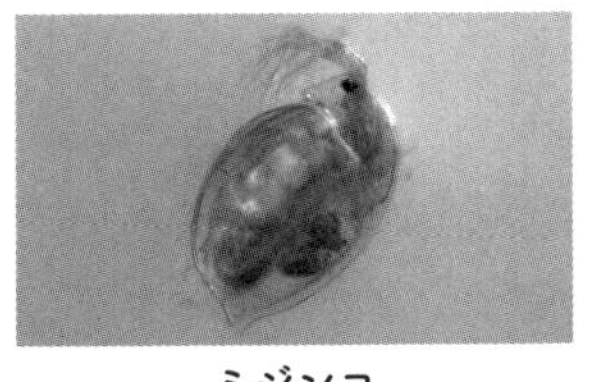

ミジンコ
(よすん / PIXTA)

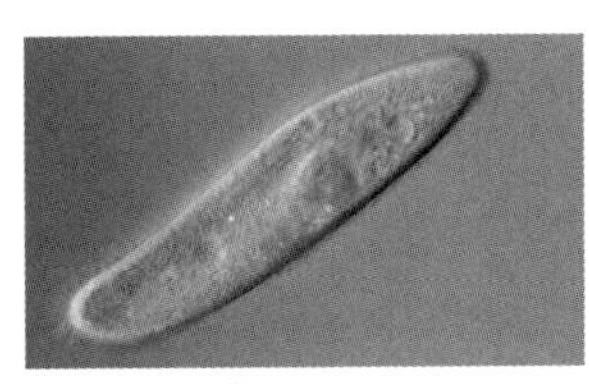

ゾウリムシ
(papa88 / PIXTA)

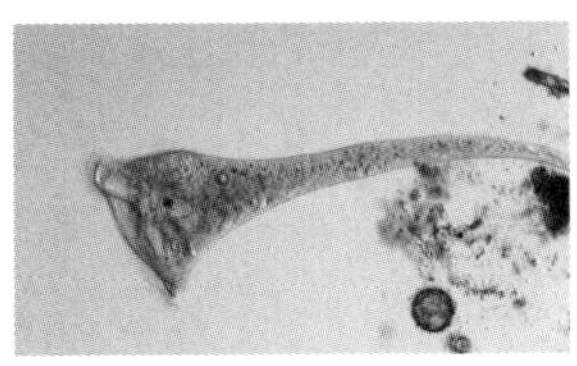

ラッパムシ
(papa88 / PIXTA)

光合成をすることができるし、動くこともできるのが、**ミドリムシ**や**ボルボックス**。ミドリムシは、ピョコッと出たべん毛を動かして動きますし、ボルボックスは、外側にあるせん毛を動かして動きます。

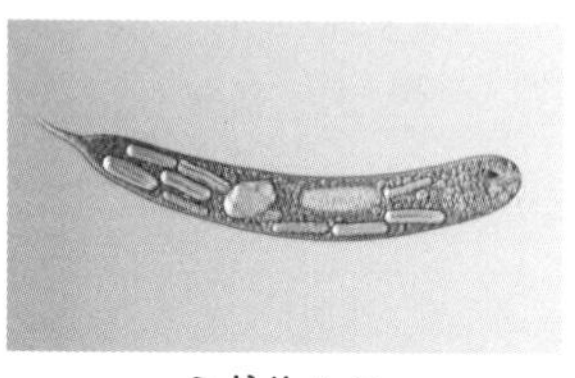

ミドリムシ

（papa88 / PIXTA）

ボルボックス

（Sinhyu / PIXTA）

人間と環境破壊について

私たちの祖先は、食物連鎖の中間に位置する猿でした。生態系のバランスの一部を担っていた猿たちは、ある日を境に食物連鎖の枠組みから飛び出して、ヒトへと進化したのです。

ヒトの活動は、それ以前には考えられなかったような悪影響を環境へ与えました。最後に人間と環境破壊について勉強していきましょう。

1. 二酸化炭素による**地球温暖化**

二酸化炭素は太陽の光を通しますが、地面からの放射熱を吸収する性質があって、地球から宇宙空間へ逃げる熱を減らします。そのため、二酸化炭素は「温室効果ガス」とも呼ばれます。

二酸化炭素の増加は、石炭や石油などの化石燃料の大量使用、熱帯雨林の伐採などの森林破壊が原因と言われていますね。

地球全体が温暖化すると、砂漠の地域が広がったり、南極の氷が溶けて世界の海水面が上昇したりします。ちなみに、北極は海の上に氷が浮かんでいるので、溶けても海水面は上がりません。コップの中に入れた氷が溶けても水位が上がらないのと一緒ですね。

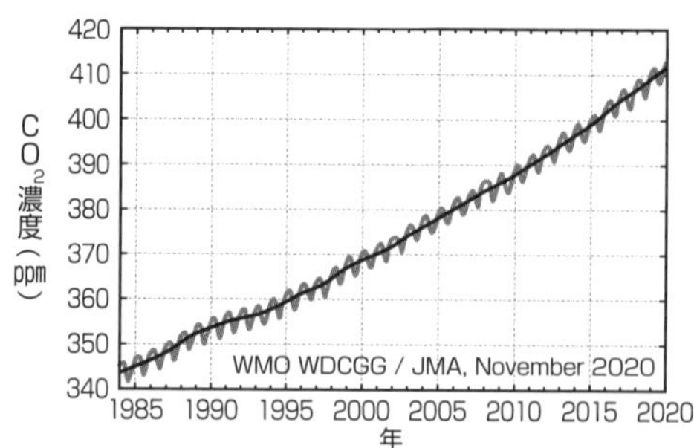

地球の二酸化炭素濃度の経年変化

左のグラフは、二酸化炭素の増加のグラフです。

先生が子どもの頃は、二酸化炭素は空気中の0.03%って習っていたけど、今はもう0.04%になっちゃっています。

グラフがギザギザになっているのは、夏と冬で二酸化炭素の濃度が変化するからです。どっちが夏でどっちが冬かわかるでしょうか？

正解は、ギザギザの上が冬、下が夏です。**夏は、植物の光合成がさかんだから、冬に比べて二酸化炭素の濃度が低くなる**んですね。

2．酸性雨

もともと雨には、大気中の二酸化炭素や火山からの二酸化硫黄が溶けているので、弱い酸性です。

そこに、工場の「ばい煙」や車の排気ガスに含まれる硫黄酸化物（SOx）や窒素酸化物（NOx）が大量に溶け、強い酸性を示すようになったのが、酸性雨です。湖などの魚が死滅したり、森林が枯れたり、コンクリートが溶けたりしてしまう酸性雨は、環境や文化財を破壊してしまいます。

3．化学物質による環境破壊

人間の暮らしを便利にしてきた化学物質は、大きな環境負荷をもたらすこともあります。たとえば、ビニール製品やプラスチック製品を低温で燃やすと、毒性が強く、わずかな量でガンなどを引き起こすこともある**ダイオキシン**が発生します。

また、紫外線などで細かくなると、**マイクロプラスチック**として生体内に取り込まれ、生殖器官に異常をきたす**環境ホルモン**を蓄積する原因物質になるとも言われています。

現在、世界全体でプラスチック製品の生産や消費をおさえ、問題を解決しようという動きが広がっています。レジ袋の有料化は、消費をおさえようという動きです。それに対して、生物由来の原料でつくるバイオマスプラスチックや、微生物に分解される生分解性プラスチックの開発は、環境負荷を減らし、問題解決へ向かうための取り組みと言えます。

4. オゾン層の破壊

上空にあるオゾン層は、日光に含まれる**紫外線**を吸収しています。

紫外線は、生物にとって有毒で、皮膚ガンの発生を高めてしまう原因です。この紫外線が入ってくるのを、オゾン層が防いでくれているのです。

そのオゾン層を破壊してしまったのが、**フロン**です。

フロンは利便性が高く、エアコンや冷蔵庫の冷媒など、様々なところに使われていましたが、のちに上空で塩素を生じ、オゾンを分解することがわかったので、今では使用禁止になっています。

ここで忘れてはいけないのは、フロンもプラスチック製品も、環境破壊を目的につくられたものではないということです。どちらも人間にとって利便性が非常に高かったからこそ世界的に普及したのです。

研究者たちが、「より便利なものを」「より使いやすいものを」という思いを持って開発に没頭していたことは、容易に想像できます。

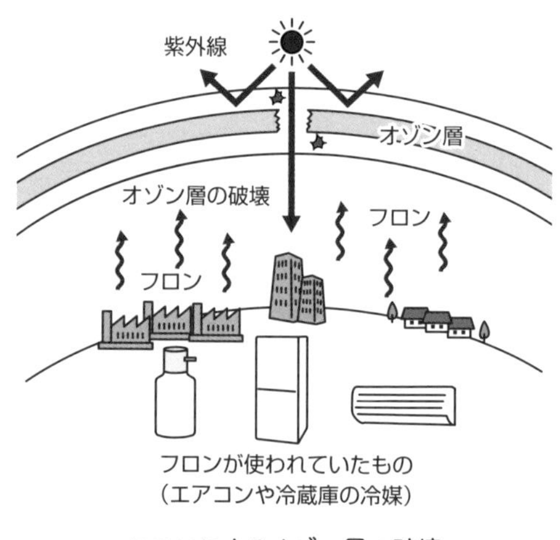

フロンによるオゾン層の破壊

たとえば、フロンが発明される以前に使われていたガスは、人体に有毒なものや、可燃性の扱いにくいものばかりでした。

そのため、人体にも無害で、安定しているフロンが発明された時は、夢の気体としてもてはやされました。その後に判明した多大な環境負荷は、研究当初には予見できなかった。それだけなのです。

これからもいろいろな研究が行われ、様々なものが開発されていくことでしょう。この本を読んでくれているみんなの中にも、ものすごい発明をする人がいるかもしれません。

先生が、現在議論されている問題だけではなく、それが開発された目的や研究者の思いまでここに書いたのは、利便性の追求が、時に大きな環境負荷をもたらす危険性があることを知ってほしかったからです。

そのような意味では、「クジラの後ろ足の退化が、進化の側面があることを忘れてはいけない」ということと同じです。

理科の学習を通して、一つの出来事を様々な方向から見る能力を養い、これからの時代を生きるみんなに、バランスの取れた未来を築いていってほしいなと願っています。

では、生物の授業はここまで！

第1章

運動

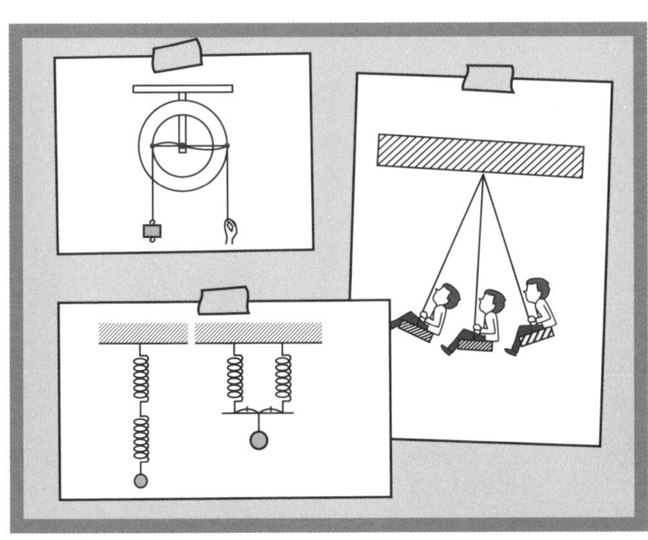

てこのつり合い

たくさんの「法則」は、「気づき」から「発見」された

今回から、物理の勉強に入ります。
「ひぇぇ、物理か」
物理と聞いただけで、まるで鬼と出会ったかのように恐れる人がいます。
○○の法則、●●の定理、△△の原理、▲▲の方程式…。
「ううっ、先生も鬼を見ているような気持ちになってきました」
でもその鬼は、人間の心が生み出したものです。

現代では、たくさんの物理の法則があります。
でも、これらの法則も最初は仮説だったのです。
「あれ？　ひょっとしてこういうことなの？？？」
ひょんなことから何かに気がついた「○○さん」が仮説を立て、ああでもない、こうでもないと様々な実験や観測を行い、その結果を検証し、仮説の正しさを証明して「○○の法則」になったんですね。

このことからわかるのは、「○○の法則」は○○さんが何か新しいものを“発明”したわけではないということ。太古の昔からこの世界に存在していた「法則」に“気がつき”、膨大な時間と作業を経て証明したものなのです。
だから、ニュートンは「万有引力の法則」を“発見”した、と言われます。

大切な「気がつく」というステップを飛ばして、いきなり「結論」だけを暗記しようとする時に生まれるのが「鬼」です。
これから学習する物理の多くは、みんなの身の回りに存在していることばかりです。物理の学習の本質は、何か難しいことを「覚える」ことではなく、これまで何気なく経験していた日常の現象に「気がつく」こと。

覚えようとすると、「鬼」が生まれちゃいますからね。
そのことを意識しながら、これから物理の学習をしていきますよ。

物理と言えば、まずは「てこ」

物理と言われてすぐに思い出すのは、やっぱりてこですよね。
まずは、てこについて勉強していきますよ。
身の回りにある「てこ」と言えば、公園にある「シーソー」ですね。
いきなりですが、難問を出します。

「ある公園にシーソーがありました。これから、シーソーの右側に先生が、左側に幼稚園児が乗ります。
さて、このシーソーは右と左のどっちが下がるでしょーーーーうか？」
何？　どう考えても右だって？
わからないですよ。
まだ左に変えてもいいですよ。
では、正解を見てみましょうか。

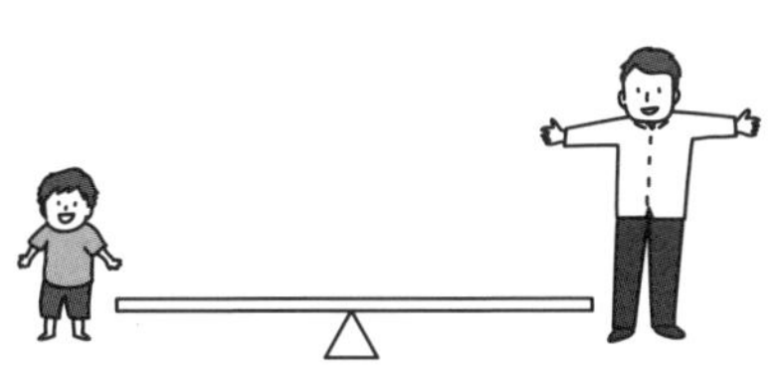

「支点からの距離×重さ」が同じ時に、てこはつり合う

右と答えた人は①へ、左と答えた人は②へ進んでください。
①ブブー！！！　ハズレです。正解は左でした。

②ブブブブブブブブー、ハズレです！！　正解は「どちらも下がらない」でした。

「インチキだ、インチキだ」って声がここまで聞こえてきそうだけれども、大切なのは、このことから何に「気がつく」のか、ということ。

このことからは、てこのつり合いを考える時には、重さと同じくらいに立つ位置が大切だということに気がつけます。

立つ位置が変わると、いったい何が変わるんでしょうか？

それは、支点（今回で言えば△のところですね）からの距離です。このことに気がついて、いろいろな実験をすると導き出される結論が

支点からの距離×重さ

「支点からの距離」と「おもりの重さ」をかけ算した値が同じ時に、てこはつり合うということです。

このことに「気がつく」と、先生が最初に出した問題は、支点からの距離が示されていない時点で、不適切な出題だったということがわかりますね。

じつは、あの問題にはもう一つ、不適切とまでは言えないものの、少し物足りない点があります。

「てこ」の本質の一つは「回転しようとする力（モーメント）」

それを下のてこを使って、考えてみますよ。支点からの距離とおもりの重さをかけると、5 × 4 = 20 と 3 × 7 = 21 になるので、てこはつり合いませんね。では、このてこはどうなると思いますか？

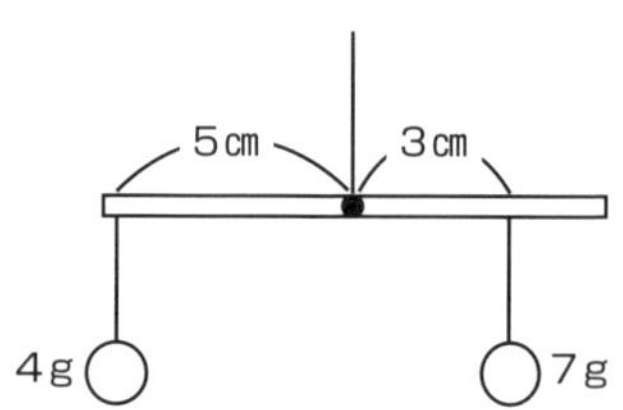

正解は、「**時計まわりに回転する**」です。「右が下がる」や「右に傾く」は間違いではないのですが、少し物足りません。

上がったり下がったりするのではなく、回転すると考えるのが正しいからです。

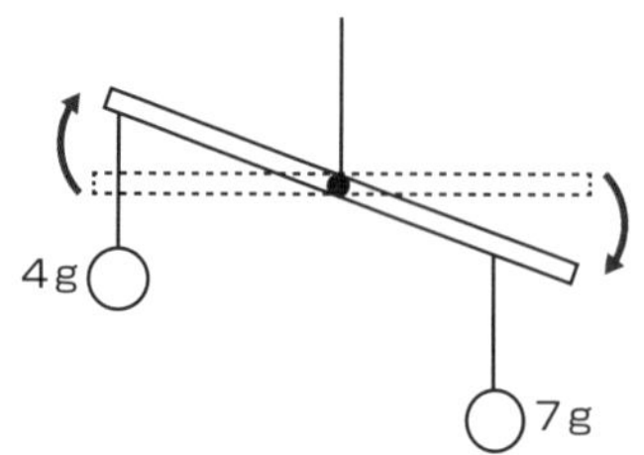

左の図を見れば、支点を中心に時計まわりに回転していることがわかりますよね？

「てこがつり合った」とは、「時計まわりに回転しようとする力と、反時計まわりに回転しようとする力が同じになった状態」ということなのです。

この回転しようとする力を**モーメント**と言います。支点からの距離×重さで計算した数値のことですね。

支点は「支える」ではなく、「回転の中心になる点」

回転するということに「気がついた」ら、それをしっかり意識するためにも、**支点は「回転の中心になる点」**であると覚えてください。

支点を単に「支える点」だと思ってしまうと、「てこ」の本質を見誤ります。あえて「支える」という言葉を使うなら、「回転する動きを支える点」ということだね。

教科書には、てこの最初のページで、「支点は…力点は…作用点は…」と定義が紹介されていますが、この本では最初にそれを説明することはしません。いたずらに「覚える」ことは、てこの本質を見失う原因になるからです。たとえば、シーソーは上下に動いているだけに感じるかもしれませんが、よく観察してみれば真ん中の支点を中心に時計まわりや反時計まわりに回転しようとしている動きの一部ということに「気がつきます」。大切なのは「気がつく」ことです。

支点は「下から支えても上から支えても同じ」と覚えておこう

では、さっそく問題練習に進みたいところですが、その前に一つだけ質問します。次の左図と右図は何が違うでしょうか？

支えている場所が、上からなのか、下からなのかの違いがあります。でも、やっていることは同じですよね？

棒を下から支えても、上から支えても同じだということです。ものすごく当たり前のことのように思えるけれど、**この考え方は必ずあとで役立つ**ので、頭の片隅に置いておいてくださいね。

問題1 棒やひもの重さは考えないものとします。

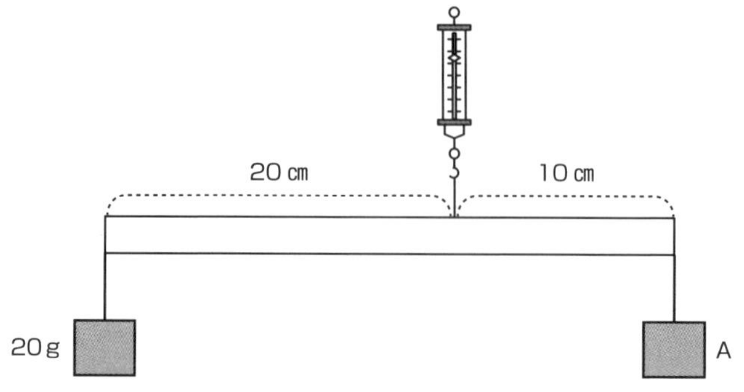

図のような状態で、てこがつり合いました。

（1）Aのおもりは何gになりますか。

（2）ばねはかりは何gを示しますか。

解説

まずは支点がどこかを考えます。ばねはかりの下ですね。ちゃんと●を書きましょう。

すると、反時計まわりのモーメントは20 × 20 = 400です。

時計まわりのモーメントは10 × Aになりますが、Aが問われているので図を見ただけではわかりませんね。整理すると下のような感じです。

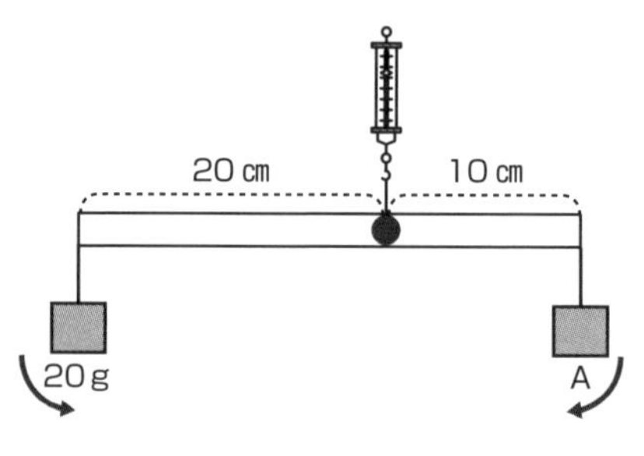

・反時計まわりのモーメント 20 × 20 = 400	・時計まわりのモーメント Aのところはわからない

てこがつり合うためには、モーメントの値（あたい）が同じになる必要があるのですから、時計まわりのモーメントも400になる必要があります。

つまり、10 × A = 400になるようにAを定めれば、てこはつり合うということですね。

したがって、Aは400 ÷ 10 = **40g**となります。

ばねはかりにかかる重さは20 + 40 = **60g**です。

間違えやすいポイント

モーメントは、あくまでも「回転する力」ですから、ばねはかりにかかる重さを、モーメントを足した800 gとしてはいけません。重さとは「その物体に働（はたら）く重力の大きさ」のことです。てこを空中で静止させるためには、重力と反対向きの力でその物体を支える必要があるのです。

おもりが増えたら、モーメントを合計しよう

問題2 棒やひもの重さは考えないものとします。

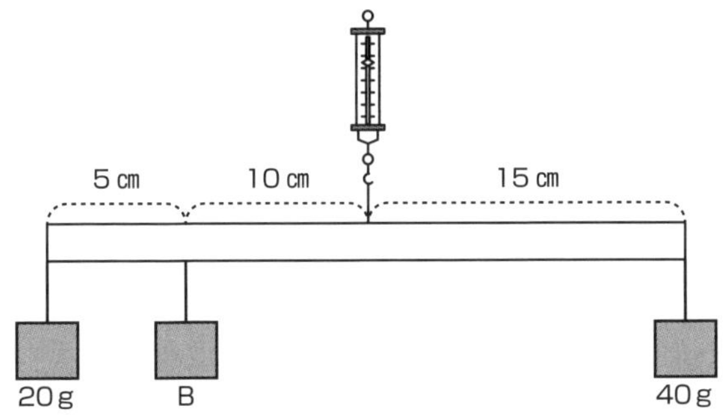

図のような状態で、てこがつり合いました。

（1）Bのおもりは何gになりますか。

（2）ばねはかりは何gを示しますか。

解説

まずは支点がどこかを考えます。ばねはかりの下ですね。忘れずに●をつけましょう。

次に、現状でわかるモーメントをまとめてみます。

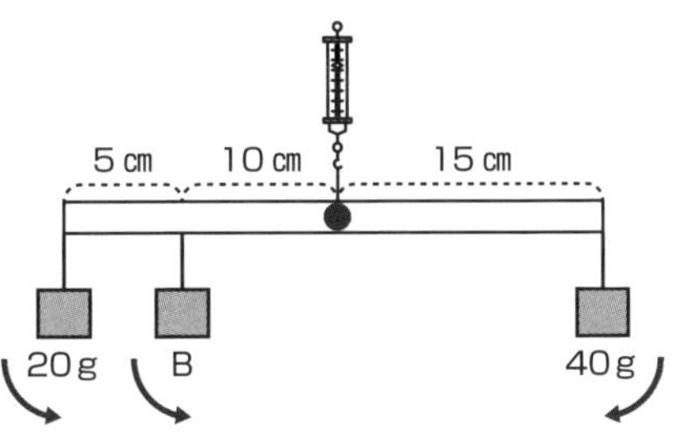

・反時計まわりのモーメント	・時計まわりのモーメント
15 × 20 ＝ 300 Bのところはわからない	15 × 40 ＝ 600

反時計まわりのモーメントがあと300あれば、反時計まわりのモーメントの合計が600になって、つり合うということがわかります。

つまり、10 × B ＝ 300 となれば、このてこはつり合うのですから、B は **30g** ということですね。ばねはかりには、おもりの重さを合計した **90g** がかかることになります。

間違えやすいポイント

時々、左側にある 20g のおもりのモーメントを 5 × 20 ＝ 100 としてしまう人がいます。モーメントは、「支点からの距離」×「重さ」です。「支点がどこなのか」、最初にそれを見つけることが何よりも大切です。解説で、まずは支点がどこかを確認しているのはそのためです。

支点を探し、支点にかかる重さは何 g かを考えよう

問題 3 棒やひもの重さは考えないものとします。

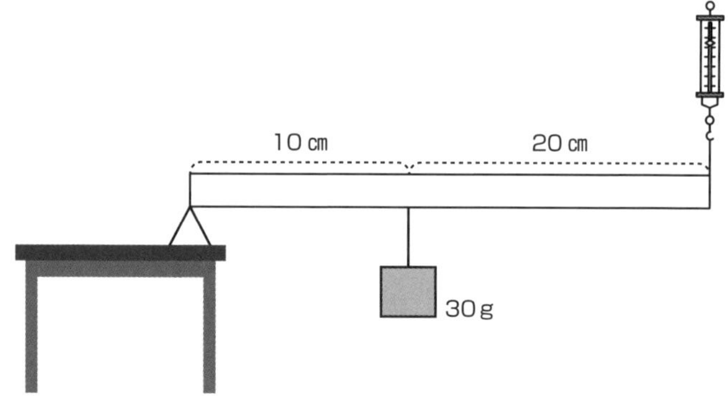

図のような状態で、てこがつり合いました。

（1）ばねはかりは何 g を示しますか。

（2）机の上にのせた△には何 g の力がかかっていますか。

解説

まずは支点がどこかを考えます。今回は△のところです。

△が時計の中心で、棒が今時計の 3 時を指したような状態ということ。

次に、現状でわかるモーメントをまとめてみます。

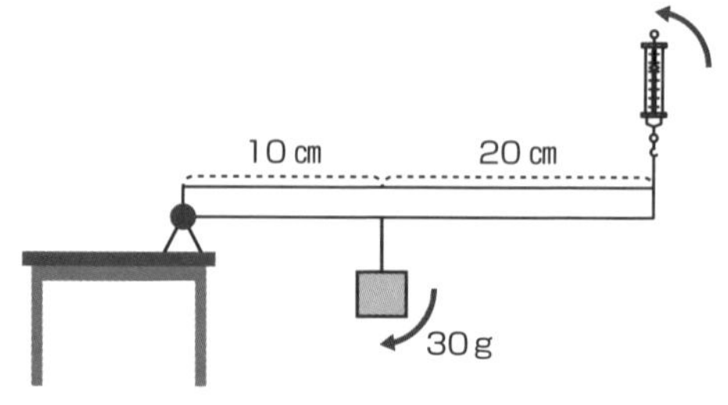

・反時計まわりのモーメント ばねはかりのところはわからない	・時計まわりのモーメント 10 × 30 = 300

反時計まわりのモーメントも300あれば、つり合う。

つまり、30 ×ばねはかり＝300となれば、このてこはつり合うのですから、ばねはかりが示す値は**10g**ということがわかります。

支点にかかる力は**20g**です。ばねはかりは重力と反対向きに10gの力でしか支えていません。おもりの重さは30gなので、残りの20gが支点にかかっているのです。

今読んでいるこの本が床に落ちないのは、重力の向きと反対の力でみんなが本を支えているからですね。普段はあまり意識しませんが、机の上に置いた本が床に落ちないのは、机があるからではなく、机が重力と反対向きの力で本を支えているためです(垂直抗力)。たとえば、この本を閉じて片手で本の下部を持って地面と水平にしてください。そして、本の上部をそっと机の端にのせると、その瞬間手にかかる力が軽くなることがわかります。机が重力と反対向きの力で本を支えてくれたので、その分軽く感じるのです。

支点がわかりにくい問題は、「回転しそうな形」にしよう

問題4 棒やひもの重さは考えないものとします。

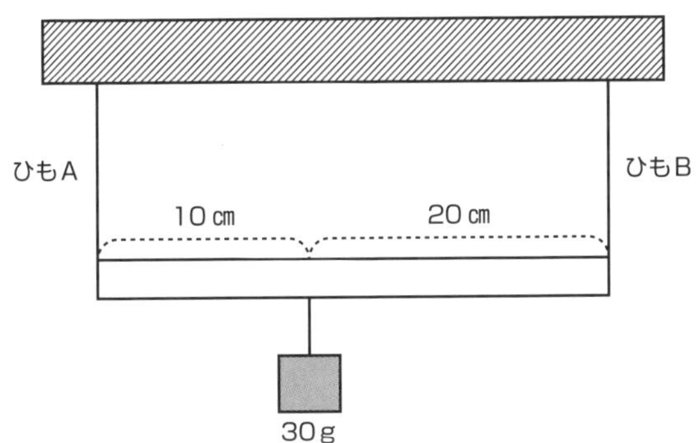

図のような状態で、てこがつり合いました。

(1) ひもAにかかっている力は何gでしょうか。

解説

まずは支点がどこかを考えます。

うーん、今回はしっかり固定されているので、ひもが切れでもしない限り回転しそうにないですね。

あれ？　だったらひもを切ってしまえば…試しにAを切って、ばねはかりに変えてみましょう。なんだか回転しそうな気がしますね。

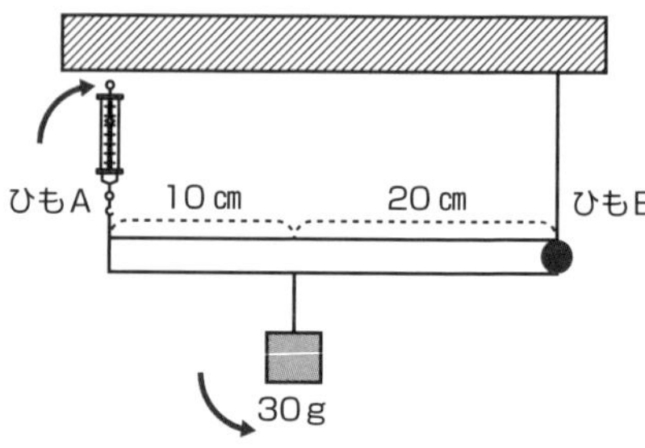

まずは支点がどこかを考えます。

ひもBのところですね。

次に、現状でわかるモーメントをまとめてみます。

・反時計まわりのモーメント 20 × 30 ＝ 600	・時計まわりのモーメント ばねはかりのところはわからない

時計まわりのモーメントも600あれば、つり合うということになりますよね。つまり、30 ×ばねはかり＝ 600となれば、このてこはつり合うのですから、ひもAにかかる力は**20g**です。

物理の上達には、「覚える」よりも「気がつく」ことが大事

いちおう、答えはわかりましたが、もう少し大工事をしてみましょうか。

今度は、ひもBを切ってばねはかりに変えます。ついでに、ひもAも切って、そこを下から支えてみます。

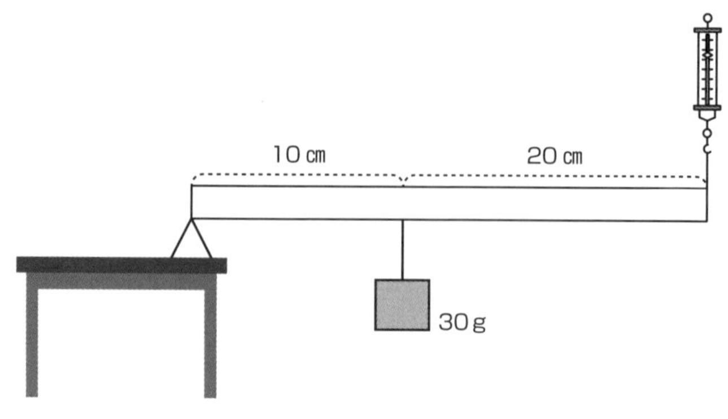

あれ？　問題3の形になっちゃいましたね。

問題に入る前に、**棒を下から支えても、上から支えても同じ**だということを、一緒に確認したのを覚えていますか？

あの時、とても当たり前のように思えたことをやっているだけなのです。ここでは、それに「気がつく」ことが大切です。

これを、「おもりを支点に変えるテクニックを覚えた。○○はレベルが1上がった」と思ってはダメなんです。物理の本質は「覚える」のではなく、「気がつく」ことですよ。

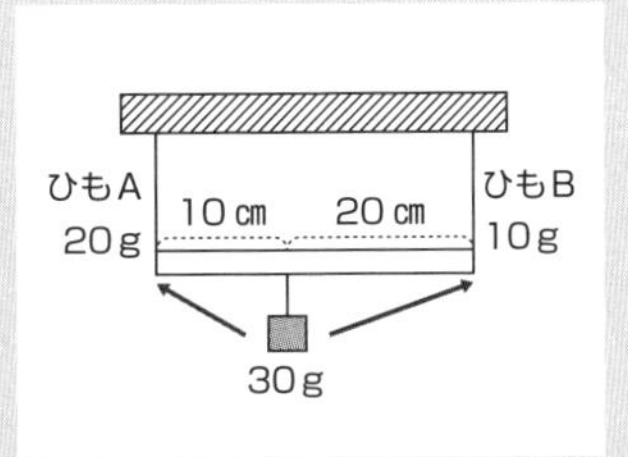

算数で比の学習が終わっている場合、この問題は逆比を使って解くことができます。つるしたおもりからひもAまでの距離は10㎝、ひもBまでの距離は20㎝。距離の比は1:2ですね。この場合ひもAとBにかかる重さはその逆比の2:1になります。30gを2:1に分け、Aには20g、Bには10gの力がかかるといった感じです。このスーパーテクニックを覚えるとレベルが3上がります。

ただし、本質に「気がつく」前にこれを使うと、そこがレベルの上限になってしまうという、恐ろしいテクニックでもあります。便利で早く解けるので、本質に「気がついた」あとに使うのはかまいません。でも、「最初からテクニックを覚えて解くことは自分に限界を設定してしまうことだ」ということを、忘れないでください。

「支点の位置を求める問題」に慣れていこう

問題5 棒やひもの重さは考えないものとします。

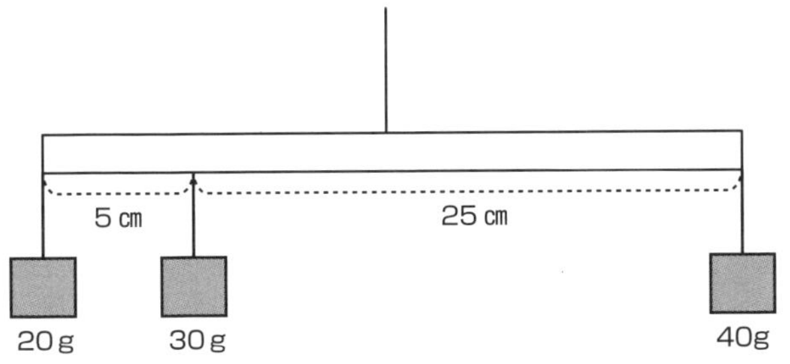

（1）図のようにつり合った状態のてこがあります。ひもをつけたのは、棒の左端から何㎝のところかを求めなさい。

解説

まずは支点がどこかを考えます。ひもの下ですね。

ただ、支点からそれぞれのおもりまでの距離がわからないので、このままではモーメントは求められません。上の糸を切って下から支えてみても、距離がわからないのは変わりませんね。この段階でわかることは、ひもには90gの力がかかるということくらいです。

さて、左端の20gのおもりに注目してください。この状態で20gのおもりのひもを切ると、支点を中心に時計まわりに回転しちゃうので、それを上から指で押さえる状態をイメージして。図にすると次のような感じになりますよね？

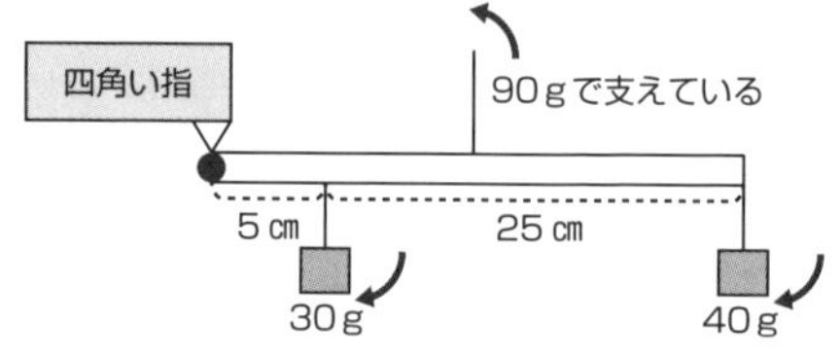

まずは支点がどこかを考えます。左端の▽です。●をつけましょう。

次に、現状でわかるモーメントをまとめてみます。

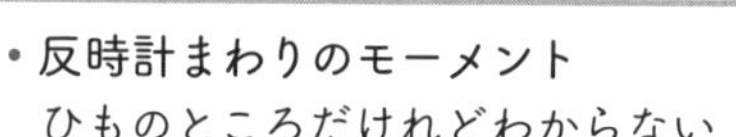
・反時計まわりのモーメント
ひものところだけれどわからない

・時計まわりのモーメント
5 × 30 = 150
30 × 40 = 1200
合計は 1350

反時計まわりのモーメントも、1350あればつり合いますね。ひもを引く力は90gですから、「支点からの距離」× 90 = 1350になるところにひもをつければ、このてこはつり合うということになります。したがって、ひもをつるす位置は、左端の支点から 1350 ÷ 90 = **15㎝**です。

たとえば、この本を閉じて両手で左右の端を支え、目線の前に、地面と平行になるように持ちます。その状態で、右手だけを上に持ち上げると左端を中心に反時計まわりに、左手だけを持ち上げれば右端を中心に時計まわりに動きます。支点はどう回転させるかで位置が変わるのです。

じつは、〔問題5〕は〔問題2〕とまったく同じ形をしています。
にもかかわらず、難易度には大きな差がありましたよね。

なぜでしょうか？

それは、「気づきやすさ」の差。てこの問題は、計算の難しさではなく、「気づきやすさ」の差で難易度が決まります。

〔問題５〕ができなかった人は、もう一度〔問題１〕からこの本をよーく読み直してください。〔問題１〕は簡単だからと、飛ばしてはダメですよ。各問題は適当に出したのではなく、〔問題１〕から解説も含めて順に読むことで、「自分で気づく」力がアップするように並べてあります。

何度も繰り返し読むことで、必ず新しい発見があるはずです。その発見が「気がつく」こと、物理学習の本質です。

ニュートンは万有引力の法則を「発見」した人でしたね。

最後に、比を使って解くタイプの問題を紹介して、今回は終わりです。

算数で比の学習が終わってから挑戦してくださいね。

難関中学の過去問トライ！　（開成中学）

問２　重さ10gのおもり10個を図４のように10cmの棒２本に取り付け、それを棒の外側の端が揃うように30cmの棒につり下げます。すべての棒が水平に保たれているとき、図４中の［ア］、［イ］の長さはそれぞれ何cmでしょうか。

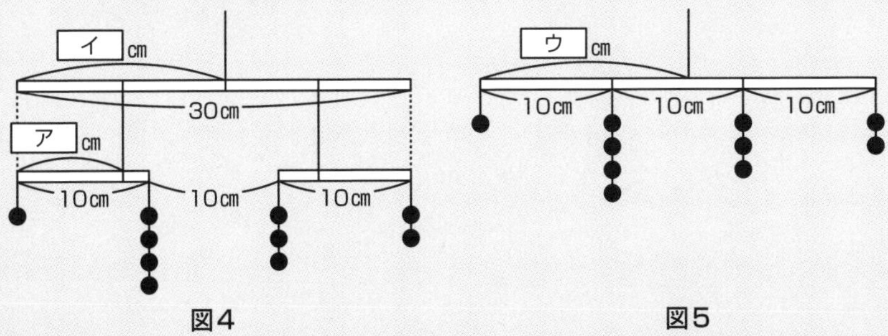

図４　　図５

実は図５のように10gのおもり10個を30cmの棒に取り付けたとき、棒に糸をつけて水平に保てる［ウ］の長さは［イ］の長さに等しくなります。このように、一見複雑で重心の位置がわかりにくいものも、うまく分けてその部分ごとに重心を求めることで、全体の重心を求めることができます。

解説

ア　図4の一番左下のてこについて考えますよ。

まずは支点がどこかを考えます。これは、ひもがついているところだね。

次に、現状でわかるモーメントをまとめてみます。

ひもからおもり4個がつるされているところまでの距離を□とします。

・反時計まわりのモーメント	・時計まわりのモーメント
ア×10＝??	□×40＝??

どちらも距離はわかりませんが、つり合っているということはかけ算した値が同じになる必要があるので、ア：□＝4：1になることがわかります。

アと□の合計は10㎝とわかっているので、アは**8㎝**、□は2㎝です。

イ　本文でイはウと同じになると教えてくれているので、ウでやってみますね。本文の〔問題5〕と似た感じの図にすると、次のようになります。

まずは支点がどこかを考えましょう。左端の▽ですね。

次に、現状でわかるモーメントをまとめてみます。

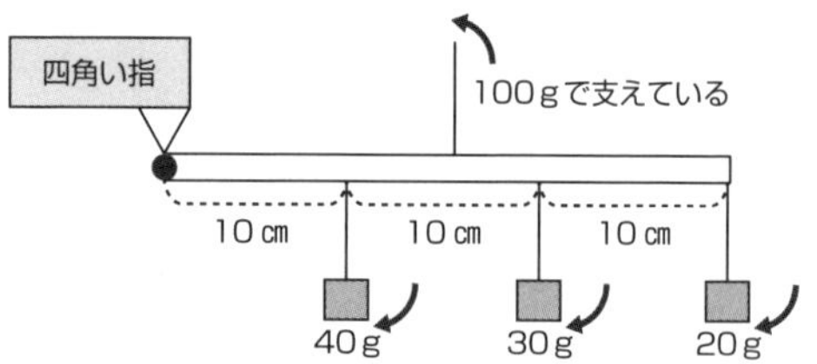

・反時計まわりのモーメント	・時計まわりのモーメント
ひものところだけれどわからない	10×40＝400 20×30＝600 30×20＝600 合計は1600

反時計まわりのモーメントも、1600あればつり合いますね。

ひもを引く力は100gですから、ウ×100＝1600になるところにひもをつければ、このてこはつり合うことになります。

したがって、ひもをつるす位置は1600÷100＝**16㎝**です。

アのところでやったように、右下のてこのひもの位置を出していけば、イを直接出すこともできます。よかったら挑戦してみてください。

てこと輪軸

「棒の重さ」を考えるために、「重心」を知ろう

前回は、棒の重さは考えないものとして、「てこ」を学んできましたが、今回は、棒の重さを考えていきます。

まずそのために、「**重心**」が何を意味するのかを理解する必要があります。

重心とは、**ものの重さがすべて集まっていると考えられる点**のことです。ちなみに、一つの物にある重心は一つだけです。

一番多い勘違(かんちが)いは、重心を「一点で支えることのできる点」と思ってしまうこと。

たとえば、次の図は指先一つで石を支えている先生の図です。

確かに、この時の石の重さは、すべて先生の指先にかかっています。

でも、一点で支えられる点は右の図以外にも何か所もありそうですよね。重心は一つだけしかないので、これは重心ではありません。

じゃあ、この指先が触れている部分は、いったい何なのか？？

答えは、「**重心のちょうど真下にある点**」です。

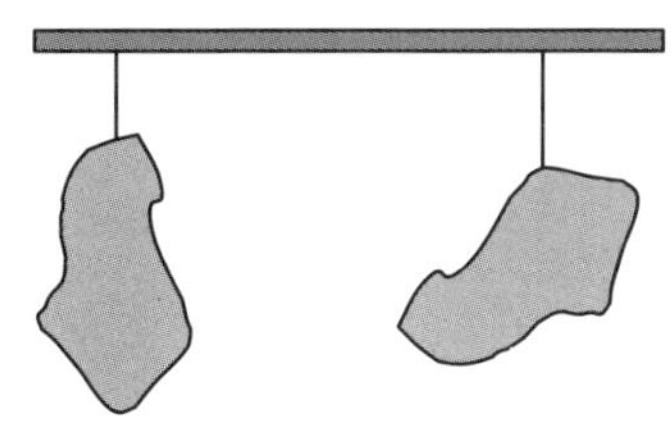

もちろん、「重心のちょうど真上にある点」でも物体は安定して支えられます。ものをつるせば、右図のように勝手に重心がひもの真下にくると言ったほうがいいかもしれませんね。

つまり、「あるもの」を何か所かでつるして、ひもの真下に伸ばした線を想像し、それぞれの線が重なるところを探せば、「あるもの」の重心を調べることができるのです。

重心はものの重さがすべて集まっていると考えられる点

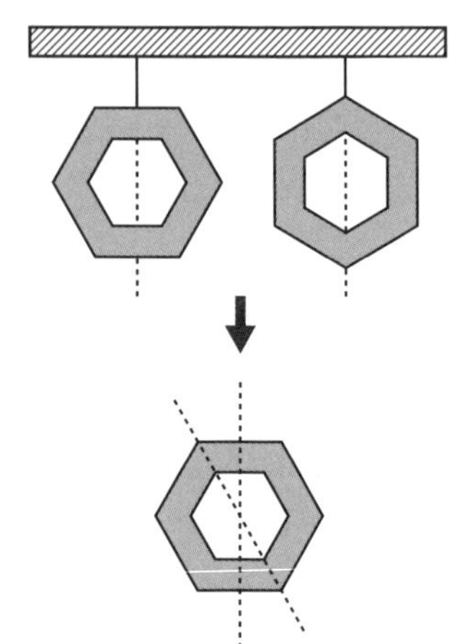

六角形のドーナツの重心を考えてみましょう。

右の図のように２か所でつるし、そのひもを伸ばした線を、点線で書いてみました。

その二つが重なるのは、なんと何もない穴のところです。

ドーナツの重心は何もない部分なのですね。

ここで、もう一度重心とは何かを振り返ってみましょう。

重心とは、**ものの重さがすべて集まっていると考えられる点**のことです。

よく物体の中に「重心」というものがあると勘違いしている人がいますが、重心とはあくまで概念であり、ものの重さがすべて集まっていると考えられる点のことなので、重心が物体の外にあることもあるのです。

「棒の重さ」は、重心に「目に見えないおもりをつるす」だけ

さて、では棒の重さを考えていきましょう。

重心の概念がしっかり理解できていれば、やることはじつに簡単です。

「**重心に、棒の重さと同じ目に見えないおもりをつるす**」。

これだけです。

重心とは、**ものの重さがすべて集まっていると考えられる点**なのですから、その通りに、おもりがそこにあると考えるわけです。

たとえば、長さが30cmで、太さが一様な50gの棒の真ん中に糸をつけてつるせば、下図（左）のようになります。

棒の重さを考えるので、重心に50gの目に見えないおもりを書かなくてはなりません。下図（右）は、目に見えないおもりをつるしたイメージ図です。

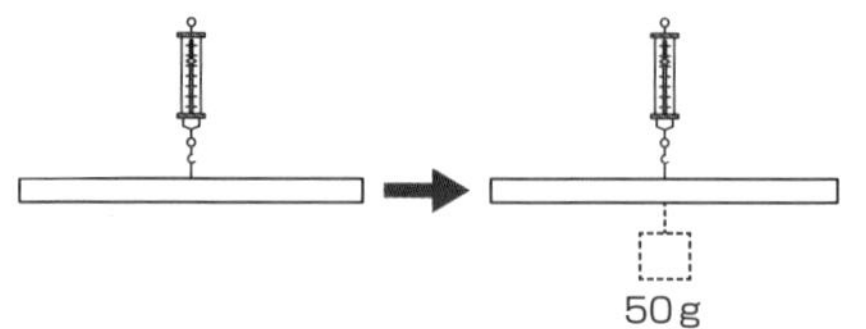

ちょうどばねはかりの下が支点になるので、モーメントは０です。

支点からの距離が０なら、いくらおもりの重さがあっても回転す

る力は発生しませんからね。

でも、上からつるす糸は、いつも真ん中についているわけではありません。ちょっと、何問か練習してみましょう。

棒の重さを考える、基本的な問題から

問題 1

長さが30cmで、太さが一様な100gの棒を左端(ひだりはし)から20cmのところでつるし、右端(みぎはし)におもりAをつけたらつり合いました。

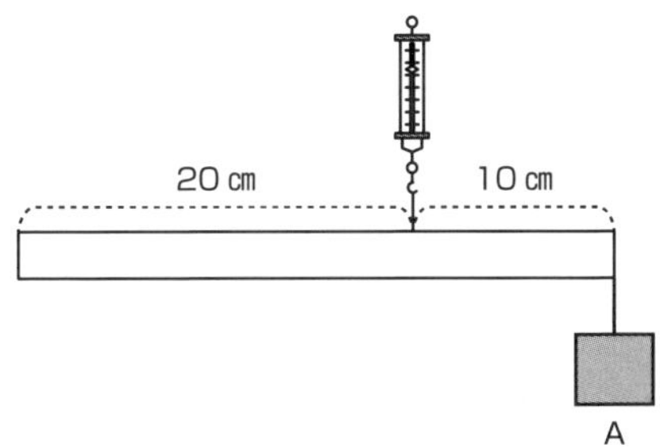

(1) おもりAは何gですか。

解説

まずは支点がどこかを考えます。ばねはかりの下ですね。●をちゃんとつけましょう。

次に、棒の重さが100gなので、100gの目に見えないおもりを重心につるします。つまり、右の図のようになります。

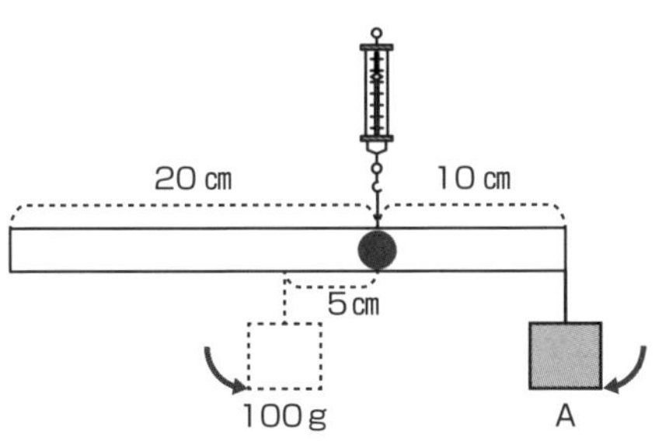

現状でわかるモーメントをまとめてみます。

・反時計まわりのモーメント 5 × 100 = 500	・時計まわりのモーメント おもりAのところはわからない

時計まわりのモーメントも、500あればつり合いますね。10 × A = 500となればいいので、Aは**50g**です。

2本のひもにかかる重さを、「逆比」を使って計算してみよう

問題2

長さが20cmで、太さが一様な40gの棒に、50gのおもりをつるしました。この時、ひもAとひもBにかかっている力はそれぞれ何gですか。

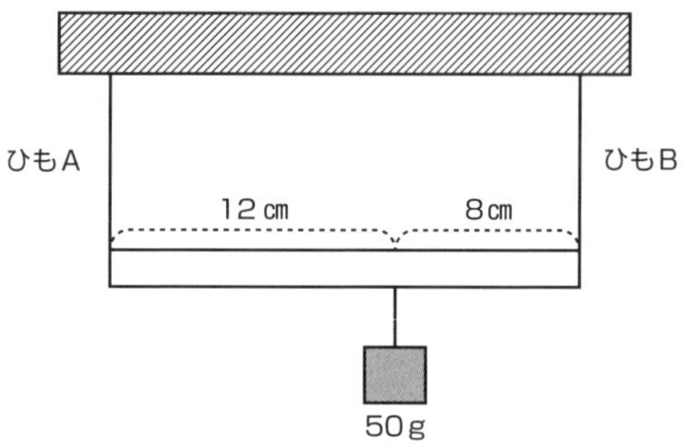

解説

まずは支点がどこかを考えます。今回はしっかり固定されているので、支点はありませんね。ひもを切って支点をつくる方法もありますが、今回の解説は逆比を使ってやってみます。

その前に、棒の重さは40gなので重心に目に見えない40gのおもりを右図のように書き込みます。

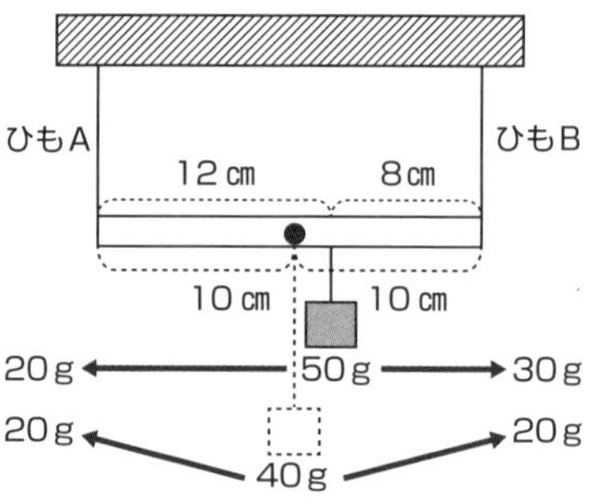

目に見えないおもりは、ひもAから10cm、ひもBから10cmのところにあるので、距離が1：1です。

よって、この40gはひもAとひもBに1：1に分割されます。

50 gのおもりはひもAから12cm、ひもBから8cmのところにあるので、距離が3：2です。よって、この50gはひもAとひもBに2：3に分割されます。

したがって、ひもAは20＋20＝**40g**、ひもBは30＋20＝**50g**となります。

「**重心に、棒の重さと同じ目に見えないおもりをつるす**」作業が入るだけで、それ以外は前回とまったく同じですね。

太さが一様ではない棒の重さと重心の位置を求めよう

次は、重心が真ん中にないタイプもやってみましょう。

問題3

長さが1mで太さが一様ではない棒を、片側ずつばねはかりでつるしたところ、図1のようになりました。

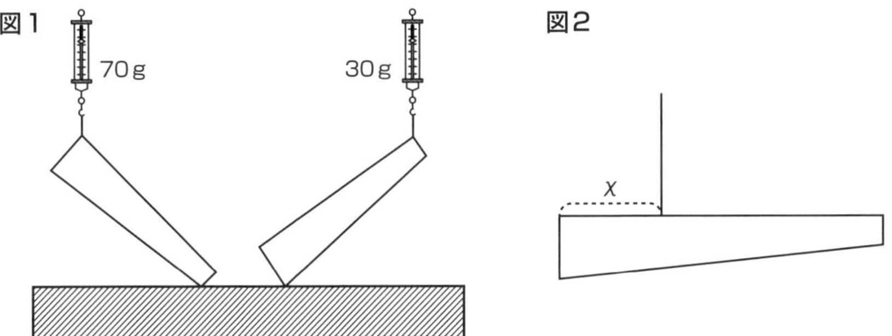

（1）この棒の重さは何gですか。

（2）この棒を図2のように一点でつるすとつり合いました。この時χは何cmですか。

解説

この段階でわかることは、図2はちょうど重心の真上にひもをつけたということくらい。このままだとわかりにくいので、図1の様子を整理して書き直してみましょう。

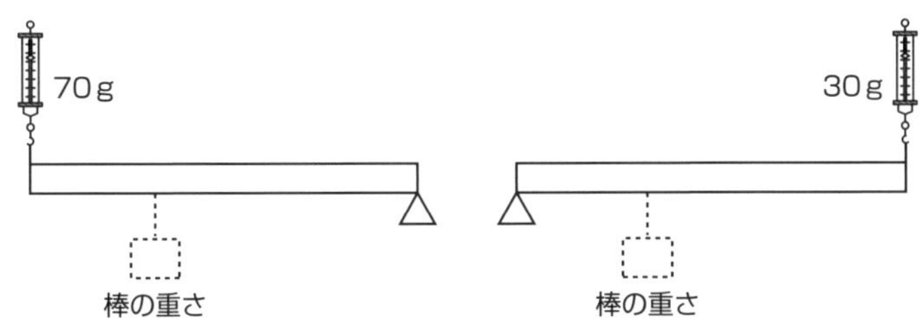

重心の位置はまだわからないので、図2を参考に位置を予測して、目に見えないおもりが書いてあります。

この図が、図1と同じなのはわかるかな？　普段（ふだん）は意識しないけれど、地面についている部分は、地面が下から棒を支えているということですよね。

次に、下から支えている△を取って、ばねはかりに変更してみましょう。

ここまできたら、もう簡単かな。

(1) 棒の重さは、70 + 30 = **100g** です。

(2) 左右のばねはかりには、重心までの距離(きょり)の逆比で重さがかかっているので、左右から重心までの距離(きょり)の比は3：7となり、χ = **30cm** ということがわかります。

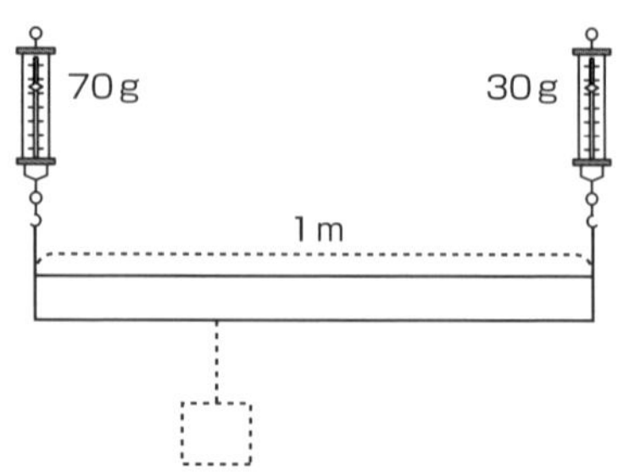

てこの原理を使った道具から、てこの理解を深めよう

ここで少し、てこを使った道具についても話しておきましょうか。

てこには、**支点**・**力点**・**作用点**の三つの点があるのは聞いたことあるかな？

この3点は、よく「てこを使った道具」で説明されます。

身の回りには、てこの原理を利用した道具がたくさんあります。たとえば、次の三つの道具もそうです。

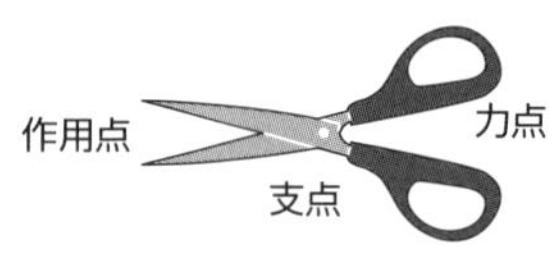

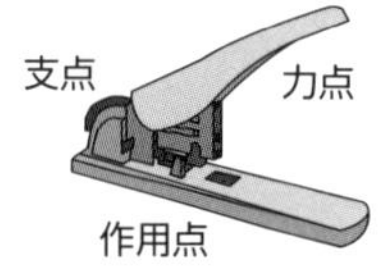

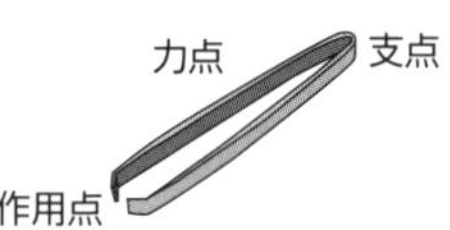

真ん中にあるのがどの点なのかで三つに分類されますが、覚える必要はありません。だって、道具の使い方をちょっと考えれば、すぐわかりますからね。

たとえば、上の道具でどこを手で持つのかわからない人はいますか？

紙を切るのはどこ？　針が出るのはどこ？　毛をつかむのはどこ？

力点は「手で持つところ」、作用点は「道具の目的となるところ」です。

入試では「どこが力点ですか？」と聞かれたりするけれど、その場で考えられれば大丈夫ですね。

もっとも原始的な、てこを使った道具は、次の図のような感じです。

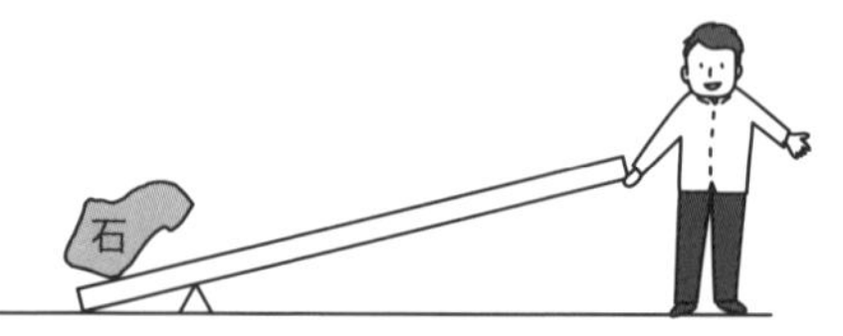

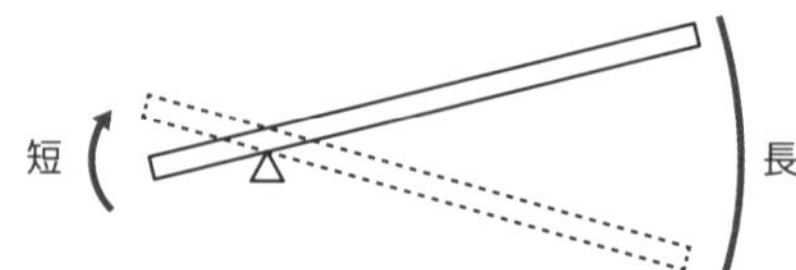

だから、てこを「小さな力で、大きな力を出して重いものを動かすことができるお得な道具」と思っている人も多いかもしれないけれど、前ページの右図を見れば、「**力で得した分、距離(きょり)で損する**」のがわかるでしょう。

大きな視点で現象を観察しないと、大切なことを見逃してしまうのですね。

てこを使った道具の本質は、「力の向き」と「力の大きさ」を変化させることにあります。3種のてこについて、てこに入力された力が出力される時にどのように変化しているのかをまとめたものが、下の図です。矢印の指す方向は、「力の向き」を、太さは「力の大きさ」を表しています。同時に、長さで「動く距離(きょり)」も表現してみました。

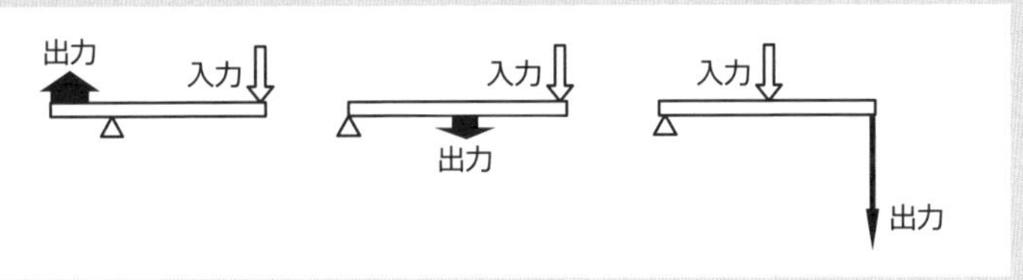

てこを使った道具の中で間違えやすいもの

さて、ほとんどのてこを使った道具は**「手で持つところ」と、「道具の目的となるところ」**を想像すれば、どこが力点でどこが作用点なのかわかります。

多くの人が間違(まちが)えやすい道具は次の三つです。

栓抜き　　ボートのオール　　爪切り

栓(せん)抜きは、下の図のように使います。

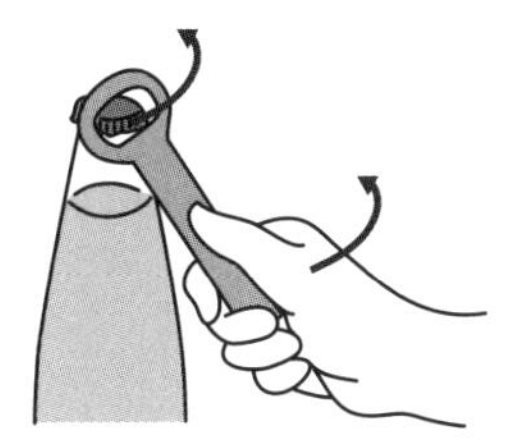

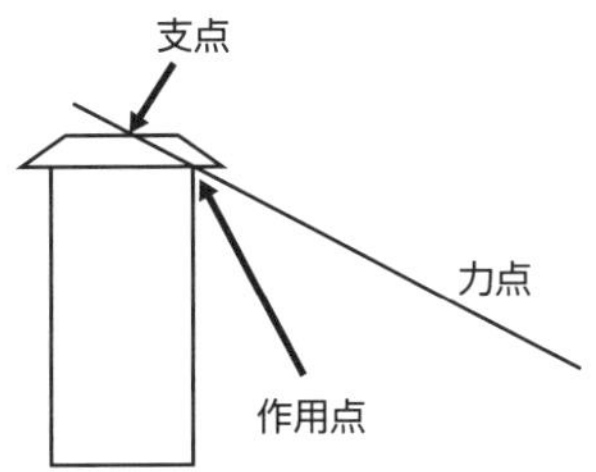

栓抜きの目的は、フタを取ること。つまり、フタに作用しなければ意味がないですよね。

前ページ右図のようにフタの下部に栓抜きを引っかけて、くいっと引きはがすイメージです。持つところが力点ですね。

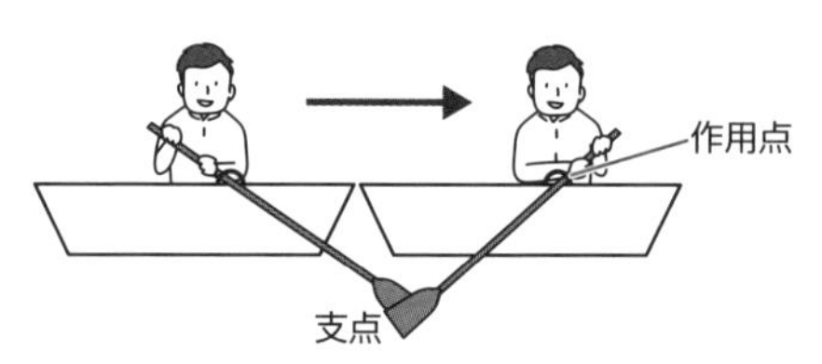

ボートは、動きの全体を見ればわかります。

ボートをこぐと、オールが先の部分を中心に回転する動きになっていますね。力を船についている輪っかの部分に作用させてボートを進ませているのです。もちろん、持つところが力点です。オールは「水をかく」道具ではなく、ボートを進ませる目的の道具だということですね。

たとえば、水泳のクロールは、手で「水をかく」というイメージが強いですが、別の視点で見ると、手で前方にある水をつかまえ、体をそこに引き寄せているとも言えます。オールも同様に、ヒレのように大きくなっている部分で水をつかまえ、大きな水の抵抗でオールの先をその位置に固定し、そこを支点にしているのです。動きで言えば、「松葉づえ」に似ていますね。

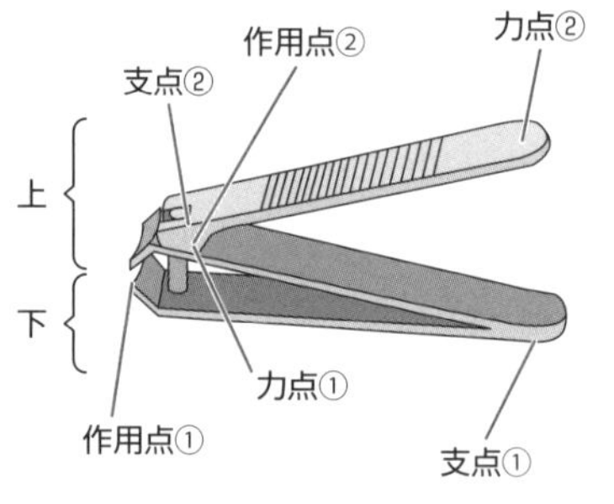

爪切りは、二つのてこが組み合わさってできています。

下の「すごい切れ味のいい毛抜き」と、上の「それを動かす棒」の組み合わせだと考えると簡単です。

まず、実際に爪を切っている下の「切れ味のいい毛抜き」を見てみると、普通の毛抜きと、支点・力点・作用点の位置はまったく同じです。

道具の目的である、爪を切るところがちゃんと作用点①になっていますね。

普通の毛抜きは指で動かしますが、今回は上についている棒に押されて動くので、棒の当たっている部分が力点①になるわけです。

力点①に接しているところが、作用点②です。上の棒の目的は下の毛抜きを押すことですからね。上の棒は、指で動かすので、そこが力点②です。

「輪軸」の問題は、てこの考え方で解ける

てこと同じように、「力の向き」と「力の大きさ」を変化させる道具に「輪軸」があります。輪軸とは、半径の異なるいくつかの輪を中心の軸に固定し、一つの輪がまわると他の輪も同時に同じ向きに回転するようにつくられたものです。身近な例を挙げるなら、自転車や車のギア（変速機）ですね。

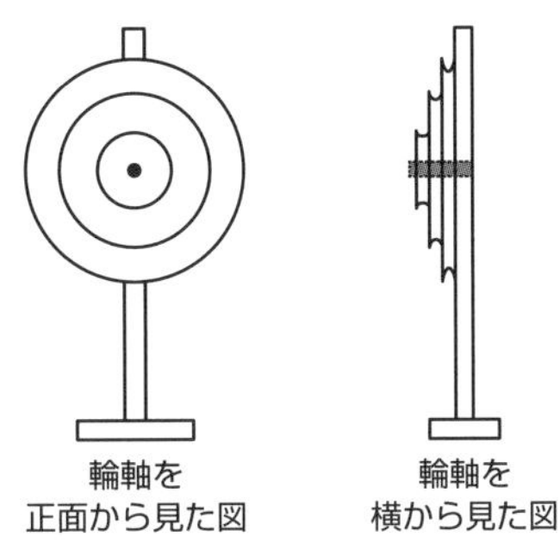

円形で複雑そうに見えるけれど、考え方はてこと同じ。むしろ支点の位置が決まっている分、てこより解きやすいでしょう。

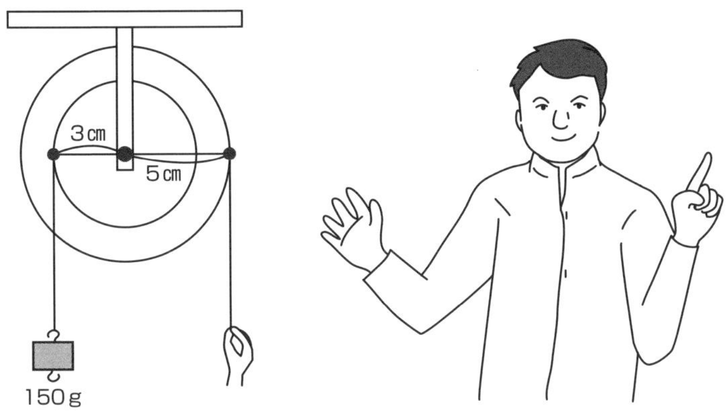

さて、問題です。手で引いている力は何gでしょうか。

まず支点は、考えるまでもなく中心部分です。

次に、現状でわかるモーメントをまとめてみます。

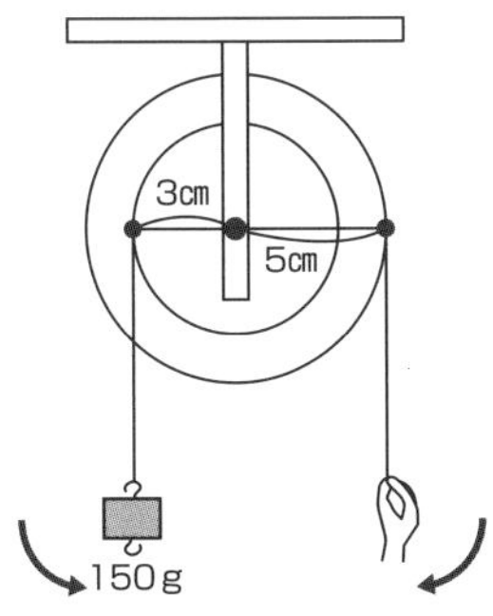

・**反時計まわりのモーメント**
3 × 150 = 450

・**時計まわりのモーメント**
手のところはわからない

時計まわりのモーメントも、450あればつり合います。つまり、5×手の引く力＝450となれば、このてこはつり合うので、手の引く力は**90g**です。

では、手で10cm引き下げたら、おもりは何cm上がるかな？

すべての輪は中心の軸に固定されているのだから、どの輪も回転する角度は同じです。

だから、下の図のようにイメージすると、動いたあとは相似形になる。つまり、半径の比がそのまま動いた距離（きょり）の比になるってことです。

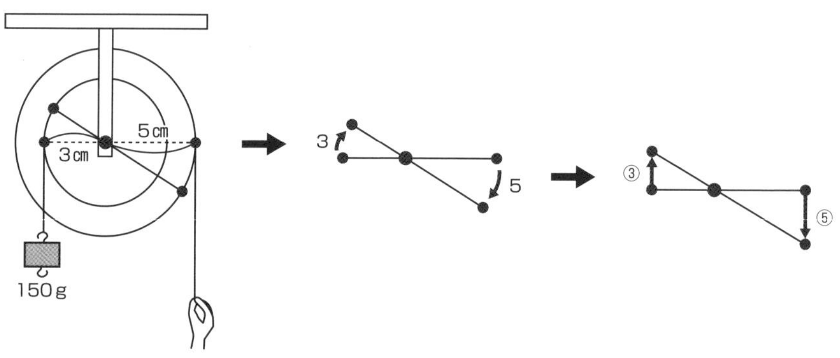

今回の半径の比は3：5なので、3：5＝□：10となり、おもりは**6cm**上がります。

では、問題を解いてみましょう。

輪軸の基本問題から

問題1

小円の半径が2cm、中円の半径が6cm、大円の半径が10cmの輪軸（りんじく）に、それぞれおもりをつるしたところ、つり合いました。

（1）アは何gですか。

（2）Bのおもりを4cm引き下げました。
A・Cのおもりは上下どちらに何cm動きますか。

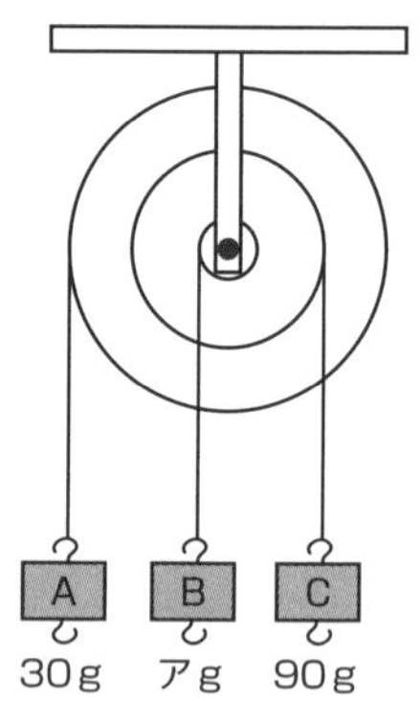

解説

（1）**まず支点は、考えるまでもなく中心部分です。**
次に、現状でわかるモーメントをまとめてみます。

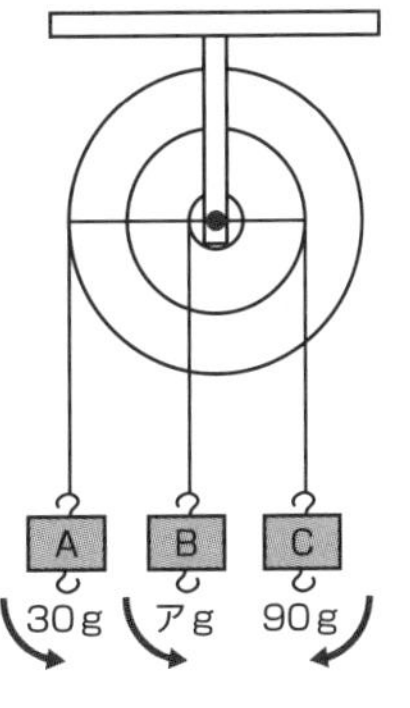

- 反時計まわりのモーメント
  10 × 30 = 300
  Bのところはわからない

- 時計まわりのモーメント
  6 × 90 = 540

反時計まわりのモーメントがあと240あれば、反時計まわりのモーメントの合計も540になって、つり合うことがわかりますね。

つまり、2×ア＝240となればいいのですから、アは**120g**となります。

（2）今回は全体が反時計まわりにまわるので、Aは下に、Cは上に動くことがわかるでしょうか？　動く距離（きょり）は半径の比に等しいので、Bが下に4㎝動いたのならば、Aは**下に20㎝**、Cは**上に12㎝**動きます。

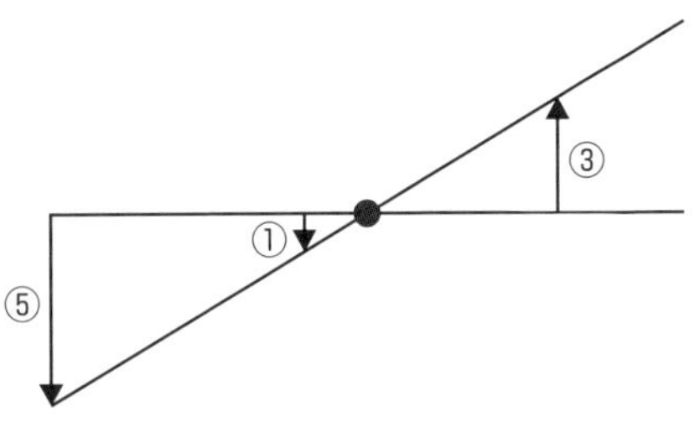

複数の輪軸を組み合わせた問題

問題2

2種類の輪軸（りんじく）を組み合わせて、100gのおもりとアgのおもりをつり合わせました。

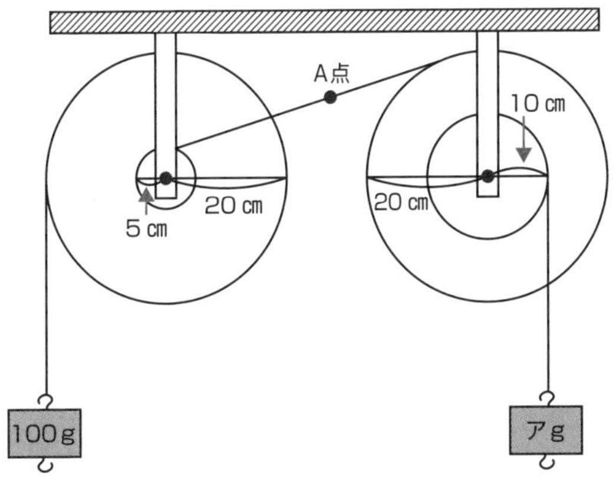

（1）A点にかかる力は何gですか。
（2）アは何gですか。
（3）アgのおもりを1cm引き下げると、100gのおもりは何cm引き上げられますか。

解説

先に、左の輪軸(りんじく)から考えます。**支点は、考えるまでもなく中心部分です。**
次に、現状でわかるモーメントをまとめてみましょう。

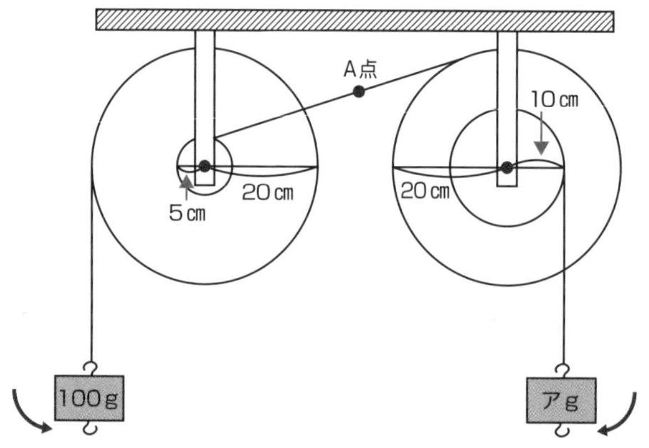

・反時計まわりのモーメント 20 × 100 = 2000	・時計まわりのモーメント A点のところはわからない

（1）時計まわりのモーメントも2000あればつり合いますね。
つまり、5 ×A点のあるひもが引く力＝2000となればいいので、ひもの引く力は400g。A点にかかる力も、もちろん**400g**です。
（2）次に、右の輪軸(りんじく)を考えます。**支点は、考えるまでもなく中心部分です。**
次に、現状でわかるモーメントをまとめてみます。

・反時計まわりのモーメント A点にかかる力は400gなので 20 × 400 = 8000	・時計まわりのモーメント アのところはわからない

時計まわりのモーメントも、8000あればつり合いますよね。つまり、10 ×ア＝8000となればいいので、アの重さは**800g**です。
（3）右の輪軸(りんじく)の半径の比は1：2なので、小円が1cm下がると、大円は2cm分、時計まわりに動きます。右の輪軸(りんじく)の大円はA点のあるひもでつながっているので、左の輪軸(りんじく)の小円が2cm時計まわりに動きます。

左の輪軸の半径比は１：４ですから、100 ｇのおもりは
２㎝×４＝**８㎝**上に引き上げられることになります。
※アが800 ｇに対して、100 ｇなので力は$\frac{1}{8}$。
　距離は８倍の１㎝×８＝８㎝と求めることも可能です。

間違えやすいポイント

点Ａのあるひもは、左の輪軸を時計まわりに、右の輪軸を反時計まわりにひっぱっています。これを、左の輪軸を時計まわりにひっぱるから、点Ａのあるひもが右に動くかのように考え、ひもは右の滑車を時計まわりにまわそうとすると勘違いしてしまう人がいます。このことは、綱引きを考えればわかります。

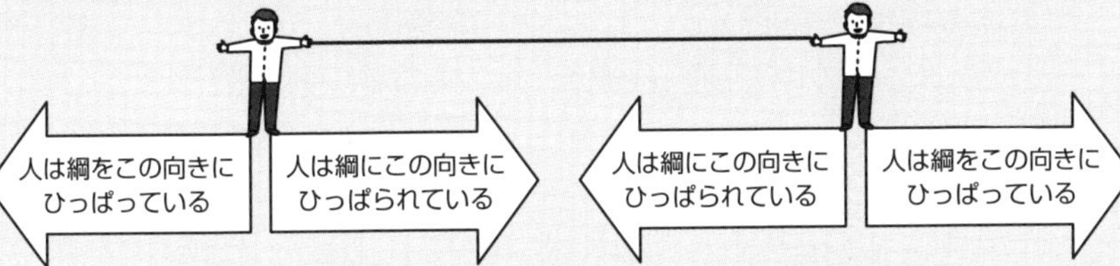

まず、同じ綱にひっぱられているのに、右の人と左の人ではその方向が違いますね。ひもの力がかかる方向は、誰を基準にするのかで変わるのです。ひとりの人に注目すると、人が綱をひっぱる向きと、綱にひっぱられる向きも逆です。

その力の大きさが均衡していると綱引きが長引く、どちらかが大きいと、その向きに動いて、決着がつくということです。

では、最後に入試問題を使って復習しましょう。

難関中学の過去問トライ！ （開成中学）

④　以下の問いに答えなさい。数値が割りきれない場合は小数第２位を四捨五入して、小数第１位まで答えなさい。

問１　長さが84㎝の太さが一定でないバットを糸を使ってつるし、水平にすることを考えます。図１のようにするには540gの力が、図２のようにするには180gの力が必要でした。図３のように、糸１本だけでバットをつるすにはバット

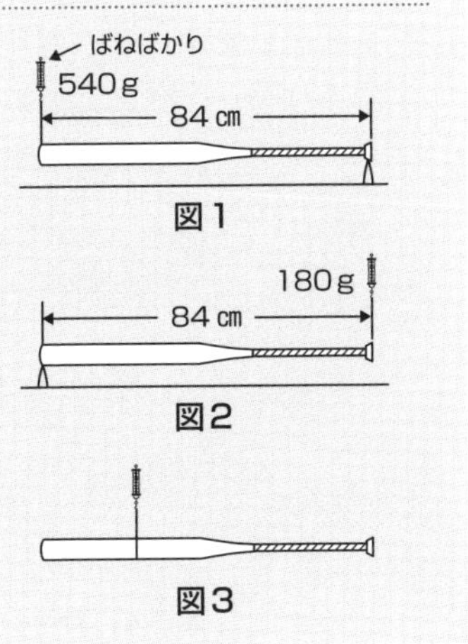

の左端から何cmのところをつるせばよいですか。また、このとき糸を支える重さは何 g ですか。

解説

問1　本文でやったように図を整理すると、次のような状態になりますね。
バットの重さは、540 + 180 = **720g** です。
左右のばねはかりには、重心までの距離の逆比で重さがかかっているので、左右から重心までの距離の比は
180：540 = 1 ： 3 となり、左端から４分の１の位置とわかります。よって、バットをつるす位置は
$84 \times \frac{1}{4} =$ **21cm**です。

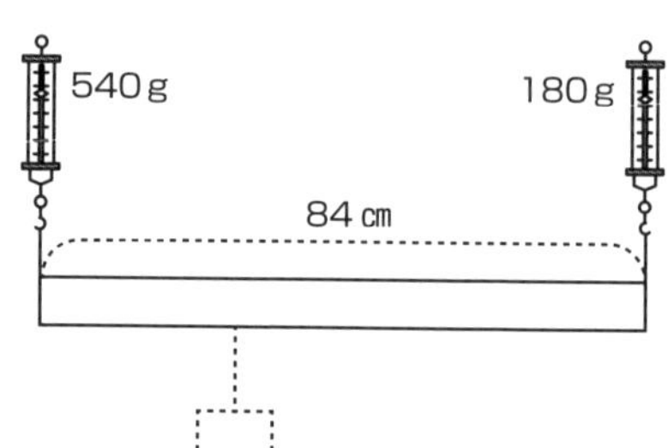

ばねと滑車

「ばね」は「もとの長さ」と「ばねの伸び」

今回は、ばねについて学習をしていきましょう。
さっそくですが、一つ質問です。
「あるばねに、100g のおもりをつるすとばねの長さが 10cmになりました。このばねに、200g のおもりをつるすとばねの長さは何cmになるでしょうか？」

みんなが考えている間に、ばねのお話をしましょう。
身の回りにはたくさんのばねがあります。
たとえば、みんなの近くにある赤ボールペンの中にもばねが入っています。

知らなかった人は、一度分解してみるといいでしょう。ばねをなくさないように、気をつけてくださいね。先生の近くにある赤ペンを分解したら、次ページの図のようなばねが出てきました。

「ベッドに寝っ転がりながら読んでいるから、赤ペンは近くにないって？」。
寝ているベッドの中にもばねが入っています。でも、ベッドは分解しちゃダメですよ。
…さて、そろそろ答えが出たかな？

正解は「わかりません」です。さらっと書きましたが、ひどい答えですね。
図のばねは、何もおもりがぶら下がっていないのに、長さがあるでしょ？これを「**もとの長さ**」や「**自然長**」と言うのだけれど、さっきの問題には「もとの長さ」が書いてありません。
だから解けないのです。もとの長さを決めて、もう一回やってみましょう。

ばねの問題

問題1

もとの長さが8㎝のばねに、100g のおもりをつるすとばねの長さが 10㎝になりました。このばねに、200g のおもりをつるすとばねの長さは何㎝になるでしょうか？

解説

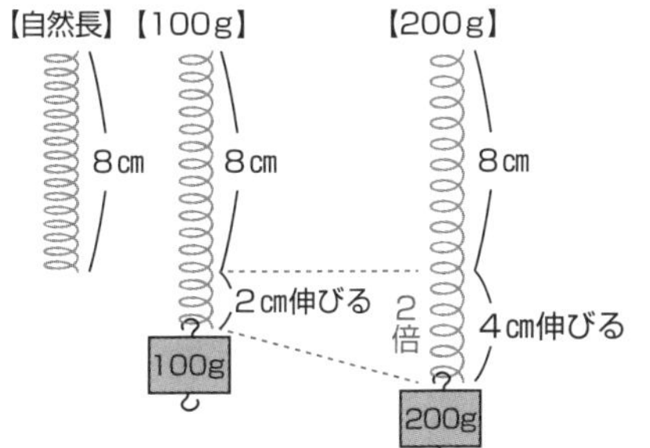

100 g で2㎝伸びているので、わかったことを以下の表にまとめます。

もとの長さ	ばねの伸び
8㎝	100g＝2㎝ 200g＝？？

200g では4㎝伸びそうですね。ですので、8＋4＝**12㎝**となるわけです。

このように、**ばねの伸びはおもりの重さと比例**します。その性質を利用して、ものの重さを量る装置が、ばねはかりですね。

ばねの問題は「もとの長さ」と「ばねの伸び」を探すゲーム

さて、もう1問やりましょう。

問題2

あるばねに、20gのおもりをつるすとばねの長さが14cmに、30gのおもりをつるすとばねの長さが16cmになりました。このばねに、50gのおもりをつるすと、ばねの長さは何cmになるでしょうか？

解説

「もとの長さ」が書いてないから、この問題もわからないのでは？

そう思った人は、いい方向に意識が向いていますよ。

ばねの問題では、「もとの長さ」と「ばねの伸び」を、きっちり分けて考えることが何よりも大切だからです。

でも、この問題はもとの長さがわかりますよね？

問題を見てみると、おもりの重さが20gの時は14cm、30gの時は16cmです。この二つを比べてみると、おもりの重さが10g増えると、2cm長くなっていることがわかります。つまり、10gで2cm伸びるばねだということです。

今わかっていることを表にまとめます。

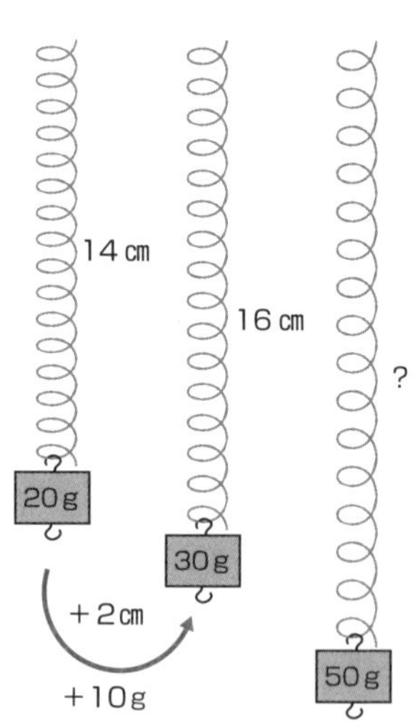

もとの長さ	ばねの伸び
わからない	10g＝2cm

10gで2cm伸びるということは、20gで4cm伸びるのはわかりますね？

そしてこのばねは、おもりの重さが20gの時、長さは14cmでした。

4cm伸びた状態で14cmなのですから、もとの長さは10cmですね。

すると、表は下のようになります。

もとの長さ	ばねの伸び
10cm	10g＝2cm 50g＝？？

50gの時は、ばねの伸びが10cmになるので、10＋10＝**20cm**がこの問題の答えです。ばねの問題は、「もとの長さ」を探すゲームなんですね。

もちろん、「ばねの伸び」を探すゲームでもあります。

まとめると、**ばねの問題は「もとの長さ」と「ばねの伸び」をきっちり分けて、「もとの長さ」と「ばねの伸び」を探すゲーム**ということです。

教科書には下のように書いてありますが、何より大切なのは、どんなゲームなのかに気づくことです。

ばねの全長(ばね全体の長さ)=自然長(ばねのもとの長さ)+ばねの伸び

次は、ばねのつなぎ方を、いろいろ変えるとどうなるのかを考えていきましょう。

ばねのいろいろなつなぎ方と、ばねの長さ

もとの長さ	ばねの伸び
10cm	10g＝2cm

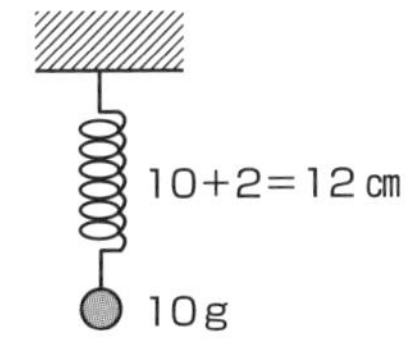

使うのは上のように自然長が10cmで、10gのおもりをつるすと2cm伸びるばねです。

同じものをたくさん用意し、A～Fまで名前をつけました。それぞれのばねの長さが何cmになるか考えてみましょう。

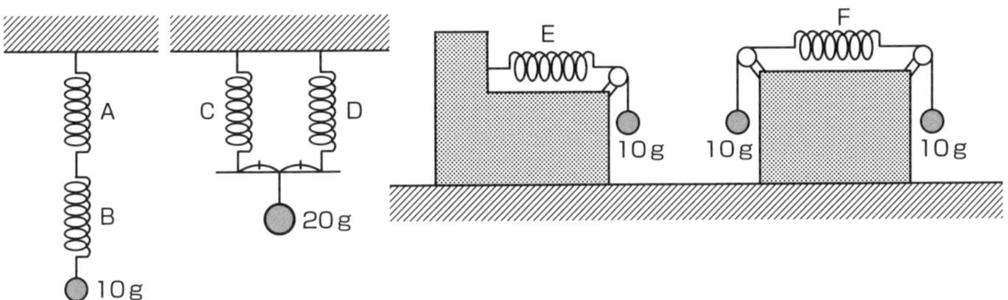

こういう時には、「先生と先生のお友達」の出番です。

なお、「先生と先生のお友達」の体重は考えないものとします。

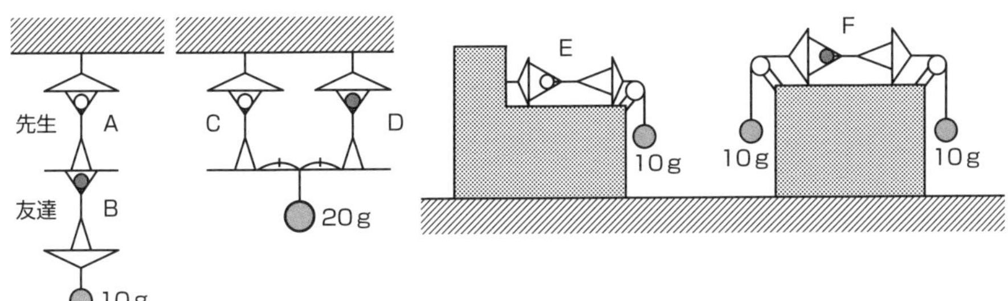

ばねの代わりに登場した「先生」と「友達」の気持ちを考えていきます。

もしこれが現実なら、Aの先生には「友達の体重と10g」が、Bの友達に

は「10g」の重さがかかっていることになりますよね。
ちなみに、先生が手を離したら２人ともおしまいです。たとえ先生が手を離さなくても、天井に固定してある部分がズルっと抜けるかもしれません。なにせ天井には、「先生の体重と友達の体重と10g」がかかっていますからね。
でも、今回は先生と友達の重さは考えなくていいので安心です。２人にも天井にも10gしか力がかかっていません。

右の図のように間に10gのおもりをはさむと、上のばねには20g、下のばねには10ｇの力がかかります。天井にかかる力は20gです。

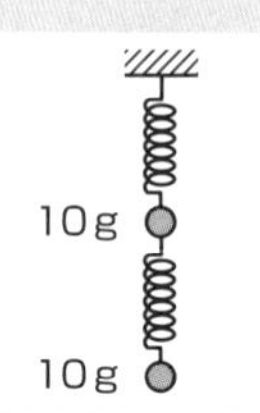

ＣとＤではおもりの重さが20gに増えていますが、今回はさっきと違(ちが)って２人で協力して支えているのがわかりますか？　ですので、それぞれにかかる力は10ｇずつになります。

Ｅは**滑車**で力の向きが変わっているだけなので、先生にかかる力はやっぱり10ｇですね。
ちなみに、ばねのように**弾力**のあるものは、伸びても元に戻りますが、あまりに大きすぎる力がかかると、伸びたまま元に戻らなくなってしまいます。これを**弾性限界**と言います。先生はよく、「パンツのゴムは弾性限界を超えたのでビロンビロンです」みたいな感じで使い…ません。

Ｆで「友達」にかかる力は10gです。ここを20gと勘違(かんちが)いする人がたくさんいます。さっき、「天井に固定してある部分がズルっと抜けるかもしれない」と話したのを覚えていますか？　普段(ふだん)はあまり意識しませんが、ズルっと抜けないのは天井が右図のように反対向きの力で支えているからです。

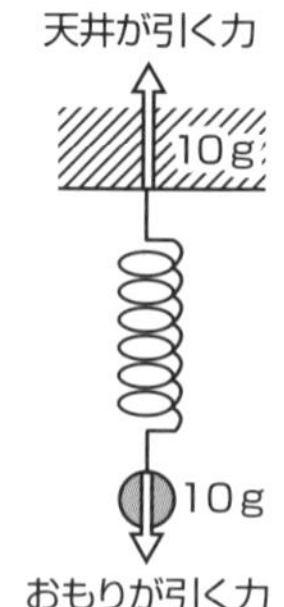

机にのせた本や綱引きの話と同じですね。普段(ふだん)意識していないのですから、Ｆにかかる力も片方は意識せずに10gと考えなくてはいけません。
結局、全部のばねにかかる力は10gなので、正解はＡ～Ｆ全部**12㎝**です。ちなみに、ＡとＢを足した全長は24㎝ですよ。

ばねを**半分に切った**場合は、**自然長だけでなく、ばねの伸びも半分**になります。たとえば、自然長が20cmの10gで4cm伸びるばねを半分に切ると、自然長が**10cm**の**10gで2cm**伸びるばねになります。でも、これは本文で合体していたAとBをバラバラにしただけの話ですよね。これは気づくことでわざわざ覚えることではありません。

滑車：力の「向き」を変える定滑車と、力の「大きさ」を変える動滑車

滑車は、てこや輪軸と同じように力の向きや大きさを変えますが、一番の違いは担当が分かれていることです。**力の向きを変えるものが定滑車**、**力の大きさを変えるものが動滑車**です。さっき、ばねの問題で出てきたのは定滑車なので力の向きが変わっていたんですね。

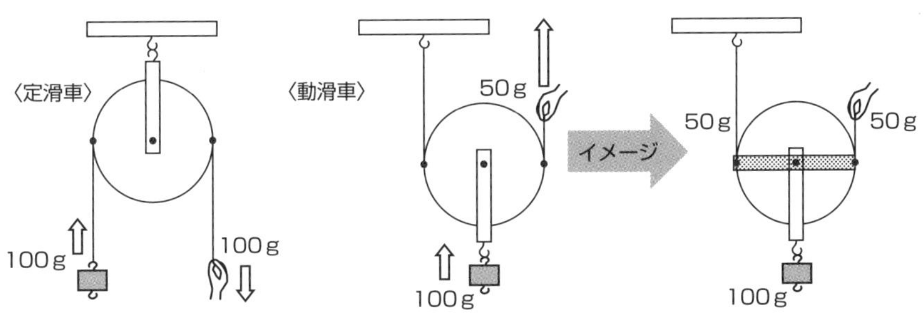

図のようにおもりを上に持ち上げるには、定滑車は手を下に動かすので力の向きは変わりますが、引く力は100gで変わりません。動滑車は手を上に動かすので力の向きは変わりませんが、引く力は50gに変わっています。

もちろん、この減った50gがどっかに行ってしまったわけではなく、反対側の糸を50gの力で天井が支えてくれているわけです。右端の図のように、動滑車の中に、てこをイメージするといいでしょう。

天井のことだけ考えるなら定滑車のほうが大変です。おもりの100gと手で引く100gの200 gが、天井にかかっていますからね。

滑車のポイントは、どれが動滑車なのかを見極めること

定滑車は滑車が動きません。おもりを5cm上げるためには手で5cmひっぱります。

動滑車は滑車が動きます。おもりを5cm上げるためには、手で10cmひっ

ぱる必要があります。下図（右）のように、**5㎝滑車を上げるために点線の糸二つ分を移動させる**と考えたほうがわかりやすいかもしれません。

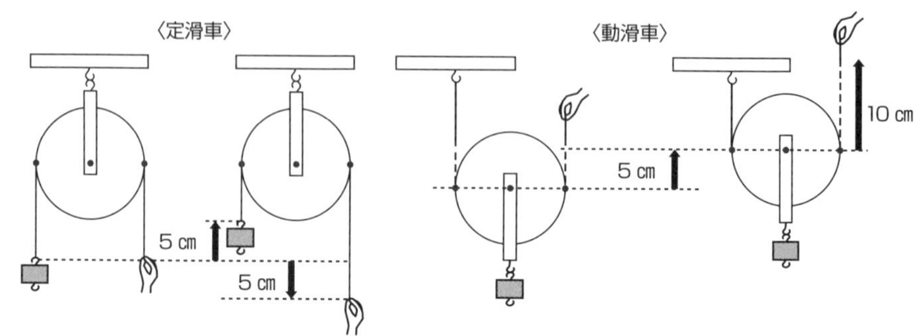

慣れるまでは、てこのところで学習した「**力で得した分、距離で損する**」という考え方を使い、動く距離は力の逆比と考えても OK です。

日常生活の中に滑車が使われている場面は、たくさんあります。たとえば、エレベーターには多くの滑車が使われています。駅などにある透明のエレベーターは少し中が見えますね。定滑車や動滑車は単独で使われることは少なく、様々に組み合わせて使われます。と言っても、一つひとつの動きは変わりません。

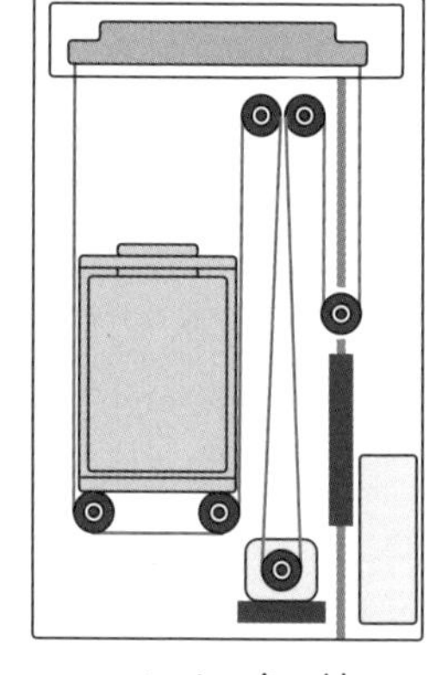
エレベーターは多くの滑車が使われている

大切なのは、力の大きさを変える**動滑車がどれなのかを見極める**ことです。定滑車は力の向きしか変えられませんから。

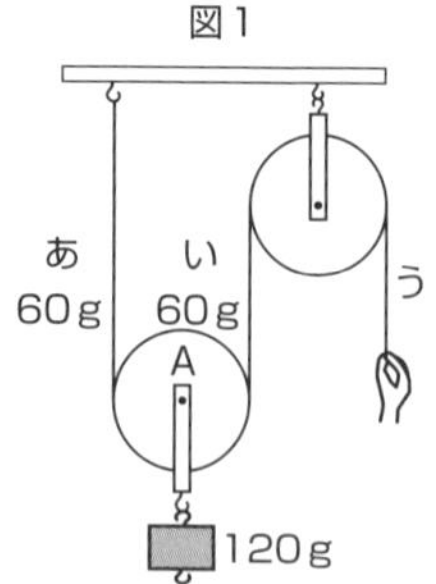

たとえば図1では、動滑車はAだけですよね。先ほどと同じように、120 g を 60 g ずつに振り分けます。ここで意識してほしいことは、「**1本のひもにかかる力は同じ**」だということです。

よく見れば、「あ」・「い」・「う」は1本のひもですよね？　同じ1本のひもの一部の「う」を引く手は60 g です。力が半分になっているので、おもりを5㎝上げるためには 10㎝ひっぱる必要があります。

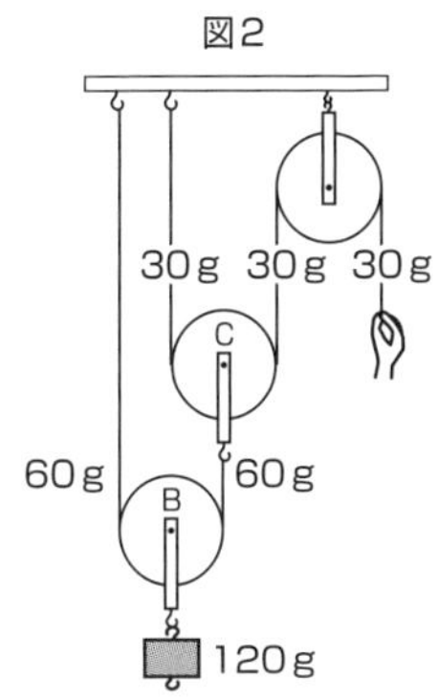

図２のように数が増えても、考え方は同じです。

動滑車はＢとＣですが、そこでは力の大きさが変わっていますね。でも、定滑車の部分では変わりません。

今回は60gの力がかかっているひもと、30gの力がかかっているひもの２本があるのもわかりますね。

動滑車Ｂについているおもりを５cm上げるためには、動滑車Ｃを10cm、動滑車Ｃについているひもを20cm動かす必要があります。ですから、手で20cmひっぱります。力の逆比で考えてもOKです。

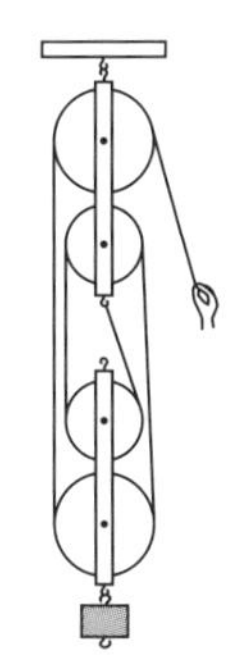

このタイプの問題は作業も単純なので、慣(な)れたらミスすることはないでしょう。滑車でミスが多くなるのは、少し複雑な滑車が出てきた時です。

図だけ見るとすごく難しそうに見えますが、やはり大切なのは、力の大きさを変える**動滑車がどれなのかを見極める**ことです。

複数の滑車が棒で接続されていますから、「一緒(いっしょ)に動く滑車はどれかな」と考えれば大丈夫ですよ。

複雑な滑車の問題は、動滑車に関わる「ひもの数」に注目

いろいろなタイプの複雑な滑車を用意してみました。

点線で囲んだ部分が一体となって動きそうなのがわかりますか？

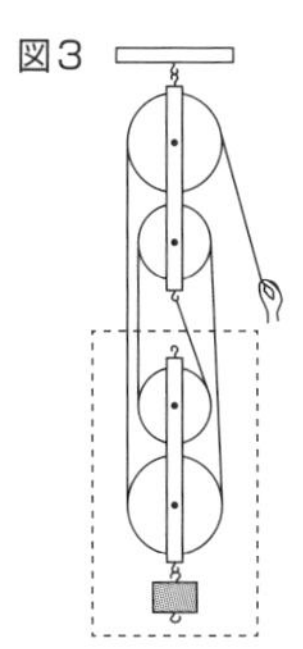

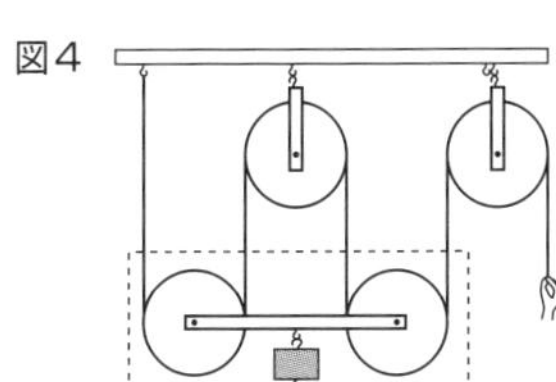

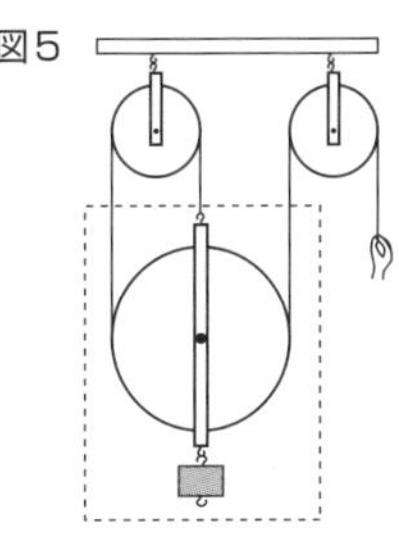

問題を解く時も、このように点線で囲んでください。これがこの問題を解く時のポイントです。

そして、「**点線で囲んだところから生えているように見えるひもの数**」を数えれば終了です。おもりは全部120gだとしましょうか。

図3と図4では、点線から4本のひもが生えているように見えますね。つまり、動滑車に関わるひもの数は4本です。各ひもには均等に力がかかるので、ひもにかかる力は120 ÷ 4 = 30gになります。

図5では、点線から3本のひもが生えているように見えるので

120 ÷ 3 = 40gですね。

点線から生えているように見えるだけで、実際はどの図も1本のひもですから、「**1本のひもにかかる力は同じ**」という法則も確認できますね。

「重さのある滑車」は、滑車の重さを足して考えるだけ

ここまでは滑車の重さは考えずにやってきましたが、重さのある滑車についても学習しておきましょう。やることは今までとあまり変わりません。

おもりの重さと滑車の重さを足して考えるだけです。

滑車の重さを80gとしてみましょう。

おもりのついた動滑車のところでは、おもりと滑車の重さの合計200gが100gずつ配分されています。

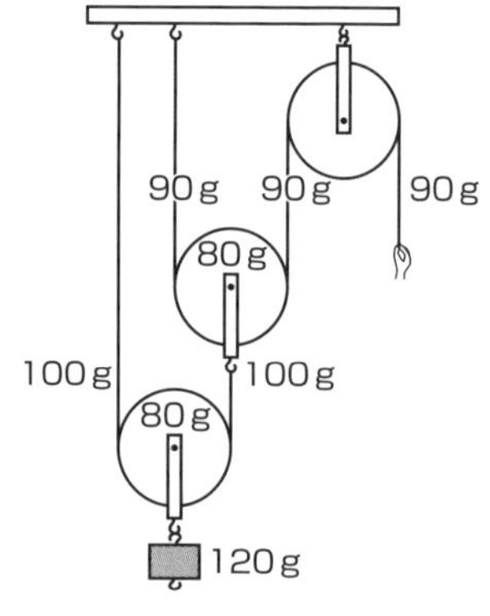

その上の動滑車では、ひもにかかっている100gと滑車の重さの合計180gが90gずつ配分されていますね。

間違えやすいポイント

この図は図2と形が同じなので、おもりを5cm上げるためには手で20cmひっぱる必要があります。滑車の重さを考える場合は逆比を使えないのですね。基本通り、これを何cm動かすには…と考えましょう。

最後に、入試問題を使って復習しましょう。

難関中学の過去問トライ！　（フェリス女学院中学）

3　１つの物体を、両側から反対向きに同じ大きさの力で引っ張ると、静止して動きません。この原理を用いて、ばねの性質について考えてみましょう。ただし、ばねの重さは考えないものとします。

図１のように、５cmのばねＡの上端を棒に固定し、下端に 50g のおもりをつるしたところ、ばねはのびて、全体の長さが７cmになりました。

1　以下の文の（　）にあてはまる語や数字を答えなさい。

ばねＡは下端を、（　ア　）g ぶんの力で（　イ　）向きに、おもりから引っ張られています。
このときばねＡは静止しているので、上記の原理から、上端を、（　ウ　）g ぶんの力で（　エ　）向きに、（　オ　）から引っ張られています。

2　図２のように、ばねＡを横にして両端にひもをつけ、それぞれのひもをかっ車にかけて 50g のおもりをつるしました。１と同様に考えると、ばね全体の長さは何cmになりますか。

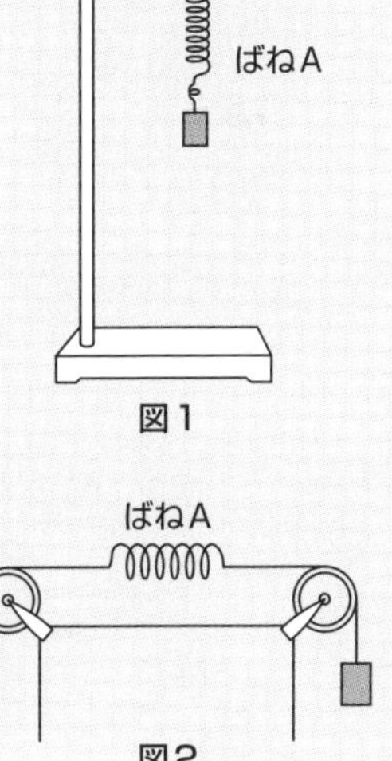

図１
図２

解説

1　これは普段はあまり意識できていないけれど、天井が反対向きの力で支えているというお話ですね。それがわかっていれば、簡単な問題です。アは **50**g、イは**下**、ウは **50**g、エは**上**、オは**棒**になります。

2　左右から 50g でひっぱられているので、合計 100g としてはダメですよ。問題でも、わざわざ「１と同様に考えると」とヒントをくれていますね。答えは **7** cmです。

間違えた人は、もう一度本文を読み直してみてくださいね。

ふり子と高さ

物理 1 運動

ブランコで困ったら滑り台、滑り台で困ったらブランコ

今回は、いきなり謎なタイトルから始まりましたね。今日はふり子の学習をするから、それがブランコだというのは何となく想像できるだろうけど、滑り台と急に言われても、ビックリしちゃいますよね。

でも、このタイトルの意味がわかると、みんなはふり子マスターになれます。まずは、ふり子について考えていきましょう。

下の図は、基本的なふり子の構造を表した図です。

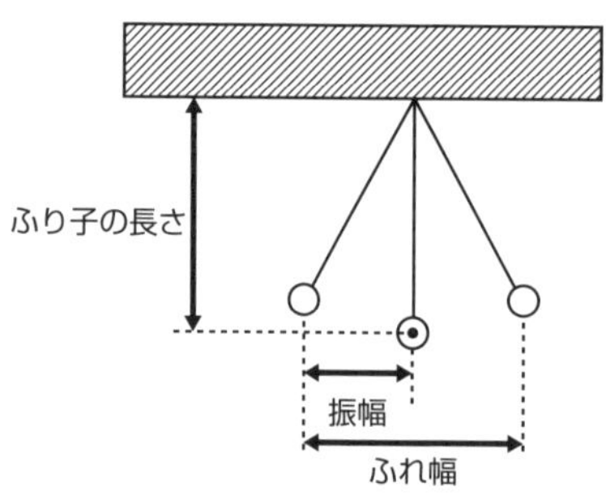

ふり子をつるした場所から、おもりの重心までの距離を**ふり子の長さ**、ふり子が1往復するのにかかる時間のことを**周期**と言います。

ちなみに、行ったり来たりする時の幅をふれ幅、その半分を**振幅**と言いますが、「細かい言い方もあるんだな」という程度に思っておけばOKです。

ふり子の周期の規則性を考える

おもりの重さ、振幅、ふり子の長さをいろいろと変えて実験をすると、**ふり子の周期はふり子の長さにだけ関係する**ことがわかります。

ふり子の周期は、下の表のようになります。

ふり子の長さ(cm)	25	50	75	100	200	225
1往復にかかる時間(秒)	1.0	1.4	1.7	2.0	2.8	3.0

この表を見て、何か規則性がないかじっくり考えてください。自分で気がつくことが大切です。

ちなみに、近くにある十円玉に糸をつけてやっても、この表と同じ結果になりますよ。おもりの重さは関係ないので、五百円玉でやっても同じ周期に

なります。

もちろん、角度を大きくしたり、小さくしたりして始めても結果は変わりません。実験をする時に注意してほしいのは、**10往復の時間を計測して「÷10」をして1往復にかかる時間を計算する**、ということです。

1往復だと、すぐピピッとストップウォッチを押さなくてはいけないので、どうしても誤差が大きくなります。でも、10往復で計れば時間に余裕がありますよね。実験に誤差はつきものですが、なるべく**誤差を小さくする**ことが大切なのです。

より正確に実験をする時は、複数回測定したあとに最大と最小の数値を除いた残りで平均を出します。最大と最小は押すタイミングがずれてしまっている可能性が高いからです。

さてさて、何かきまりに気づきましたか？　そうです。**周期が□倍になるのは、ふり子の長さが□×□倍になった時**ですね。

表を見ると、**周期が2倍になるとふり子の長さが4倍に、周期が3倍になるとふり子の長さが9倍になっています**よね。

じゃあ、**周期が4倍**になるのは、ふり子の長さが何倍になった時でしょう？

4×4＝**16倍**ですね。

ブランコから「ふり子の周期」を考えよう

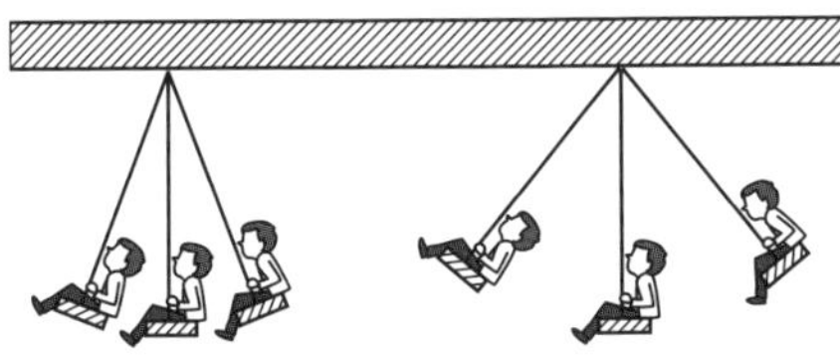

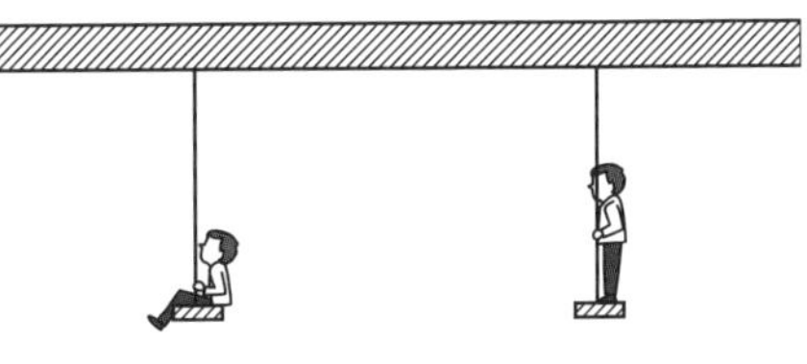

ふり子の長さが等しいので周期は同じ。でも移動距離が違うので速度が違う

ふり子の長さが違うので周期が違う。だから速度が違う

以前、公園をまわってブランコの長さを測ってみたのですが、だいたいどこも200～225㎝くらいでした。つまり、周期は2.8～3.0秒くらいということになります。ブランコは誰が乗っても、どんなふうにこいでも周期は

同じなのです。なんか意外な感じがしますよね。
「でも、一生懸命こぐとすごいスピードになるよ」。
そう思った人は、間違っていないので安心してください。

先生は「周期が同じ」と言ったのです。1往復する時間が同じなら、移動距離の長いほうが速度は速くなりますからね。

「立ちこぎすると、さらに速くなるよ」。
それも正解です。ただ、先ほどとちょっと理由は違います。立ちこぎが速くなるのは、ふり子の長さが短くなったからです。ふり子の長さは、**つるした場所からおもりの重心までの距離**でした。
重心は覚えていますか？
ものの重さがすべて集まっていると考えられる点のことでしたね。
人間の重心は、だいたいおへそのあたりです。ブランコの上に立つと重心が上に移動します。すると、**つるした場所からおもりの重心までの距離**が短くなる。つまり、ふり子の長さが短くなるので、周期が短くなり、スピードアップするのです。

ガリレオ・ガリレイが発見した「ふり子の等時性」

大切なことなのでもう一回言いますが、**おもりの重さや振幅を変えても周期は変わりません。ふり子の周期は、ふり子の長さにだけ関係する**のです。このことを「ふり子の等時性」と呼んだりします。
発見したのはイタリアの**ガリレオ・ガリレイ**です。名前くらいは聞いたことあるんじゃないかな？　ガリレオは数々の偉業をなしとげましたが、その中の一つが「落体の法則」の発見です。この法則の内容は主に二つあり、簡単に言うと、「落下する時の速さは、ものの重さには無関係である」「ものが落下する時の速度は、高さだけが関係する」ということです。

「落体の法則」は自由落下の場合、つまり空気の摩擦や抵抗などを考えない場合に成り立つ法則です。本文では、「物体が自由落下する時の時間は、落下する物体の質量には依存しない」「物体が落下する時に落ちる距離は、落下時間の2乗に比例する」という、「落体の法則」の二つの柱から、受験に関係ある部分だけ抽出して簡単にしてみました。

この法則を証明するために、ガリレオは様々な実験を行いましたが、落下させると右図のようにどんどん速度が速くなること。また空気抵抗が存在したことなどもあり、うまくその差が測定できませんでした。

そこで、落下を90°の坂道を転がる現象と考えました。そして、坂をゆるやかにして測定して規則性を発見したのです。

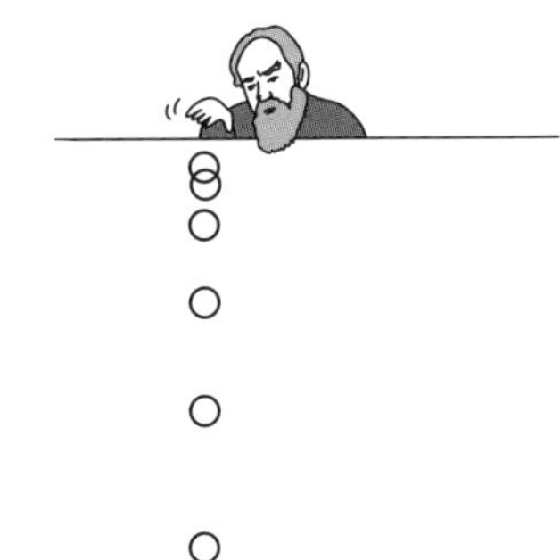

高さが同じ＝「位置エネルギー」が同じ

同じような実験は、坂道を転がしたボールの飛んだ距離を測って調べることでも行えます。速度を測定するのは大変ですが、落ちた場所を調べるだけならできそうですよね。

ちなみに、飛び出したあとのボールの動きは右の図のようになります。一見複雑な運動のように見えますが、「右方向への運動」と「下方向への運動」に分けて考えると、その二つを組み合わせただけだとわかります。

右方向へは打ち出された時の速度のまま変わらない運動を続けるので、速度が速いほうが遠くまで飛ぶのです。

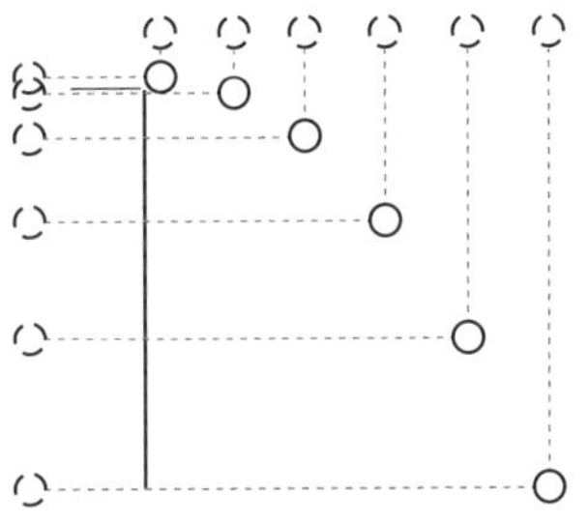

下のように、坂道の傾きやボールの重さを様々に変えながら実験を行っていきます。

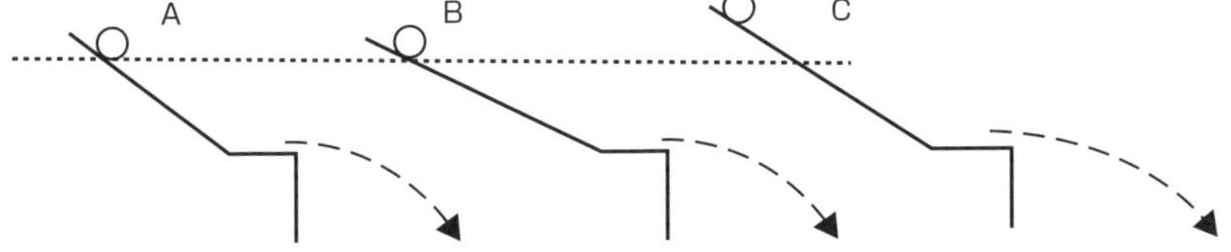

まずはAとBのように、傾きを変えても飛ぶ距離は変わりません。

同じ実験をボールの重さを変えて行っても、飛ぶ距離は変わりません。

でも、Cのように転がし始める高さを変えると遠くまで飛びます。

つまり、**坂道を下りきったあとのボールの速度は、高さに関係している**ということがわかるのです。これを、位置エネルギーと言います。

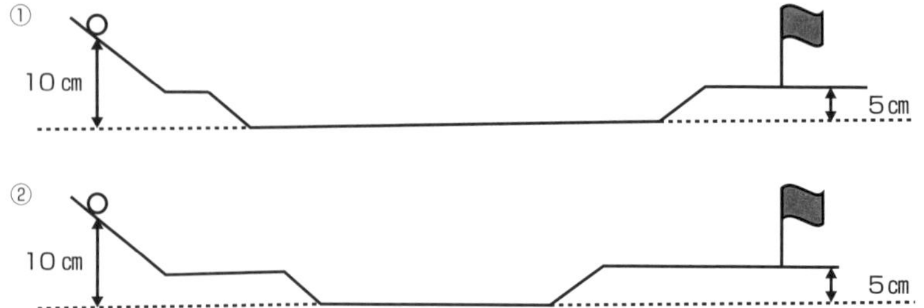

たとえば、上の①と②は同じ高さにあるので、同じ位置エネルギーを持っています。どちらも一番下がった時は10㎝なので、その時に位置エネルギーが最小となり、最大速度になります。

その後、どちらも5㎝上っているので、最大速度も旗を通過する時の速度も同じです。

ただ、①のほうが最大速度で転がる時間が長い分、ゴールを通過するまでのタイムは①のほうが短くなります。

机に置いてある本は、机の高さ分の位置エネルギーを持っています。しかし、位置エネルギーはあくまで潜在的エネルギーなので、机がそこにある限り（かぎ）発揮されることはありません。

タイトル回収:「ブランコ」と「滑り台」はまったく同じ問題

ふり子の周期は、ふり子の長さにだけ関係すること、**落下時の速度は、高さにだけ関係する**こと、この二つを理解すると基本的な問題は解くことができます。

苦戦する問題は決まっているので、今から何個か紹介しますね。

その前に、166ページの謎（なぞ）だったタイトルの回収をしておきましょう。

「ブランコで困ったら滑り台、滑り台で困ったらブランコ」でしたね。

ブランコがふり子で、滑り台が落下の坂道を表していることは、みんなも気がついていますよね？　では、下の図を見てください。

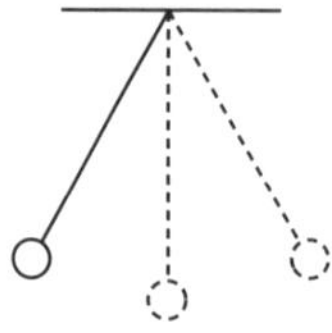

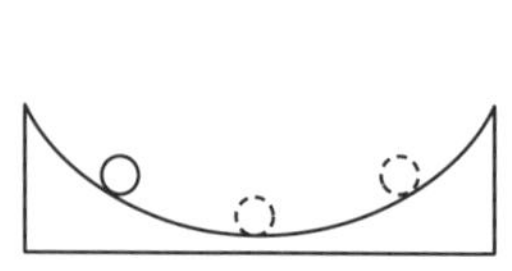

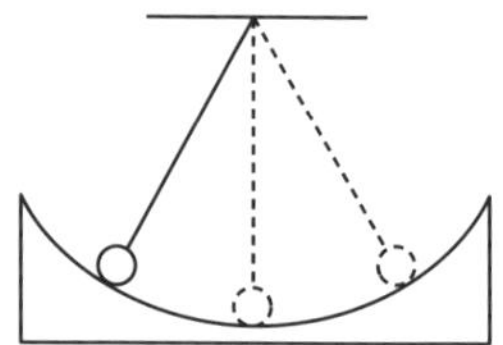

支えているのが上からなのか下からなのかの差はありますが、**二つはまったく同じ現象**です。ですから、「ふり子の問題」で困ったら「坂道を転がす考え」を、「坂道を転がす問題」で困ったら「ふり子の考え」を利用することができます。

問題1

①同じ角度で左右に動いているふり子AとBがあります。最下点（一番下のところ）を通過する時の速度はどちらが速いですか。同じ場合は同じと答えなさい。

②同じ高さに置かれたCとDのボールがあります。同時に転がり始めた時、ゴールの旗を早く通過するのはどちらですか。同じ場合は同じと答えなさい。

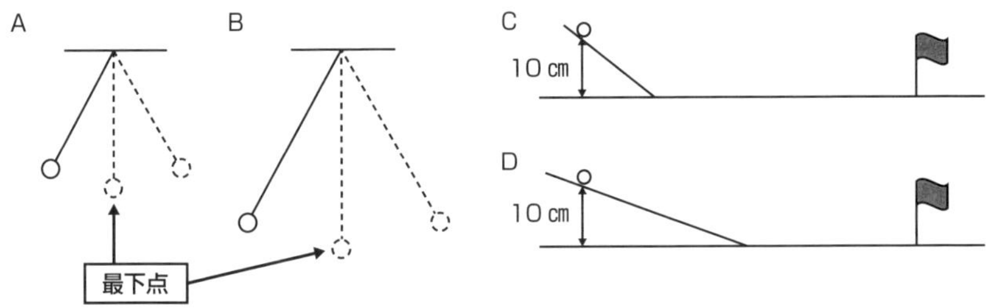

解説

①ふり子の下に坂道を書いて考えれば、Bのほうが高い位置から落下してきたことがわかりますね。正解は**B**です。

②まず、同じ高さから落ちているので、最高速度は同じですね。
問題は、一番下まで来るのにかかる時間がCとDで違うのかどうかです。
下の図のように、平らな坂道を曲線の坂道だと考え、そこに「ふり子」を想像してみてください。Dのほうが「ふり子の長さ」が長いですね。つまり、一番下まで行くのにかかる時間はDのほうが長くなります。
したがって、早く最高速度になる**Cのほうが早く旗の前を通過**します。

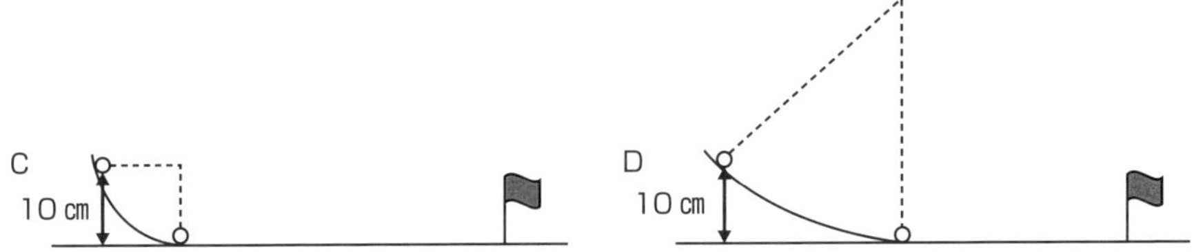

問題2

③ 100cmのふり子を用意し、天井から50cmのところにくぎを打ち、下の図のようにふり子を動かしました。くぎがない場合のふり子の長さと周期を示した以下の表を参考にして、以下の問いに答えなさい。

ふり子の長さ(cm)	25	50	75	100	200	225
1往復にかかる時間(秒)	1.0	1.4	1.7	2.0	2.8	3.0

(1) このふり子の周期を求めなさい。

(2) 最下点を通過する速度は、Aから来た時と、Bから来た時のどちらが速いですか。同じ場合は同じと答えなさい。

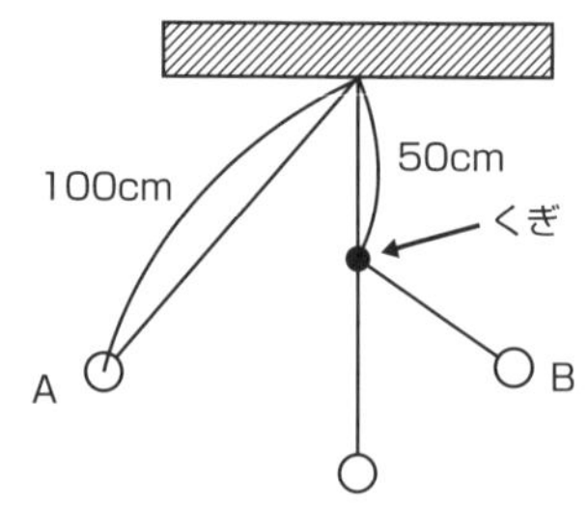

解説

(1) くぎより左側と右側を分けて考えます。

くぎより左側は100cmのふり子なので、左にかかる時間は2.0秒の半分の1.0秒です。右側は50cmのふり子なので、右にかかる時間は1.4秒の半分の0.7秒になります。つまり、往復にかかる時間は**1.7秒**になります。

(2) 次の図のように、ふり子の下に坂道を書いて考えます。

最下点での速度は、位置エネルギーを運動エネルギーに変換(へんかん)したものなので、AとBの高さが同じなら、AからCへボールを転がしても、BからCへボールを転がしても最高速度は同じになりますね。

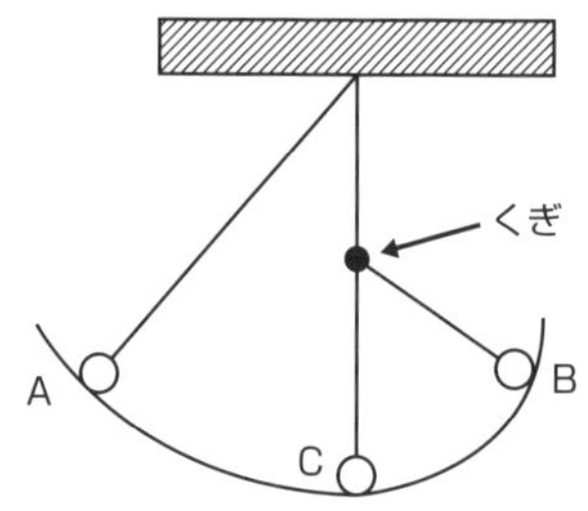

逆に、Cでの速度（運動エネルギー）が一定ならば、A方向へボールを上らせても、B方向へボールを上らせても同じ高さ(位置エネルギー)まで上ることになります。

つまり、左と右のふり子は移動にかかる時間が違(ちが)うだけで、AとBの高さも、Cに来た時の速度も**同じ**になるということです。

では、最後に入試問題で復習をして、今回は終わりです。

難関中学の過去問トライ！（早稲田中学）

〔1〕 振り子について、以下の問いに答えなさい。

図1のように重さの無視できる糸に鉄球をつけ、もう一方の端を天井に固定して作った振り子で実験をしました。振り子が1往復する時間を「周期」といいます。振り子のふれはばが変わっても、振り子の周期が変わらないことを「振り子の等時性」といいます。ふれはば、鉄球の重さ、振り子の長さについて条件を変え、1周期を測定する実験A～Cを行いました。

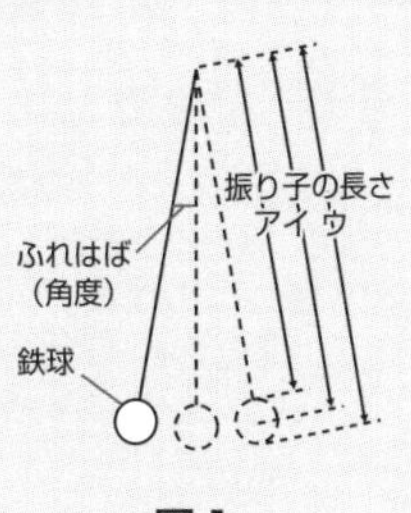

図1

【実験A】ふれはばを変える実験（振り子の長さ50cm、鉄球の重さ50g）

ふれはば	2°	4°	6°	8°	10°
1周期	1.42秒	1.43秒	1.42秒	1.41秒	1.42秒

【実験B】鉄球の重さを変える実験（振り子の長さ50cm、ふれはば10°）

鉄球の重さ	25g	50g	75g	100g	125g
1周期	1.43秒	1.42秒	1.41秒	1.42秒	1.42秒

【実験C】振り子の長さを変える実験（鉄球の重さ50g、ふれはば10°）

振り子の長さ	25cm	50cm	75cm	100cm	200cm
1周期	1.01秒	1.42秒	1.74秒	2.02秒	2.84秒

問1　振り子の長さとしてふさわしいものを図1のア～ウから選び、記号で答えなさい。

問2　振り子の等時性を発見したといわれる人物を選び、記号で答えなさい。
ア　アルキメデス　　イ　アインシュタイン
ウ　ニュートン　　エ　ガリレイ

問3　実験Cで、振り子の長さが10cmのとき10周期が6.35秒ならば、160cmのときの1周期は何秒ですか。

解説

問1　ふり子の長さは、つるした場所からおもりの重心までの距離でしたね。正解は**イ**です。

問2　これは**エ**のガリレオ・ガリレイですね。アルキメデスは浮力、アインシュタインは相対性理論、ニュートンは万有引力で有名です。

問3　10周期が6.35秒なので、1周期は0.635秒です。
そして、長さが16倍になっているので周期は4倍になりますね。
0.635 × 4 = **2.54**秒が正解です。

浮力と圧力

アルキメデスの原理：押しのけた流体（気体・液体）の重さと同じ浮力を受ける

今回の学習を始める前に「先生がすごいダイエットに成功したと思ったら、それはプールに入って浮力で軽くなっただけでした〜！」という話をしようとしたのですが、たまにはまじめに授業をしてみようと思います。

古代ギリシャに**アルキメデス**という人がいました。この人は「**流体中の物体は、その物体の押しのけた流体の重さと同じ大きさの浮力を受ける**」ということを発見しました。これを**アルキメデスの原理**と言います。

一つひとつ、アルキメデスの原理を解析していきましょう。
まず、流体とは気体と液体を合わせて言う時の表現だと思えばOKです。この中にある物体は、浮力を受けると言っているわけですね。
今、みんなは空気という流体の中にいるわけですから、浮力を受けているということです。いったい、どのくらいの浮力を受けているのでしょうか。
その答えも、「その物体が押しのけた流体の重さと同じ」だと書いてあります。ただ、それだけ読んでもピンときませんね。

空気を押しのけた場合の浮力は1リットルでわずか1.2g

ここで突然、「先生型人形」の登場です。容積100リットルのペットボトル人形です。この人形が登場するまで、そこには空気があったでしょ？
でも、この人形が登場したせいで空気が押しのけられてしまいました。

この押しのけた空気の重さと同じだけ浮力を受けるのです。つまり、ペットボトル人形の中に入る分の空気の重さと同じ浮力を受けるということです。

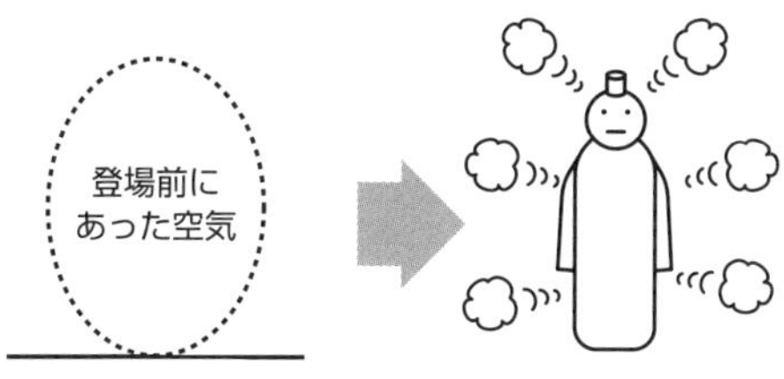

ちなみに空気は1リットル約1.2gなので、この時受ける浮力は1.2 × 100 = 120gとなります。とっても少ないですね。

水を押しのけた場合の浮力は1リットルで1kg

では、押しのけるものが、水だったらどうでしょう。

この時受ける浮力は、人形の頭のキャップを外して中に水を注ぎ、重さを量ればわかります。

ちょうど、その分の重さの水を押しのけているのです。

重さは100 kgでした。つまり、水中では100 kgの浮力を受けます。空気中の120gとはえらい差ですね。一気に大きさが変わりました。

浮力は重力と反対向きに働く力なので、浮力が大きければ大きいほど体は軽く感じます。だから、プールに入ると体が軽くなるのですね。

水は1リットルで1kg、1㎤で1gです。このことは、しっかり覚えておいてください。

海ではプールよりさらに体が軽く感じますが、先生型ペットボトルを海水で満たして重さを量れば、海水から受ける浮力もすぐにわかります。102kgでした。便利ですね。

と言っても、無駄に大きくて保管に困る先生型人形がほしい人はいないでしょうから、手軽に浮力を確かめる実験を紹介しながら授業を進めましょう。

浮力と重力がつり合う場合の「押しのけている」体積

大きさが100㎤で、重さが108gの卵を水に入れます。この時に卵が受ける重力と浮力は、次ページの図1のようになりますね。

浮力よりも重力のほうが大きいので、卵は沈みます。では、この水が突然

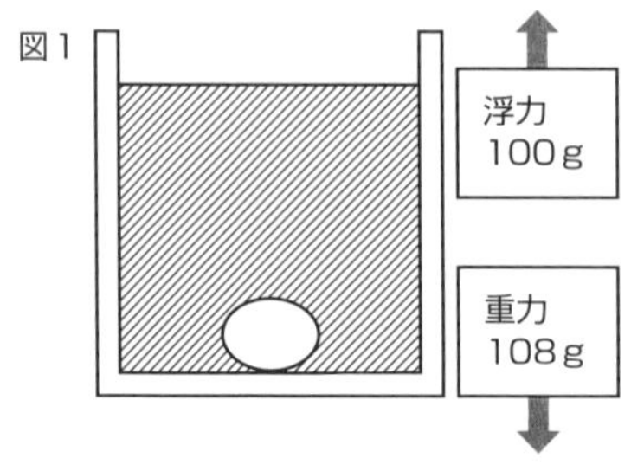

1㎤あたりの重さが1.2gの食塩水に変わったらどうなるでしょうか？

図2のように浮力のほうが大きくなるので、卵は上昇していきます。

そして、図3のような状態で止まりますね。ここで考えてほしいことがあります。

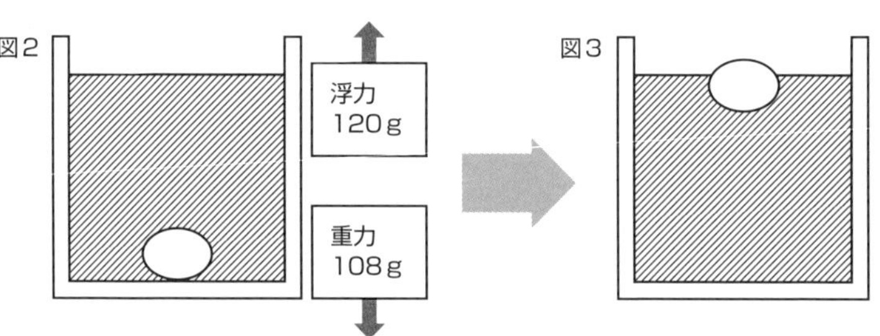

図3で、卵が受ける浮力と重力の数値はいくつだと思いますか？

これはどちらも同じ108gです。完全に沈んだ状態の図2では、卵は100㎤の食塩水を押しのけていたので120gの浮力を受けます。

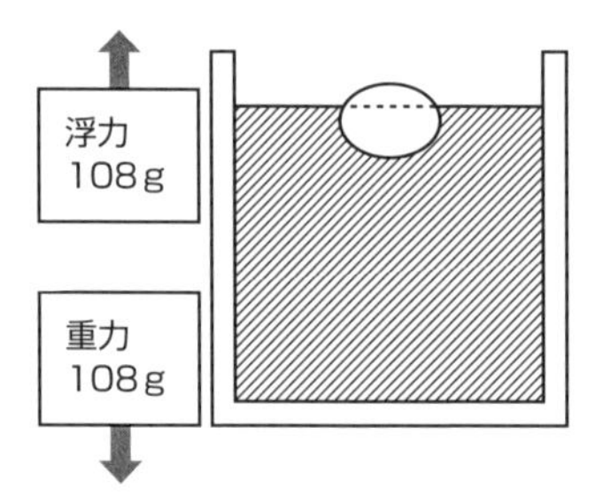

でも、図3の状態では一部が水面の上に出ていますね。

ですから、卵が押しのけている食塩水は点線の下の部分（左図）だけなのです。

この状態でプカプカ浮かぶのは、そこで浮力と重力がつり合ったから。つまり今、卵は108g分の食塩水を押しのけているのです。

これで点線の下にある部分の体積が計算できますね。「108gの重さの食塩水は何㎤かな？」と考えればいいわけです。

突然変わった食塩水は、1㎤あたりの重さが1.2gなので、1.2×□＝108となる□を求めると、水面下にある部分の体積は90㎤だとわかります。水面より上の部分と下の部分の体積の比は1：9ということですね。

押しのけた「液体」の種類などによる浮力の違い

ここまでで、押しのけるものによって受ける浮力が違うということがわかったと思います。

たとえば、体積100cm³で、重さが200gのおもりをいろいろな液体に入れて、ばねはかりの示す値を調べてみましょう。

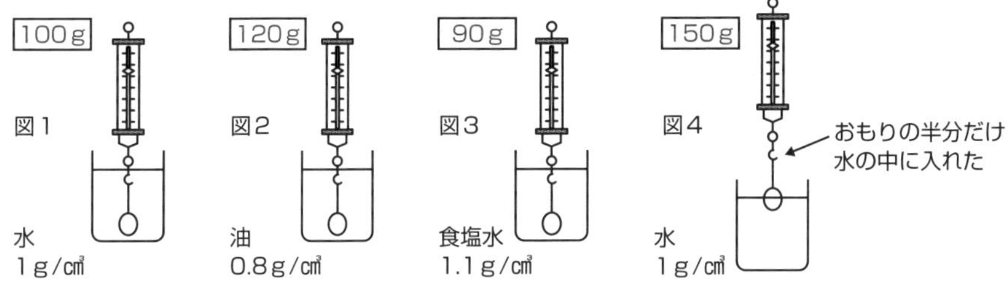

図1～3では、どれも押しのけた体積は100 cm³ですが、中の液体が違います。受ける浮力は図1の水では100g、図2の油では80g、図3の食塩水では110 gとなります。

図4では、50cm³の水を押しのけているので、受ける浮力は50gです。重力で引かれる200gから浮力を引いた分がばねはかりにかかっていることがわかりますね。

ここまで理解できれば、浮力の基礎は終了です。

授業の途中ですが、入試問題を使って確認しましょう。

難関中学の過去問トライ！　(聖光学院中学・改)

なお、金属Aは5g/cm³、水は1g/cm³です。

［実験1］図1のように、金属Aでできた1辺が5cmの立方体の形をした物体①を水の中に沈めたときの、ばねばかりの示す値を調べました。

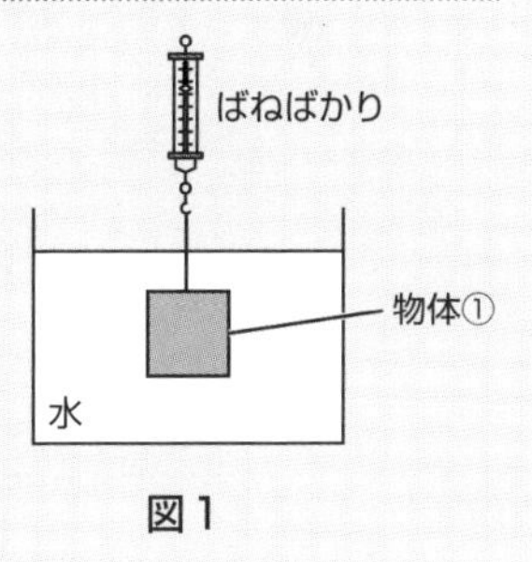

図1

(1) ばねばかりの示す値は何gですか。

解説

(1) 物体①の体積は5 × 5 × 5 = 125cm³なので、物体①の重さは125 × 5 = 625gです。

今、物体①が押しのけている水の重さは125gなので、受ける浮力も125gです。したがって、ばねばかりにかかる力は

625 − 125 = **500**gとなります。

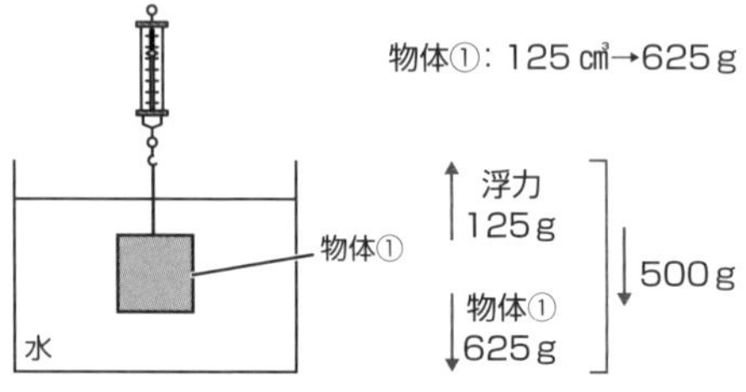

できましたか？

各部にかかる力の詳細

理解を深めるために、もう少しくわしく説明していきますよ。

図1のように、200gのビーカーに水800gを入れて台はかりにのせると、1000gを示して止まりました。体積が100㎤のおもりをばねはかりにつるすと、200gを示して止まりました。

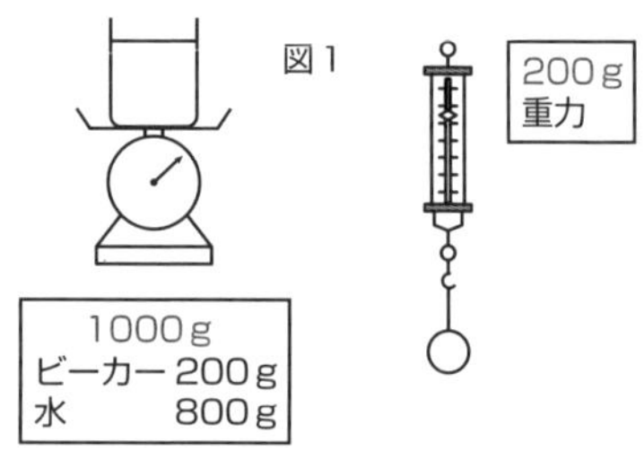

このおもりを図2や図3のように水の中に入れた時に、ばねはかりや台はかりの示す数値に注目してください。

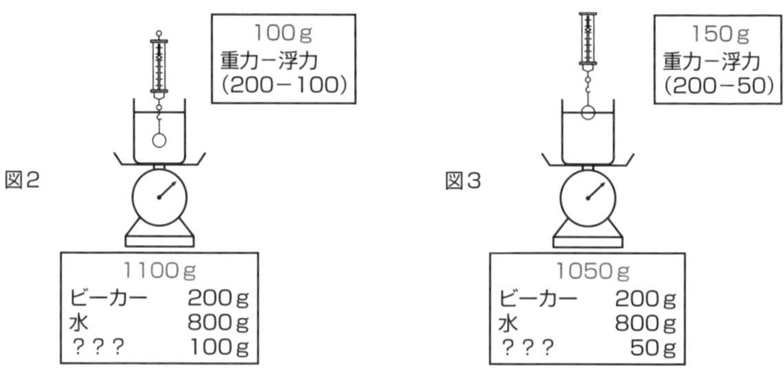

まず気がつくのは、ばねはかりの数値と台はかりの数値を足すと、どれも合計1200gになっていることです。ばねはかりの数値が軽くなったからといって、重さがどっかに行ってしまうわけでないんですね。

では、台はかりの「???」はいったい何の力なのでしょう？

数値だけ見ると浮力と同じです。

でも、浮力が台はかりにかかるわけはありませんね。

図2のおもりの周辺に働く力を考えてみましょう。

まず、おもりには200gの重力が働きます。これは、空気中でも水の中でも変わりません。水の中では、おもりには100gの浮力が働きます。それと同時に、水には浮力と反対向きの力（反力）が100gかかります。机にのせた本の話と同じですね。

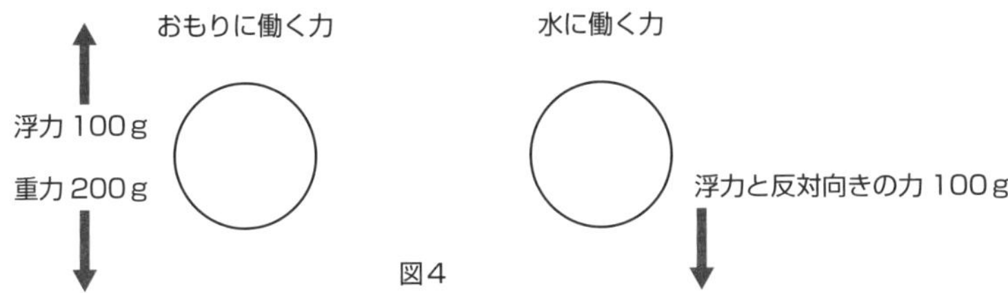

図4

整理すると、図4のようにおもりには重力－浮力＝100gの力が働くので、ばねはかりの示す値は100gになります。

水には浮力と反対向きに働く100gの反力が働くので、台はかりにはビーカーと水を足した1000gの他に反力の100gがかかるのです。

図1では、台はかりに水とビーカーの重力がかかります。同時に、ビーカーの底面には台はかりからの垂直抗力（反対向きに働く力）がかかります。台はかりが量っているのは、この垂直抗力なのです。1000gのところで台はかりが止まるのは、そこで重力と垂直抗力がつり合うからです。

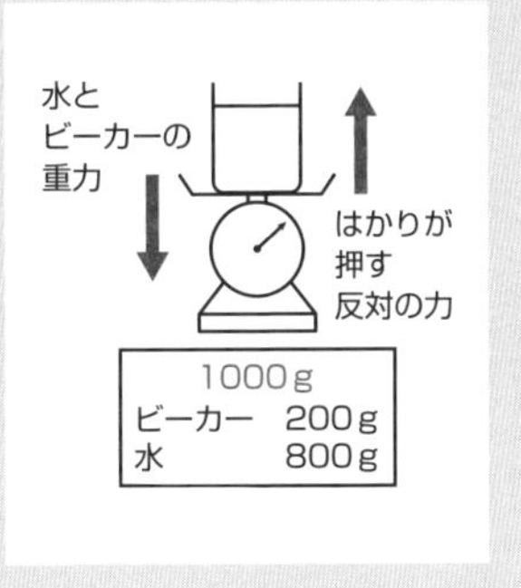

次に、ばねはかりからおもりをはずして、図5と図6のように置いてみました。この時、台はかりが示す値は、どちらも1200gになります。

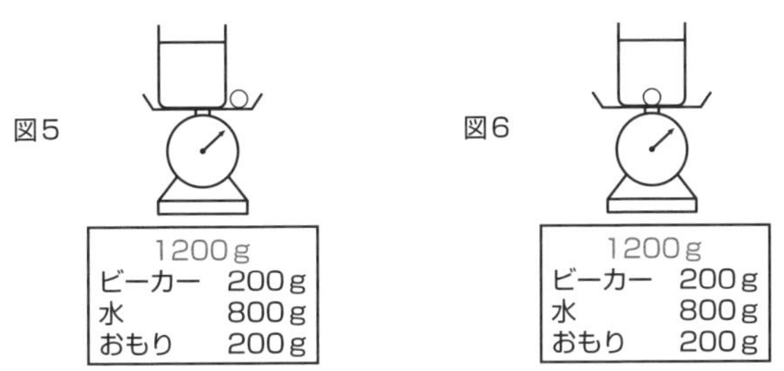

合計1200gで、ばねはかりがなくなったわけですから、全部台はかりにかかるのは当たり前ですかね。

ただ、図6はおもりが浮力で軽くなるので、1100gと勘違いする人が多いのです。反力を忘れちゃうんですね。

まあ難しく考えず、重さが消えるはずはないから、沈んだおもりの重さは全部台はかりにかかると考えてもOKです。

「水圧」と「浮力」の関係

ところで、「浮力」はなぜ発生するのでしょうか？

「浮力」は水圧の違いによって生じます。水圧とは読んで字のごとく「水の圧力」のことで、水の中に入ると全方向から水圧で押されます。

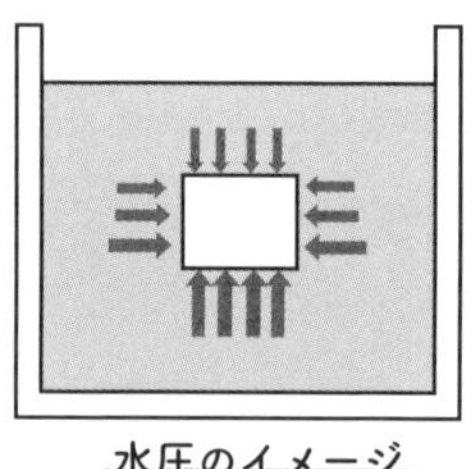

水圧のイメージ

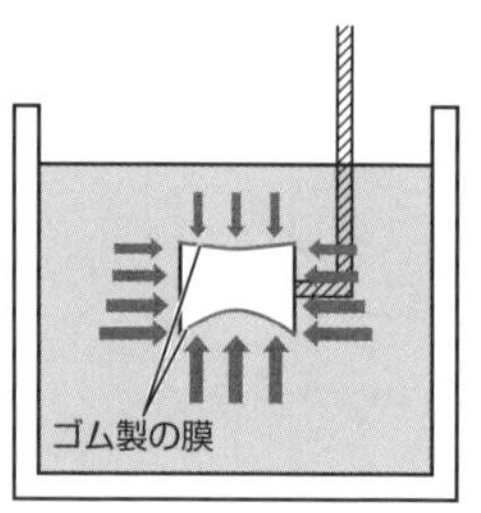

この水圧は、水面からの深さで変化します。「深海に行くと、すごい水圧がかかる」という話は聞いたことがあるんじゃないかな？

水の中に物を入れた時にかかる水圧のイメージを、矢印で表してみました。左右から受ける水圧は、同じ深さなのでつり合っていますね。

上の面にかかる下向きの水圧と、下の面にかかる上向きの水圧を比べると、下の面のほうが深い位置にあるので上向きの水圧のほうが大きいのがわかります。この力の差が「浮力」です。

入試では、図のようにゴム製の膜をつけた筒を水の中に沈めるとどうなるか、などが問われたりします。

「圧力」は、同じ重さでも面積が小さいほど集中する

圧力とは、単位面積あたりにかかる力の大きさを表す時に使うものです。重力や浮力のように、力そのものではありません。たとえば、右図のように鉛筆を左右から100gの力で押してみます。

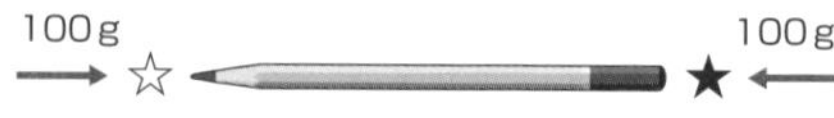

★はいいかもしれませんが、☆はけっこう痛いですよね。

これは、力を加えている部分の面積が違うからです。

☆は面積が小さいので、たくさんの力が集中しています。

それに対して、★は面積が広いので力が分散していると考えるわけです。同じ 100g でも、面積あたりにかかる力（圧力）が違うということです。

たとえば、**1㎠あたりの圧力**は次のような式で表します。

$$圧力（g/㎠）=\frac{力の大きさ（g）}{力が働く面積（㎠）}$$

圧力の基本単位はパスカルです。気象などでよく聞くヘクトパスカルはhPaと書きます。つまり、パスカルの100倍ということです。ちなみに、1000倍を表すのがk（キロ）です。面積でよく聞くヘクタールは、h（ヘクト）a（アール）ということですね。

圧力の違いを利用した道具は身近にもたくさんあります。

たとえば、画鋲です。壁に指で穴をあけるのは相当大変ですが、画鋲なら簡単です。刺すほうの面積がとても小さいので、大きな圧力が加わるからです。

スキー板なども、圧力の違いを利用しています。普通の靴で歩いたら、すぐにズボッとはまってしまうような雪でも、スキー板をはいていれば、その上を歩けます。広い面積で体重を支えることになり、圧力が小さくなるからですね。

画鋲は圧力差を
利用して壁に刺す

気圧（大気圧）

今回の「浮力と圧力」の最初に、空気の中でも浮力を受けているということを説明しましたね。水中の浮力は水圧の差で、空気中の浮力は気圧（大気圧）の差で起こります。

たとえば、地上でお菓子を買って飛行機に乗ると、上空では袋がパンパンに膨れ上がります。地表より気圧が低いからです。

ちなみに、海面と同じ高度での平均気圧は**1013ヘクトパスカル**で、これを「**1気圧**」と言います。ヘクトパスカルだとイメージしにくいですか？

1㎠あたり約1kgです。

ふむふむ、ということは…1㎡あたり約10トンです。

では、今回はここまで。

第2章

電気

豆電球と電流

「電気」は特別なものではない～みんな電気を持っている～

今回は、まず「電」のつく言葉を考えてみましょう。

「電気」「電流」「電力」「電圧」「電池」「充電」など、すぐにたくさん思いつきますよね。それだけ身の回りには、電気を利用したものがたくさんあるということです。

みんなも**電池**を使って**豆電球**を光らせたことがあるんじゃないかな。

電池の飛び出している側を**プラス極**、へこんでいる側を**マイナス極**と言うのはみんな知っているよね。電気は電池の**プラス極から出てマイナス極に戻ります**。この流れが**電流**です。その途中で、豆電球を通って光らせるわけです。

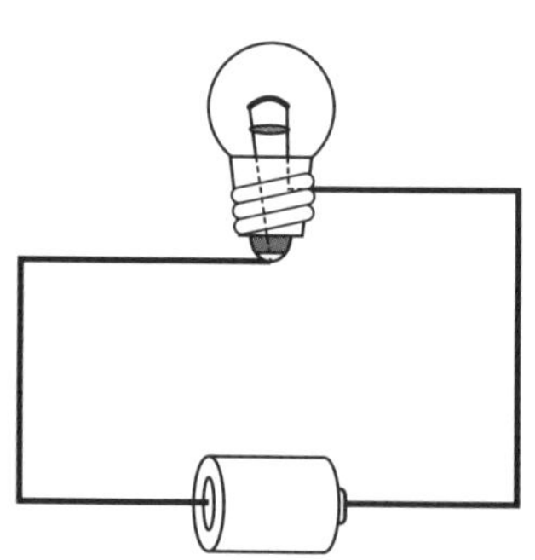

今回はこの電気について勉強するわけですが、まず知っておいてほしいのは、電気は何も特別なものではないということです。

みんなの体も、この本も、周りにある空気も電気を持っています。

ただ、プラスの電気とマイナスの電気を同じ数だけ持っていて、電気的にバランスが取れ、安定しているので気がつかないだけなんですね。簡単に言えば、触ってもパチッとしないから、気がつかないということです。

電流は「電子」が「陽子」の元に戻ろうとする時に発生する

わかりやすくするために、ここからは彼らに登場してもらいましょう。

「先生と友達」…ではなく、暴れん坊の「電子くん」と、おとなしい「陽子くん」です。２人は大の親友なので、普段(ふだん)は一緒(いっしょ)にいます。

でも、暴れん坊の電子くんがうっかりどこかに行ってしまうことがあるのです。しかし、2人は親友です。電子くんは親友の元に必死に戻ろうとします。電子くんが親友の元に戻る時に発生するのが、**電流**ということです。

電子が「抵抗」を受ける時の振動で光や熱が発生する

さて、よく電気が「流れやすい」「流れにくい」「流れない」と言いますが、これは電子くんが移動しやすいか、移動しにくいかということと同じです。図にすると、下のような感じですね。

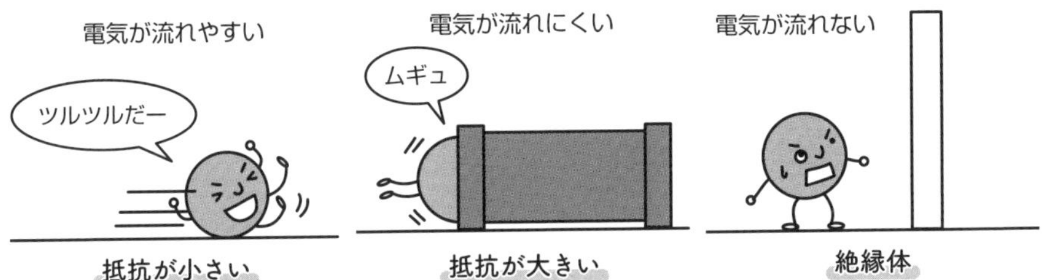

電子くんの体はプニプニやわらかいので、自分の体より小さい土管でも通れます。もちろん、土管の長さや太さで通りやすさが違(ちが)いますけどね。

電子くんが移動しやすい部分を「**抵抗が小さい**」、移動しにくい部分を「**抵抗が大きい**」と言います。

わざわざ土管を通らずに、上を通ればいいと思いましたか？

電子くん、じつはジャンプ力0なので飛べないのです。すき間は得意だけれど、壁(かべ)はダメなんですね。そのため、壁(かべ)があれば親友の元には戻れなくなってしまいます。まさに、絶縁体(ぜつえんたい)です。

ちなみに、土管の中を電子くんが通ると、土管はブルブル振動します。**ものが振動すると熱と光が発生する**ので、抵抗が大きいところに電気が流れると、光るのです。人間も寒いとブルブル震えますが、それにより熱を発生しています。同時に光も出していますが、振動の回数が少ないので目に見えるほどの光は出ないのです。

豆電球は、電子が抵抗の大きいフィラメントを通ることで熱や光を出す

豆電球は、次ページの図のようなつくりをしています。光るところは**フィラメント**と呼ばれ、**タングステン**という抵抗の大きい金属でできています。

電子くんが移動しにくい土管ですね。電子くんが通ると、熱と光を出します。

そのため、フィラメントとして使うものには、**抵抗が大きく、電気のエネルギーを光に変えやすい**こと、そして**熱に強いこと**が求められます。

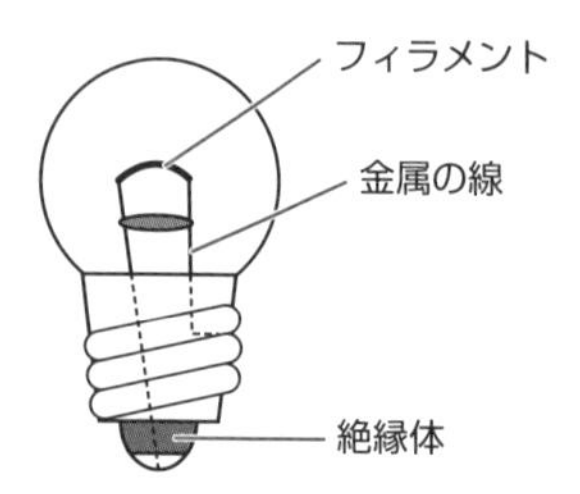

電球の目的は明るくすることですが、光と熱は切っても切り離せないものなので、光れば必ず熱が発生します。熱に強い金属を使わないと、すぐに溶(と)けて電球が切れてしまうのです。中は**真空**になっていますが、これはフィラメントが燃えて、焼き切れないようにするためですね。

物理のミニCOLUMN

1879年、トーマス・エジソンが「灯火の革命」と言える炭素白熱電球を実用化しました。当時のフィラメントは金属ではなく竹でした。様々な実験の結果、日本の京都の竹がフィラメントの材料として適していることを発見し、この竹を使ってたくさんの電球がつくられたのです。これを記念して、京都府八幡市にある石清水八幡宮境内には「エジソン碑」があります。

豆電球に必要な「絶縁体」

その他に注目してほしいことは、フィラメントにつながっている線の片方は豆電球の下に、もう片方は横につながっていることです。その間は**絶縁体**(ぜつえんたい)(図の灰色のところ)で仕切られていますね。

電子くんも、わざわざ流れにくいところを通りたいとは思いません。どうにかして流れにくいフィラメントの部分に電流を導くために、通れないところをつくっているのです。

豆電球の下には絶縁体(ぜつえんたい)になっている部分があるから、電流はフィラメントのほうへと向かっていくしかない。そして、フィラメントのところは抵抗が大きくて通りたくないけれども、そこしか道がないから仕方なく通って乾電池のマイナス極へと戻ってくる。そんなイメージで考えてくださいね。

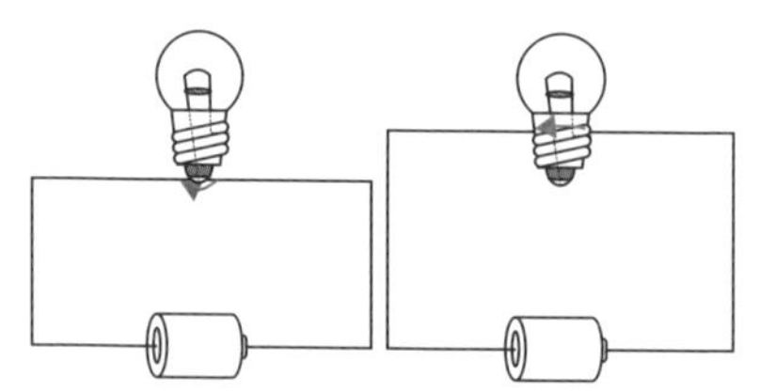

つまり、左の図のようにつなぐと、乾電池のプラス極から出た電気は、フィラメントを通らずにマイナス極

まで戻ってくることができます。もちろん、豆電球は光りません。

このように、電流が乾電池のプラス極からマイナス極へと**抵抗を通らずに流れること**を**ショート**と言います。

豆電球や乾電池、スイッチを表す「回路記号」

ここから先は、豆電球と乾電池のいろいろなつなぎ方について紹介していきますが、豆電球や乾電池を絵で書いて表すのは大変です。そこで、普通は**回路記号**という便利なものを使います。覚えておいてほしい回路記号は、次のものです。

豆電球

乾電池

乾電池は線の長いほうがプラス極です。豆電球の記号を問うクイズを出して、「ブブー、警察署でした！」とやるのは先生の得意技ですが、ここではやめておきましょう。

ここまでで、豆電球が光るしくみは何となくイメージできたかな。

それができたら、豆電球一つ・乾電池一つの明るさを「1」とした時の、各回路の明るさを、瞬時に判断できるようにしておきましょう。

なぜそうなるのかはこのあと学習しますが、この9個の回路については、試験会場で考えて数値を出すようでは時間不足になります。

体に染み込ませてしまうレベルで暗記が必要です。

	豆電球1個	豆電球2個（直列つなぎ）	豆電球2個（並列つなぎ）
電池1個	1	$\frac{1}{2}$ $\frac{1}{2}$	1 1
電池2個（直列つなぎ）	2	1 1	2 2
電池2個（並列つなぎ）	1	$\frac{1}{2}$ $\frac{1}{2}$	1 1

豆電球の明るさは、電流の大きさで決まる

豆電球の明るさは、流れる電流の量（大きさ）で決まります。

では、電流の大きさはどのように決定しているのでしょうか。

よくある間違いは、「乾電池の量で決まる」という考え方です。

先ほどの表をしっかり見てください。電池が並列つなぎの時は明るさが変わっていませんね。

電流の大きさには二つの要素が影響しています。電圧と抵抗です。

そして、電流の大きさは次の式で求めることができます。

抵抗は流れにくさのことですね。

では、電圧とは何のことなのでしょうか？

$$\text{電流}=\frac{\text{電圧}}{\text{抵抗}}$$

電圧～電気は滑り台と土管で考える～

電圧とは電気を流す圧力のようなもので、電気を水の流れにたとえると、電圧は水圧に相当するものです。滝を考えればわかるように、落差が大きければ水圧も高まります。

水圧が高ければ水の勢いが強いように、電圧が高いほど電気を流す力が大きくなるのです。この電圧を発生させる装置が電池です。

電池は電子と陽子を遠ざける装置

電池を電子くんのいっぱい詰まった「電気の缶詰」のように思っている人がいますが、違いますよ。多くの人が勘違いしているポイントが、ここです。

電池は、電子くんと陽子くんを遠ざける装置です。左図のようにビルの屋上に電子くんを、1階に陽子くんを閉じ込めてしまう装置だと思うといいでしょう。

電池に豆電球を1個つなげた回路について、考えてみましょう。

豆電球のフィラメントは、電子くんが通りにくいところ、つまり土管です。

それ以外のところは、電子くんが通りやすいツルツルした道ですね。

1階の陽子くんに会うために、勢いよく滑り出した電子くんは、土管のところで汗をかいて光ります。そのあと、またツルツルした道を滑って1階に向かいますが、装置が健在なうちは、また屋上に戻されてしまうのです。

つまり、このビルの高さが電圧であり、それをつくり出す装置が電池なのです。電池が落差をつくり、電子くんが動くことで電気が流れます。

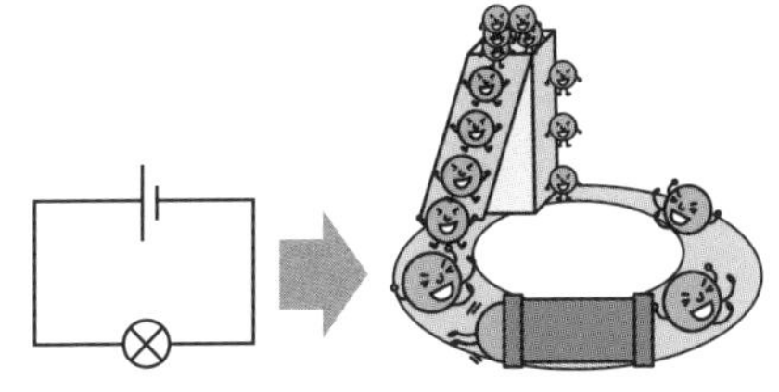

ビルの高さが電圧、それをつくるのが電池

この活動は、装置が電子くんと陽子くんを遠ざける能力を失うまで続きます。装置の故障が「電池切れ」状態ということです。

充電は故障を直して、電子くんと陽子くんを遠ざける能力を復活させることなのです。

「電子」の過剰や欠損により帯電した原子をイオンと言います。リチウムイオンを移動させることで充電・放電を行うのがリチウムイオン電池です。

電池の直列つなぎと並列つなぎは「落差」が異なる

なぜ直列に電池をつなぐと豆電球が明るくなるのに、並列につないでも明るくならないのかを説明しますよ。

豆電球の明るさはそこに流れる電流の量、つまり土管を通る電子くんの数で決まります。ここで、ビル一つ分の落差で加速し、土管一つ分の減速をした場合、1分間に10人の電子くんが回路を周回すると仮定します。

1分間に土管を通る電子くんの人数と、装置が屋上に運ぶ人数をイメージして図にしてみましょう。

1分間に10人運ぶ

1分間に10人通る

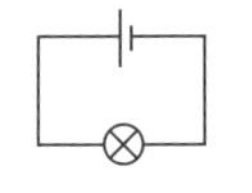

〈電池1、豆電球1〉

どちらも1分間に20人運ぶ

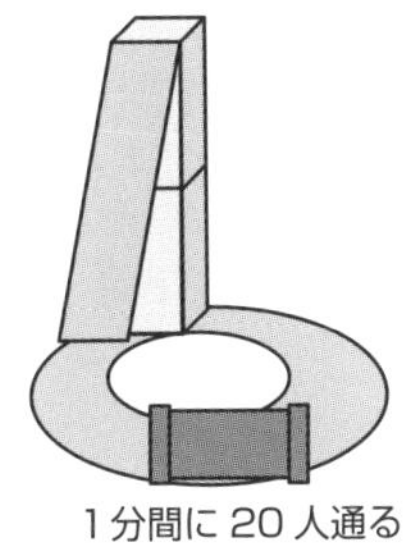

1分間に20人通る

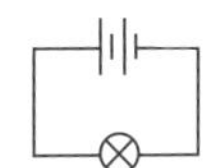

〈電池2（直列）、豆電球1〉

どちらも1分間に5人運ぶ

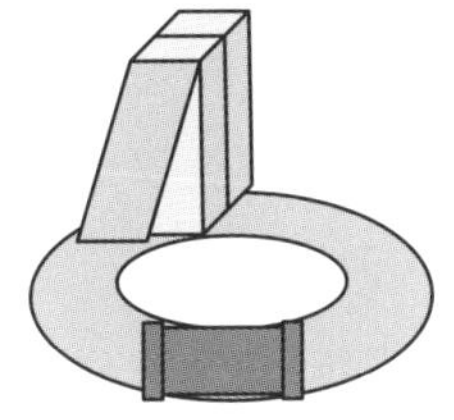

1分間に10人通る

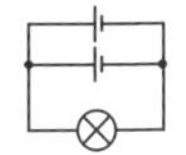

〈電池2（並列）、豆電球1〉

ビル二つ分の落差になった直列つなぎでは、電子くんの飛び出す勢い（圧力）が大きくなります。それに対して、並列につないでも落差は変わらないので電子くんの勢いは変わりません。

勢いが強ければ、土管を通る電子くんの数も増えるので、電池を直列つなぎにすれば明るくなりますが、並列つなぎでは明るさが変わらないのです。

装置が屋上に運ぶ電子くんの数にも注目です。１分間にたくさんの電子くんが土管を通過すれば、それだけ装置が屋上に運ぶ電子くんの数も増えます。ビル二つ分の高さまで電子くんを運ぶためには、それぞれの装置が20人電子くんを運ばなくてはなりませんね。

つまり、直列つなぎでは装置（電池）の寿命も短くなります。それに対して、並列につないでもビルの高さは変わりません。むしろ装置が二つあるので、一つの装置は５人運べばＯＫです。電池は長持ちします。

豆電球の直列つなぎと並列つなぎは「土管」の長さが異なる

今度は、豆電球の直列つなぎと並列つなぎについて考えますよ。

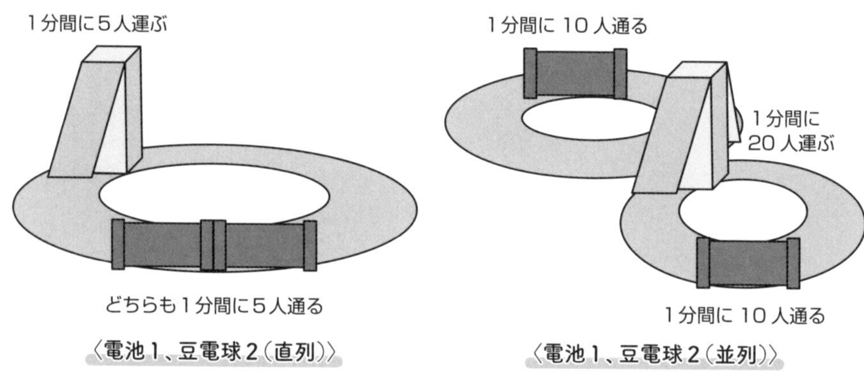

〈電池1、豆電球2（直列）〉　〈電池1、豆電球2（並列）〉

豆電球の直列つなぎで一番多い間違いが、電池から出た１の電流を半分ずつ使うから、明るさが$\frac{1}{2}$になるという考え方です。これも、電池を「電気の缶詰」と思っているから起こる勘違いですね。

豆電球の直列つなぎの場合は、上図（左）の土管が長くなったようなものです。減速するところが２倍になったので、１分間に周回する電子くんの数は５人になります。１分間に通る電子くんの数が半分になったので、明るさが半分になるんですね。

並列つなぎの場合は、ビル一つ、土管一つのルートを別につくっただけなので、各ルートを周回する電子くんの数は変わりません。上図（右）のように10人です。そのため、並列つなぎでは明るさは変わりません。
装置の運ぶ人数に注目すれば、電池の寿命が違う理由もわかりますね。

ショートしていると、抵抗を通らないので減速する場所がありません。たくさんの電流が一気に流れるので、つないだ線や電池が高温になり危険です。

乾電池と導線に流れる電流の大きさを考えよう

乾電池と[ ]の部分に流れている電流を、それぞれ整数または分数で求めてみましょう。豆電球に流れる電流の大きさを覚えていれば、簡単ですよ。

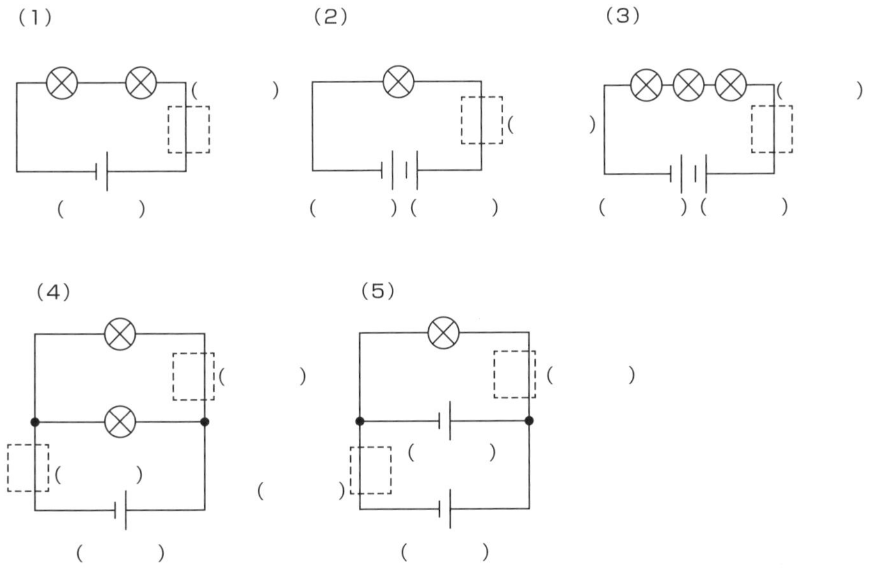

【解答】

※豆電球に流れる電流の大きさも記載してあります。

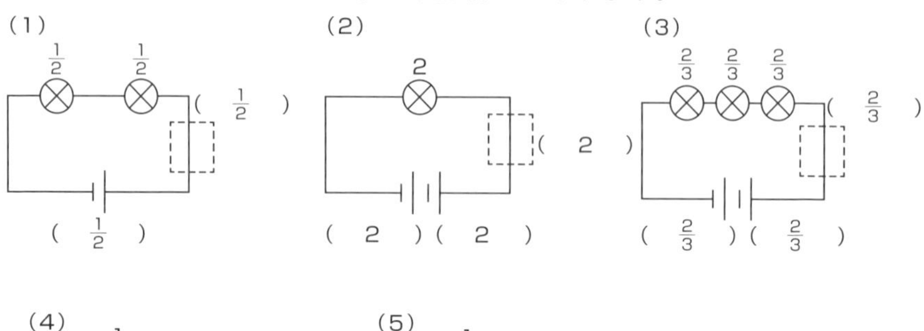

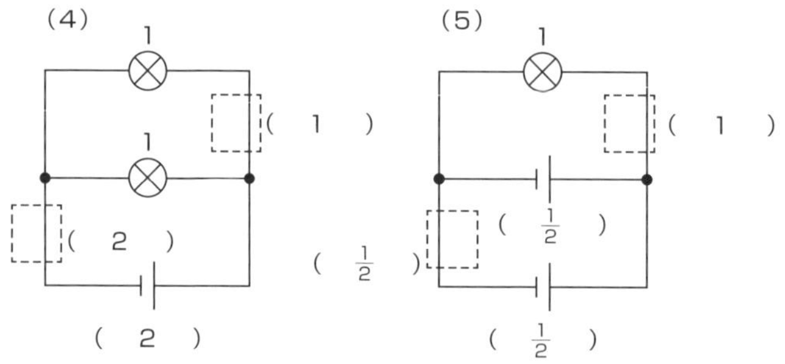

今回の授業は、これでおしまい。

電流と磁石

磁気にはN極とS極があり、同じもの同士は反発する

今回は、電流と磁石の勉強をしていきますよ。

前回は電気の勉強をしました。電気にプラスとマイナスがあるように、磁気にはN極とS極があります。どちらも**同じもの同士は反発**して**違うもの同士は引きつけ合う**性質を持っています。電気と磁気はとても似ているんですね。

磁石が持っている、引きつけ合ったり反発し合ったりする力のことを**磁力**と言います。この磁力がおよぶ範囲のことを磁界（磁場）と言って、それを模式的に表したものが次ページの図です。磁界の向き（磁力線）はN極から出てS極に入っていきます。

これは、方位磁針を磁石の周りに置くと確かめることができます。**磁力線の向きにそうように方位磁針のN極が並ぶ**のがわかりますね。

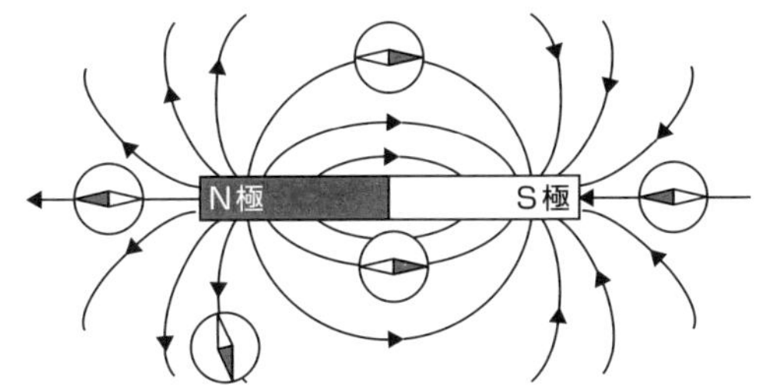

電流と方位磁針〜「右ねじの法則」を覚えよう〜

この磁界は、電気を流すことでも発生させることができます。

同じように方位磁針を使って確かめると、下の図のようになりますよ。穴の開いた板に導線を入れて、上向きに電流を流した状態です。

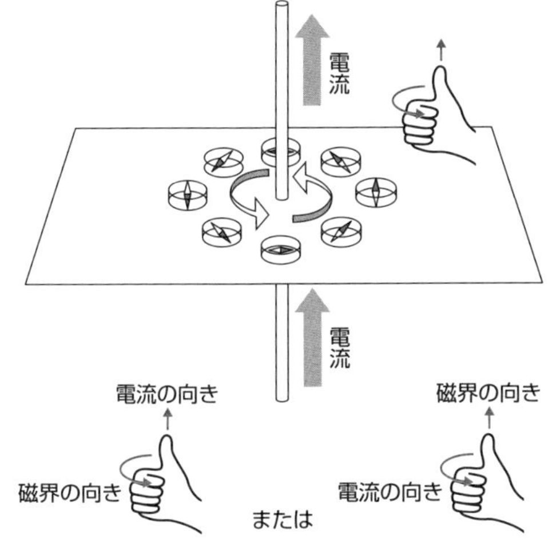

電気がつくる磁場の向きは、右手を使って考えます。

右手を親指だけ出して握り、親指を電流の流す向きに合わせて、その時に他の４本の指を握る向きが磁界の向きです。

ねじをまわす方向と同じなので、これを「**右ねじの法則**」と言います。逆に、４本の指のほうに電流を流した場合には親指の方向に磁界が発生します。

電流の周りにできる磁力線の向きを簡単に知る「導線バーガー」作戦

別の例も紹介しましょうか。

図１のように方位磁針を置いた場合、この段階では電気は流れていないので、方位磁針は北を向いています。図の上が北ですね。スイッチを入れて電

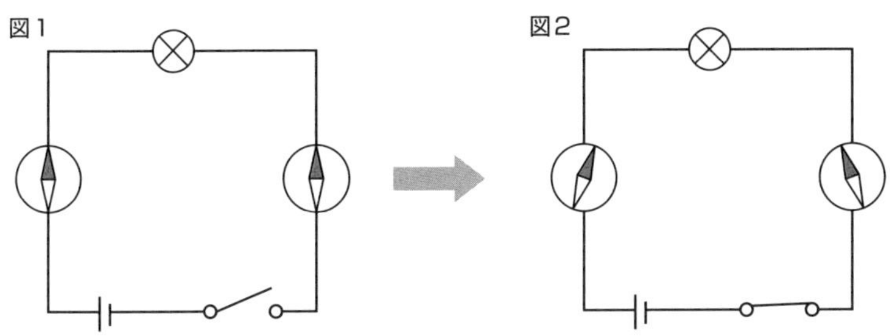

流を流すと、図２のように変化します。

右ねじの法則で、電流の周りにできる磁力線の向きを考えてもわかるけれど、もう少し簡単な方法も紹介しておきましょう。

その名も「導線バーガー」作戦です。

まずは右手を開きます。電流の流れる方向を４本の指、磁力線の向きを親指で考えますよ。Ｎ極は磁力線にそって向くのですから、親指のある方向がＮ極のふれる向きです。地球の磁力の影響も受けているので、完全に親指のほうを向くわけではないですからね。あくまで、親指のある方向にふれるので、図２のようになるんですね。

この時に注意してほしいのは、**右手の手のひらと方位磁針で導線をはさみ込む**ということ。だから、「導線バーガー」作戦ということなんですね。

ちゃんと手のひらではさみ込んでくださいよ。手の甲ではさむ人や、左手を使って間違える人がいるので要注意です。右手の手のひらで導線をはさむ！　間違えないでね。

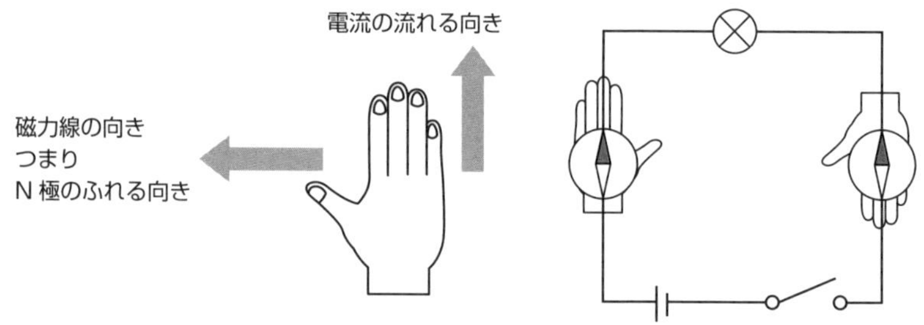

「導線バーガー」で方位磁針の向きを考えてみよう

では、次の回路では方位磁針はどうふれるか考えてみましょう。

さっそく導線バーガーをつくってみます。

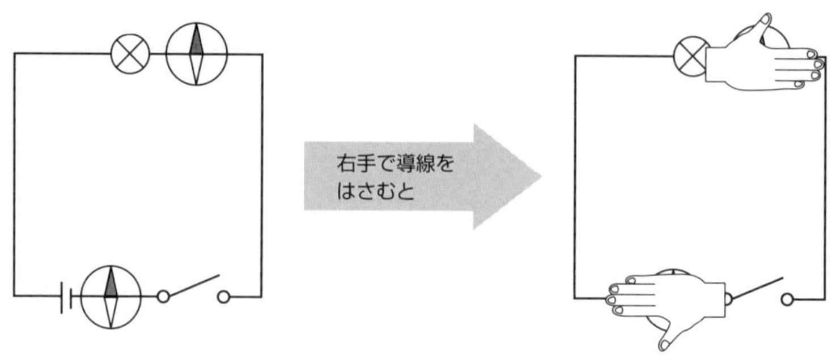

上の方位磁針は、地球の磁力と電気がつくる磁力がどちらも上向きになる

ので、方位磁針の向きは変わりません。下の方位磁針はどうかな？　地球の磁力と電気がつくる磁力は真反対になります。この場合は基本的には上を向いたままです。ただ、強い電流を流して方位磁針に少し振動を与えると下向きになることもあります。

さて、ここで電池の数を変えずに方位磁針に影響（えいきょう）を及ぼす磁力の量を変化させる方法を紹介しましょう。

たとえば、次のような回路でスイッチを入れた時に、方位磁針の向きがどうなるのかを考えてみますよ。導線が方位磁針の上を通っているのか、下を通っているのか、よく見てくださいね。

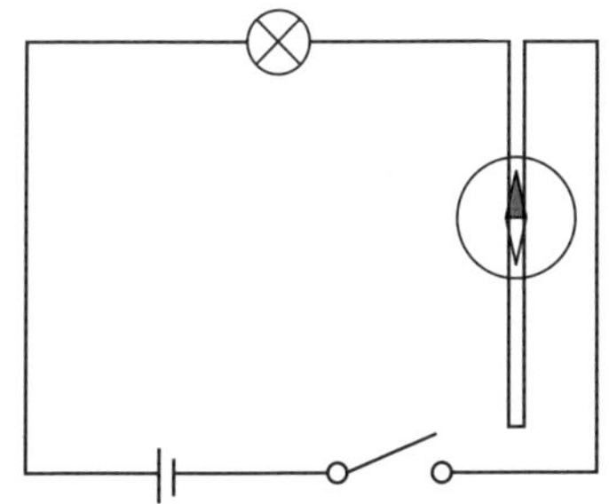

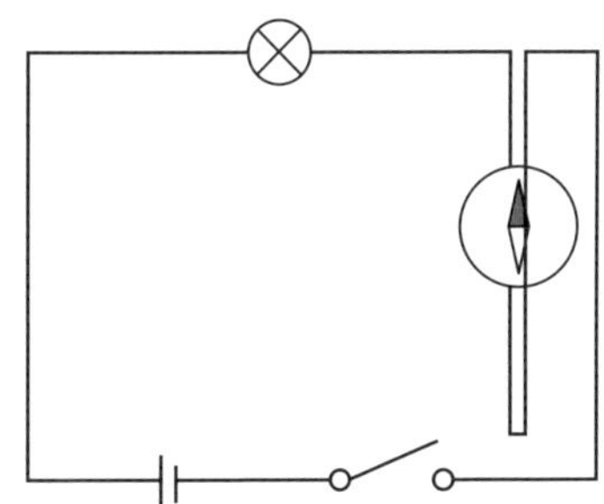

「導線バーガー」で考えてみると…、左の図では方位磁針の左側の導線を通る時の親指の向きと、方位磁針の右側の導線を通る時の親指の向きが反対になります。つまり、お互（たが）いの力が打ち消し合って、**方位磁針はふれない**んです。右の図ではどうですか？

右の図では２回とも左側に親指がきますね。つまり、**方位磁針のふれ幅が大きくなります**。正解は下の図のような感じです。できたかな？

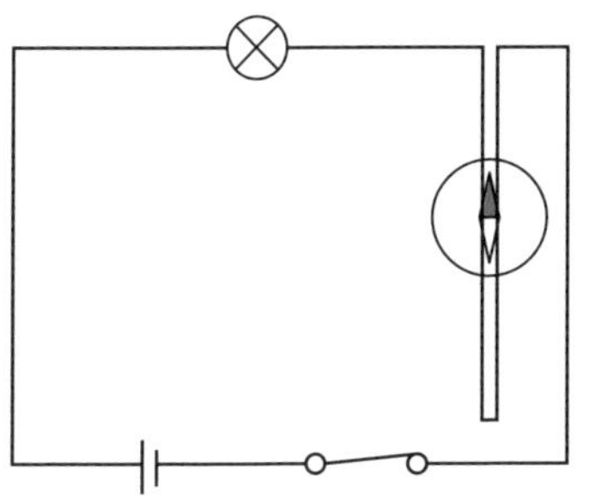

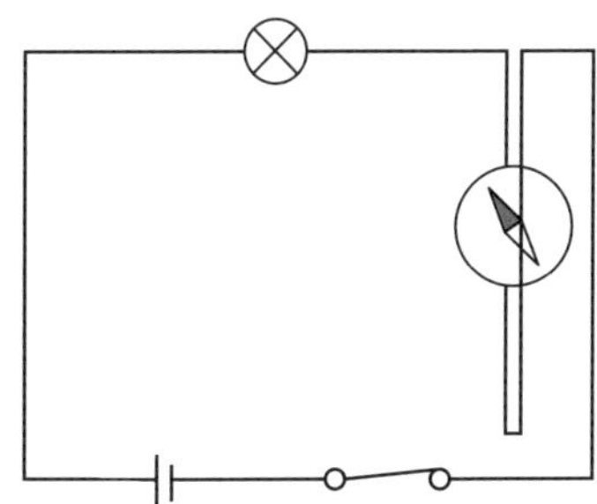

方位磁針のふれ幅は、電流の量と比例しない

ここで注意してほしいのは、**方位磁針のふれ幅は流れる電流の量とは比例しない**ということ。

２回分の「導線バーガー」だからといって、方位磁針のふれる角度が２倍になるわけではありません。

方位磁針には地球の磁力も働(はたら)いているので、一つの時よりは大きくふれるけれど、比例はしないのです。

これは、乾電池を直列つなぎにして増やした時も同じですよ。電流の量を増やせば、方位磁針のふれ幅は大きくなるけれど、やっぱり比例はしません。

電磁石も「右ねじの法則」で考えられる

これを発展させて、導線をぐるぐる巻きにしたものが**コイル**です。

何回も何回も同じ向きに電気を流すことで、より強い磁力が発生するってことですね。

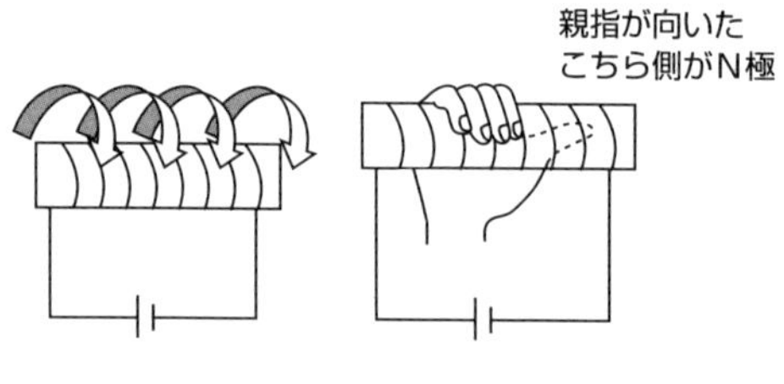

Ｎ極・Ｓ極の向きは、今まで通り**右手**を使って考えることができます。電流のつくる磁力線の向きを考えればよいので、４本の指を電気が流れている方向にそって、巻きつけるように**握った時に親指が向いたほうがN極**ですね。

このコイルを鉄の周りに巻くと、より大きな磁力を得ることができます。これが**電磁石**です。鉄に巻くと強い磁力が生まれるのは、鉄が磁石につく性質があるからです。

すべての「もの」は電気を隠し持っているだけでなく、磁気も隠し持っています。一番の違(ちが)いは、電気がプラスとマイナスに分かれて存在できるのに対して、磁気はＮ極とＳ極を分離できないということ。

そのため電気は「もの」の間を移動するけれど、磁気は「もの」の中に留まったままです。

普段(ふだん)は次ページの図のように向きはバラバラですが、周りに磁気が発生すると、その影響(えいきょう)を受けて向きが変わります。

ただ、影響を受けた時にどの程度向きが変わるか、その度合いは「もの」ごとに差があるのです。

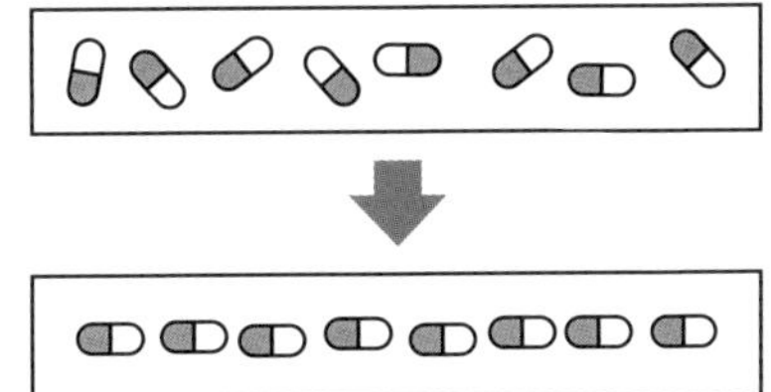

周りに磁気が発生すると、影響を受けて向きが変わる

小さな磁石はすべての「もの」の中にあるけれど、鉄のように向きがそろいやすいものだけが磁石にくっつくということですね。

磁石にくっついた鉄が一時的に磁気を帯びるのも、鉄の棒を磁石で何度も同じ向きにこすってあげるとそのうち磁石に変わるのも、鉄の中の小さな磁石が影響を受けやすいからなのです。

コイルの中の鉄も、発生した磁気の影響を受けて磁石として働くので、強い磁力が発生するんですね。

ここで、電磁石を強くする方法をまとめておきますよ。

- **流れる電流を大きくする**
- **コイルの巻き数を増やす**
- **鉄を太くする**

鉄が太くなれば、同じ方向を向く小さな磁石も増えるので、電磁石は強くなります。

電磁石を利用した装置～「回転するもの」と「音を出すもの」～

電磁石は電流を流す向きを変えることによって、N極とS極を変えることができます。また、流す電流の強さを変えることによって、電磁石の強さを変えることもできます。電流を流さないことによって、磁石としての働きを失わせることもできます。

これが、永久磁石との大きな違いですね。

- **電磁石はN極とS極（磁極）を変えることができる**
- **電磁石は強さを変えることができる**…0にすることもできる

電磁石はとても便利なので、身の回りの製品にたくさん利用されています。

一つひとつ覚えていくとキリがないので、**「回転するもの」と「音を出すもの」**と覚えるといいでしょう。扇風機や換気扇のように「回転するもの」にはモーターが使われていますよね。あとで紹介するけれど、**モーターは電磁石を利用したものの代表例**です。

音を出すものは二つに分けて覚えましょう。

まずは、目覚まし時計のベルやブザーのように**物理的な接触で音を出すタイプ**。もう一つは**スピーカーで音を出すタイプ**。どちらも電磁石を利用して音を出しています。

目覚まし時計のしくみ

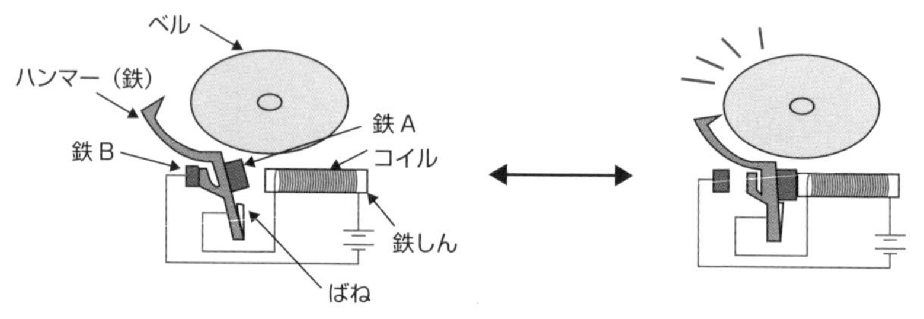

目覚まし時計のしくみ

まず、スイッチを入れるとコイルに電流が流れて電磁石になります。

すると、コイルが鉄Aを吸いつけ、ハンマーがベルを叩きます（右図）。

この時、鉄Bが接点から離れてしまうので電流が流れなくなり、コイルが電磁石の働(はたら)きを失うので、鉄片が元に戻り再び電流が流れます。

上記のことを繰り返して音を出しているんですね。

コイルモーターのしくみ

次の図のように、エナメル線を巻いてコイルをつくります。

エナメル線の左右のうち、片方は紙やすりでよく磨いて**エナメルをすべてはがします。もう片方の側は、半分だけはがすようにします**。

コイルをのせ、下に磁石を置きます。

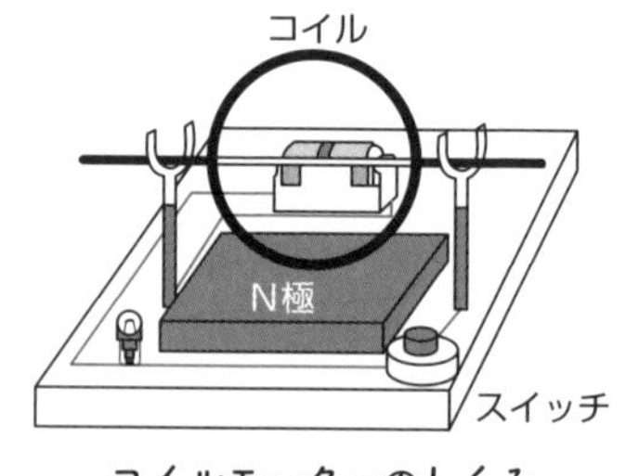

コイルモーターのしくみ

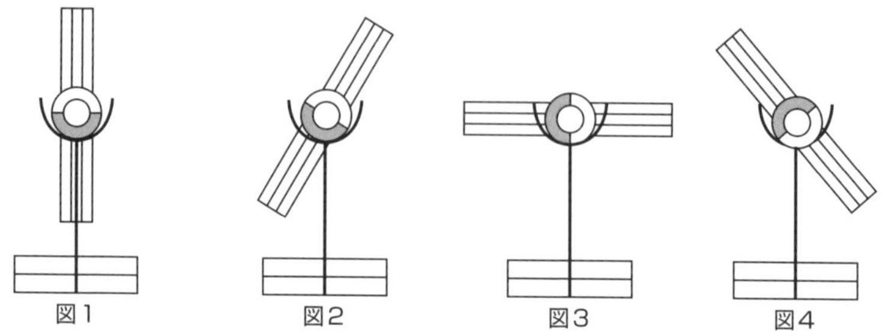

コイルを支えている部分に、電流を流します。エナメルをはがした部分(色のついているところ)がそこにつくと、コイルに電流が流れ磁界が発生します(図1)。

すると、コイルの下に置いた永久磁石とコイルの磁界が働き合って、コイルが回転を始めます(図2)。

少し回転すると、コイルの磁界と永久磁石の磁界が反発し合って、逆回転させようとする力が働きそうですが、ここでエナメルの部分がクリップの部分につくので、電流がコイルに流れなくなります(図3)。

コイルが磁石の働きを失うので、コイルは今までの勢いでそのまま回転を続けます(図4)。

そのまま回転すると、やがて(図1)の状態に戻り、上記のことを繰り返し、回転を続けます。

直流モーター(整流子)

各部分の名前はあまり試験には出ないけれど、**整流子**という名称は時々聞かれるので覚えておくようにしましょう。

下の図で、色つきの整流子から白い整流子に向かって電気が流れた時と白い整流子から色つきの整流子に電気が流れた時で、N極とS極が逆になることがわかるかな？　右手で握って確認してみてくださいね。

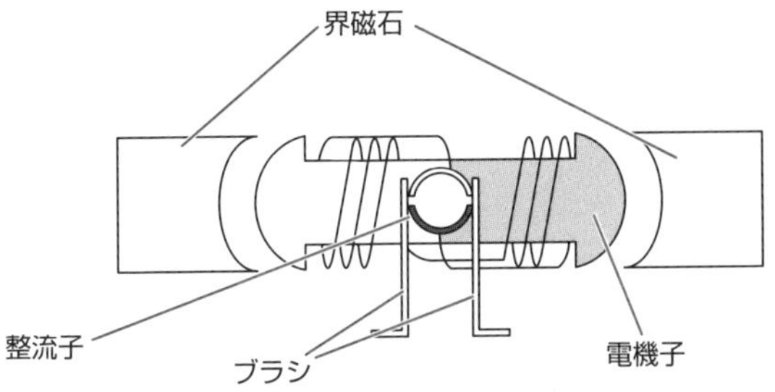

このように、N極とS極の向きが入れ替わるのが、直流モーターのポイントです。

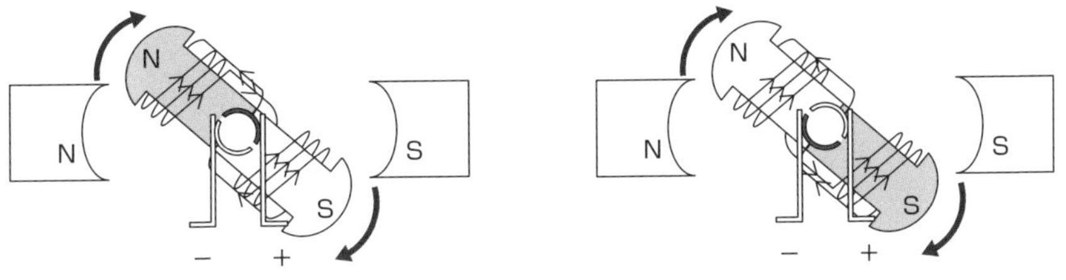

前ページの図ではどちらから電気が流れても、周りの界磁石と反発して回転していますよね。下の図のように引きつけられそうになると、整流子のすき間のある部分がブラシに当たり、一瞬電気が流れなくなるので勢いで回転を続けます。

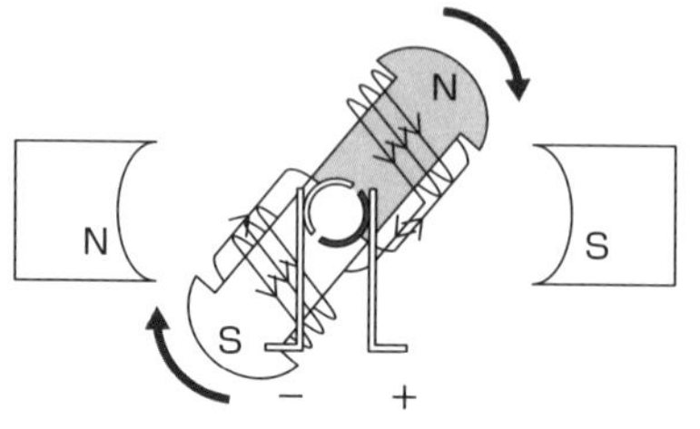

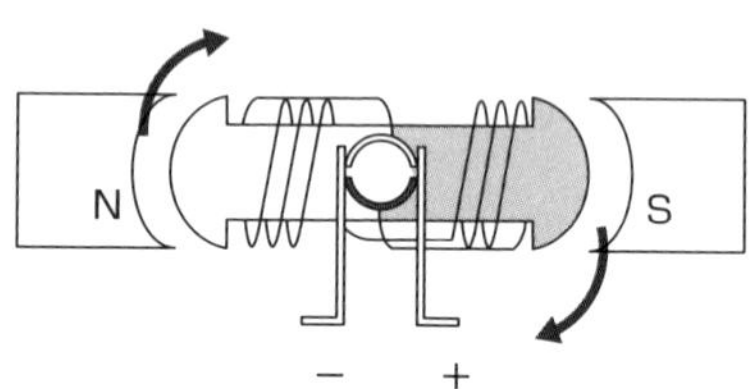

なんとなくイメージできたかな？

では、最後に入試で復習したら今回は終了です。

難関中学の過去問トライ！ (桜蔭中学)

Ⅰ　3本のストローにエナメル線をそれぞれ50回、100回、200回均等に巻いたコイルを作りました。ストローとエナメル線はそれぞれ同じ長さのものを用い、それぞれ余ったエナメル線は切らずに束ねておきました。

これらのコイルを用いて行った以下の実験について問いに答えなさい。

問1　右図のように50回巻きのコイル、電球、電池、およびスイッチをつなぎ、コイルの横に方位磁針を置きました。スイッチを入れたとき、方位磁針の指す向きとして正しいものをつぎのア～オから選び、記号で答えなさい。

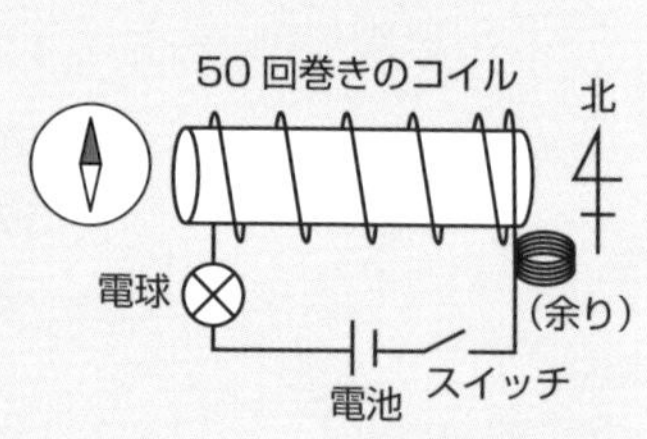

ア
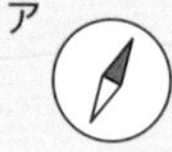
イ
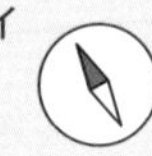
ウ
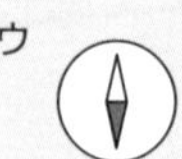
エ　オ

問2　右図のように電池のつなぐ向きを変え、問1と同じ実験を行いました。方位磁針の指す向きとして正しいものを問1のア～オから選び、記号で答えなさい。

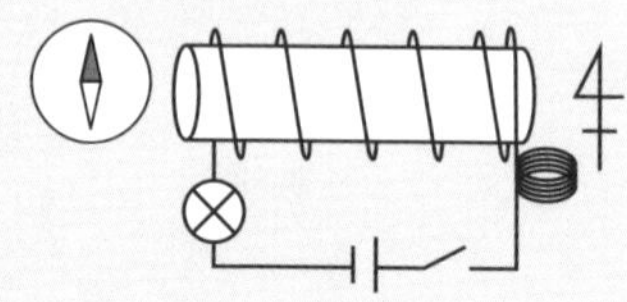

問3　100回巻きのコイルに変え、問1と同じ実験を行いました。方位磁針の振(ふ)れる角度は問1と比べてどのようになりますか。つぎのア〜ウから選び、記号で答えなさい。

ア．大きくなる　　イ．変わらない　　ウ．小さくなる

問4　右図のように50回巻きのコイルに鉄くぎを入れ、問1と同じ実験を行いました。方位磁針の指す向きとして正しいものをつぎのア〜エから選び、記号で答えなさい。

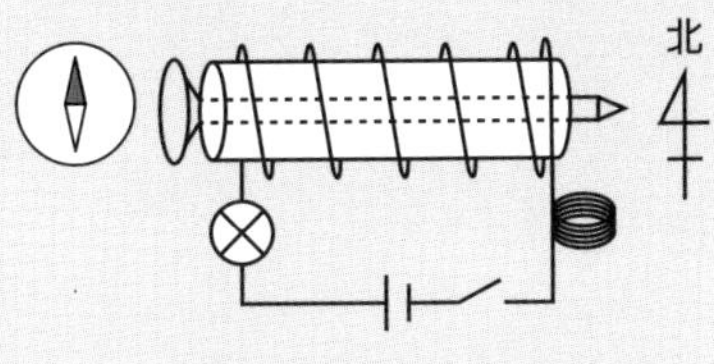

問5　問4のようにコイルの中に鉄くぎを入れて電流を流すと、鉄くぎが磁石になります。この磁石を何といいますか。

解説

問1　電気の流れにそって右手で握ると、図のようになるので左側はS極です。方位磁針の色つきのほうが引きつけられるので、正解は**ア**です。

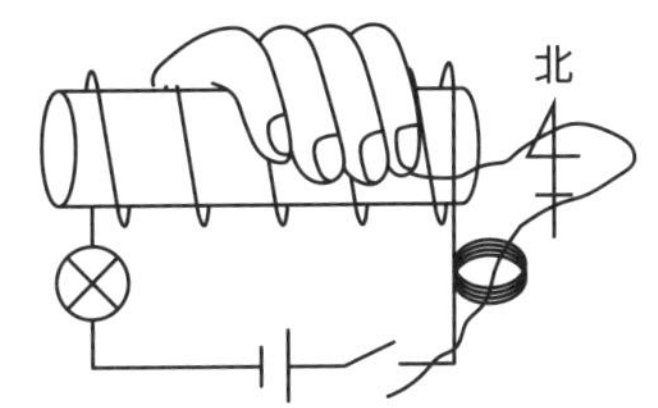

問2　電池の向きが逆になっているので、正解は**イ**です。

問3　コイルの巻き数を増やすと磁力は強くなるので、**ア**が正解です。

問4　正解は**イ**です。理由は問5で説明します。

問5　鉄くぎを入れたことで**電磁石**になりました。その結果、右の図のように磁界ができるのですね。

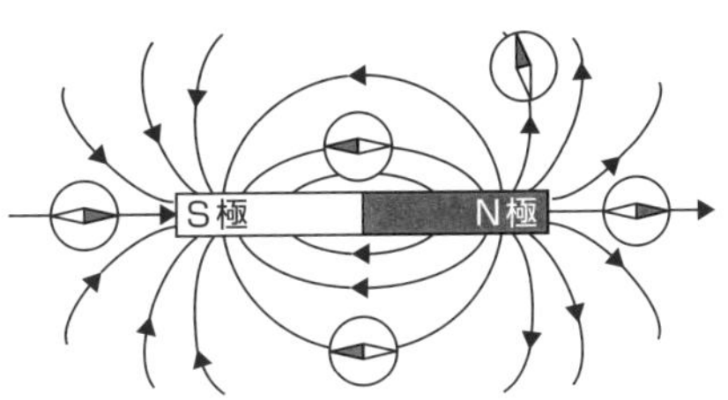

電気の応用

抵抗の違う豆電球の明るさ

今までの豆電球は、同じものを使ってきました。でも、家庭の電球にいろいろな種類があるように、豆電球にもいろいろな種類があります。その違いは抵抗です。

抵抗の大きい豆電球と、小さい豆電球をつないだ時に明るさがどのように違うのかを考えていきましょう。

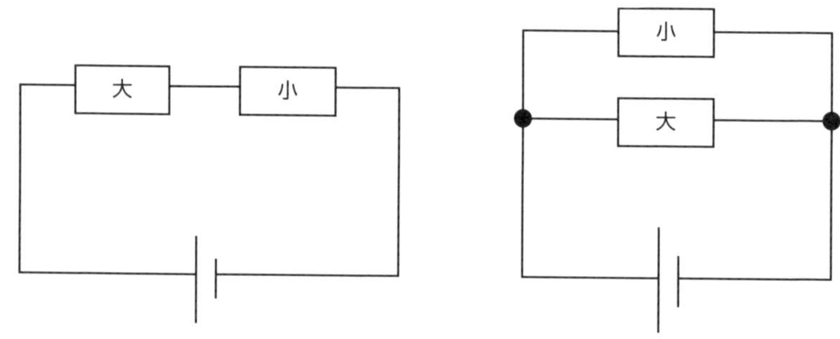

抵抗は電子くんの通りにくい土管でした。細く長い土管は通りにくく、太く短い土管は通りやすいのはイメージできるでしょう。

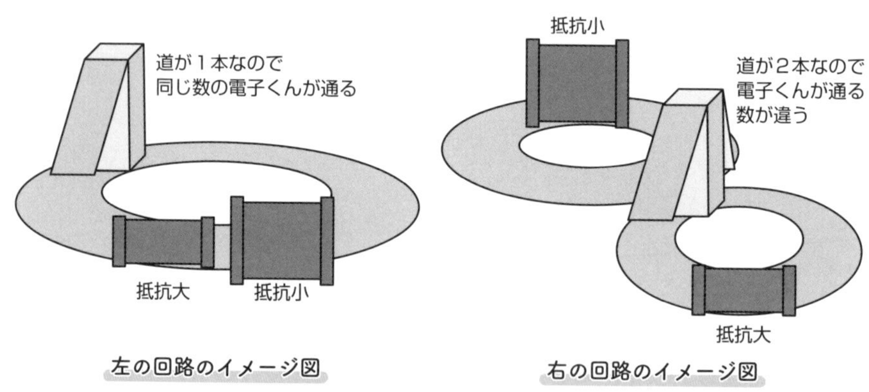

左の回路のイメージ図

右の回路のイメージ図

直列つなぎは１本道なので、どちらの土管にも同じ数の電子くんが通ります。通りにくい土管は、電子くんとぶつかって多く振動します。通りやすいところはスルッと抜けちゃえますからね。

通る数が同じなら、抵抗の大きいほうが明るく光ります。

それに対して、並列つなぎの場合は電子くんの通る道は別々ですね。原則通り電子くんが通過する数は、抵抗が小さいほうが多くなります。

流れる電流の量が違うので、この場合は抵抗の小さい豆電球のほうが明るく光るんですね。

まとめると、抵抗の違う豆電球を**直列つなぎにした場合は抵抗が大きい豆電球のほうが明るく光る**、**並列つなぎの場合は抵抗の小さい豆電球のほうが明るく光る**ということです。

日常生活で抵抗の違う豆電球を使う場面はなかなかないけれど、抵抗の違う電球を使う場面はたくさんありますよね。100 W（ワット）とか 60 Wなどと書いてあって、数字の大きいほうが明るく光るあの電球ですね。

では、100 Wと 60 Wの電球は、どちらが抵抗の大きい電球でしょうか？

正解は 60 Wです。だって、**家庭で使う電気は並列つなぎ**ですからね。

もし、直列つなぎだったら大変です。一つの電気製品が壊れたら、全部の電気製品の電気が消えてしまいますから。

並列つなぎの場合に明るくつくのは、抵抗の小さい豆電球だったのは覚えているかな？　つまり、明るくつく 100 Wのほうが抵抗は小さく、60 Wのほうが抵抗は大きいということです。では、Wとはいったい何なのでしょうか。

Vは電圧、Wは電力、Aは電流

電球をよく見ると、右図のようにいろいろな数字が書いてあります。E26 と書いてあるのは口金の大きさのことで、ここでは使いません。

注目は、「100 V」と「60 W」という部分です。

まず、「100 V」は 100 ボルトと読み、**電圧**を表しています。

日本の一般家庭で使う電圧は「100 V」なので、電気製品も 100 V用につくられています。海外では 220 Vの電圧が使われていたりするので、旅行先で日本用の電化製品を使用する時は電圧を変えるためのアダプタが必要なんですね。

「60 W」は 60 ワットと読み、**仕事量**を表しています。この場合は**電力**と考えればいいでしょう。

電力・電圧・電流には以下の関係が成り立っています。

電力の単位はW（ワット）・電圧はV（ボルト）・電流はA（アンペア）です。

電力（W）＝電圧（V）×電流（A）

たとえば、60 Wの電球を使う場合は、

60（W）＝100（V）×□（A）

□＝60÷100＝0.6 A

100 Wの電球の場合は、

100（W）＝100（V）×□（A）

□＝100÷100＝1 A

と計算できますね。

流れる電流の量が100 Wのほうが大きいので、100 W電球のほうが明るくつきます。このことからも、**100 Wの電球よりも60 Wの電球のほうが抵抗が大きい**ということがわかりますね。

電気は滑り台と土管で考える～抵抗は長さに比例、断面積に反比例～

ここで、もう少しくわしく抵抗についてまとめておきますよ。

今まで通り、抵抗は土管でイメージすれば大丈夫です。抵抗が大きいということは、電子くんが通りにくいということですから、**抵抗部分の長さと抵抗値（抵抗の大きさ）は比例します**。

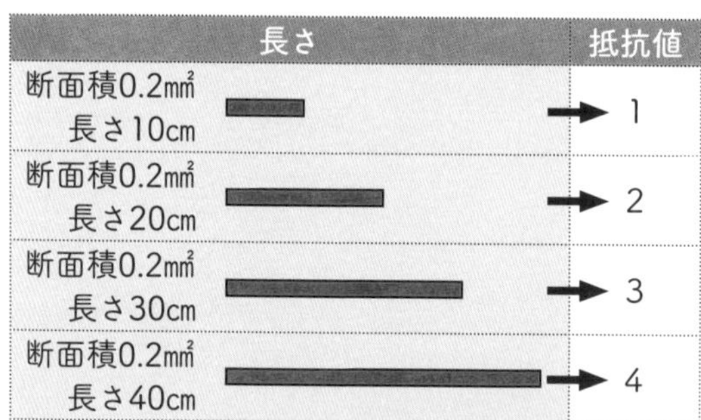

逆に、**抵抗部分の断面積と抵抗値は反比例します**。

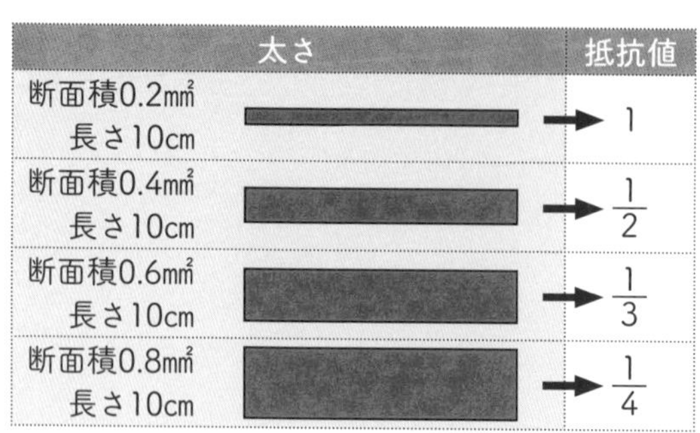

太くて短い土管は通りやすく、細くて長い土管は通りにくい、ということですね。これはフィラメントに限ったことではなく、電熱線などでも同じように考えることができます。金属ごとに光と熱を出す割合が違

うので用途は異なるけれど、同じ現象だからです。

フィラメントには光に変わりやすいタングステンが、電熱線には熱に変わりやすい**ニクロム**という合金が使われています。長さと太さ（断面積）で抵抗値が変化するのは、どちらも同じです。

電熱線の発熱量も、考え方は豆電球と同じ

電熱線の発熱量は、電熱線を入れたビーカーの水の温度の変化がどうなるかを調べることで確かめます。

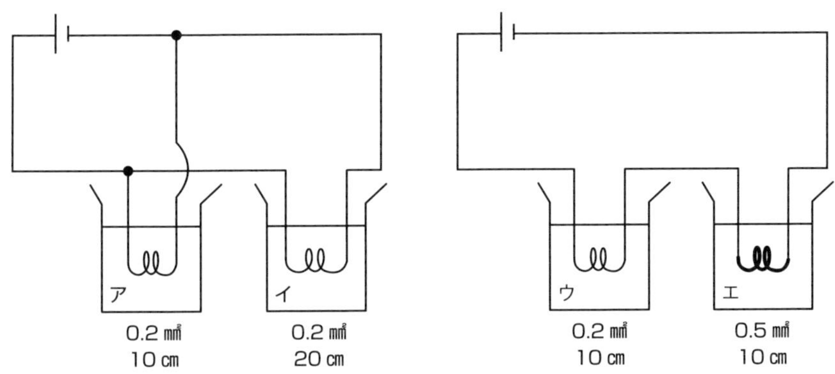

豆電球の明るさも、電熱線の発熱量も流れる電流の大きさで決まります。

つまり、電熱線を抵抗の違う豆電球だと思って、どちらが明るくつくかを考えればよいってことですね。

豆電球は得意だけれど電熱線が苦手という人が時々いますが、電熱線を特別なものだと勘違いしているんじゃないかな？　電熱線を豆電球のフィラメントだと思って考えてみると、いろいろ気がつきます。

たとえば、アとイではどちらのビーカーが熱くなるのかを問われたら、「つなぎ方は並列つなぎなので、抵抗の小さいアのほうが明るいな」「ウとエは直列つなぎなので、抵抗の大きいウのほうが明るくなるな」といった感じです。

電熱線なので、明るさを発熱量に置き換えて、

・並列つなぎの時…抵抗が小さいほうが発熱量が大きい

・直列つなぎの時…抵抗が大きいほうが発熱量が大きい

ということですね。発熱量は次の式で求めることができます。

発熱量＝電流×電流×抵抗

この式は、今まで勉強した二つの式を合体させたものです。

電流は右の式で決まるんでしたね。

電流＝$\frac{\text{電圧}}{\text{抵抗}}$

これを書き直して「電圧＝電流×抵抗」にします。

発熱量は、言うなれば仕事量（電力）です。電力は「電力＝電圧×電流」でしたね。この仕事量の式の電圧の部分に上の式を代入すれば、「電力＝電流×電流×抵抗」となるわけです。

「複雑な回路の明るさ」を理解しよう（暗記でもＯＫ）

最後に複雑な回路の明るさを紹介しましょう。回路の明るさは図に示した通りになります。なぜそうなるのかはこれから説明するけれど、毎回考えるのは大変なので、一度説明を読んだらこの数値は暗記してしまってもかまいません。

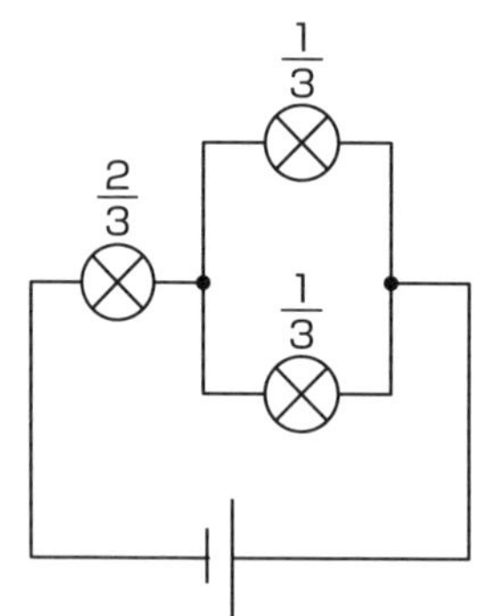

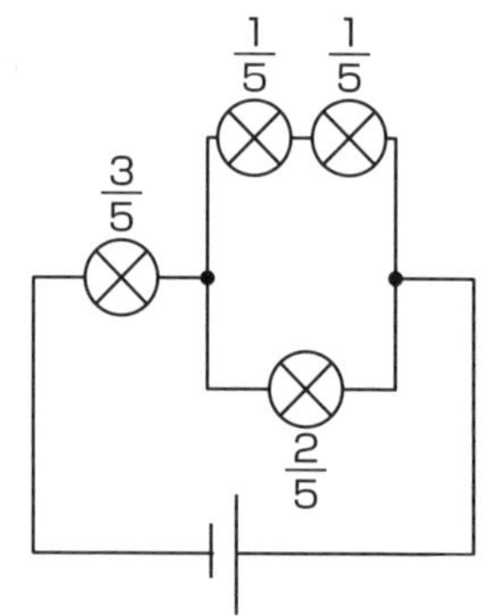

まずは、下の回路の明るさと流れる電流の量を思い出してください。

明るさは豆電球のところに、全体に流れる電流の量は電池のところに書きました。ここまでは大丈夫ですね。

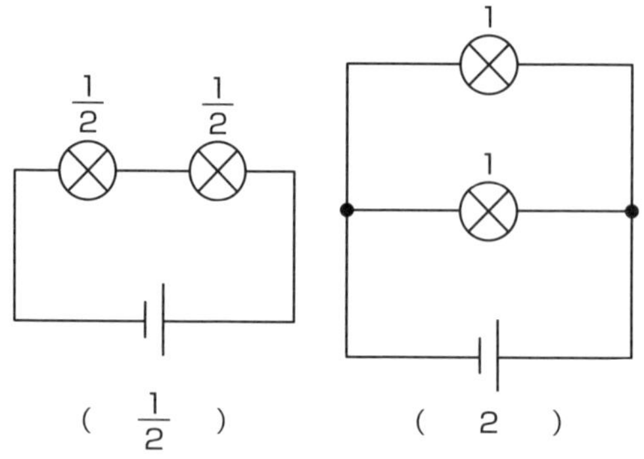

では、この回路の抵抗はそれぞれいくつでしょうか？

直列につないだ電球の抵抗は足せるので、左の図の抵抗は1＋1＝2になります。

問題は右の回路です。並列につないだ回路の抵抗は、電流から逆算すると求めることができます。

$$電流 = \frac{電圧}{抵抗}$$

電流の量がわかっているので、その数字を電流の式に当てはめてみると下の図のようになります。電池は1個なので電圧は1ですね。

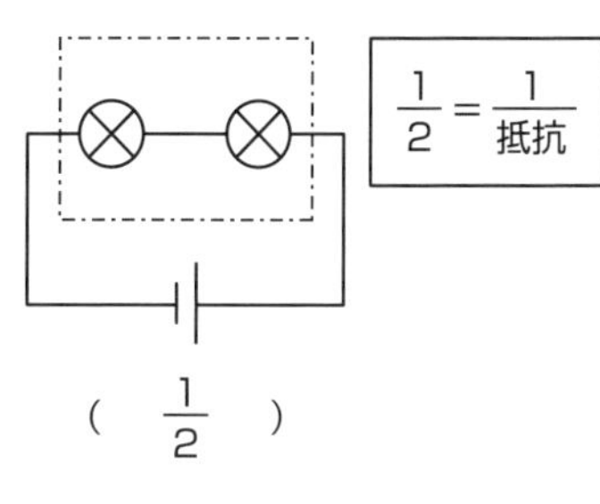

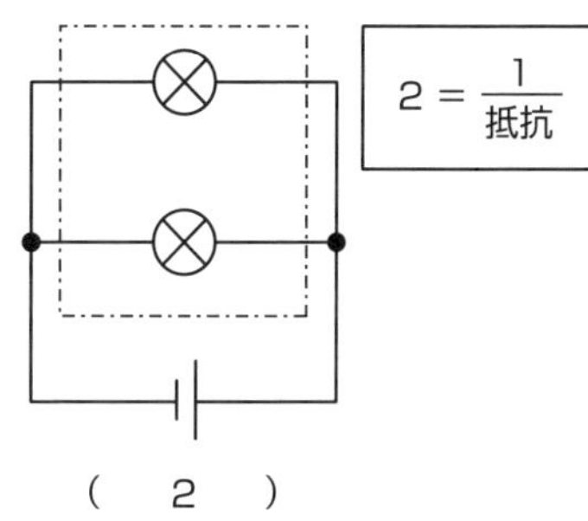

抵抗以外の数字が埋まっているので、この式を解くとそれぞれの□部分の抵抗が出てきます。

左の図では抵抗は2、右の図では0.5、つまり$\frac{1}{2}$です。

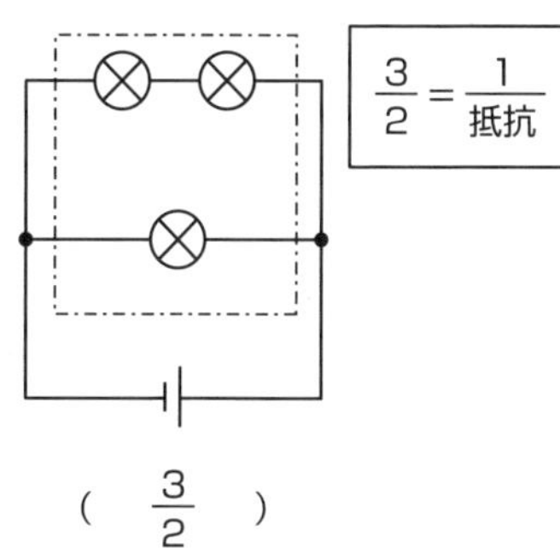

同じように考えると、左の回路では上の豆電球の明るさは$\frac{1}{2}$、下の豆電球の明るさは1。

そして、電池からは$\frac{3}{2}$の電流が流れることになるので、全体の抵抗は$\frac{2}{3}$ということがわかります。

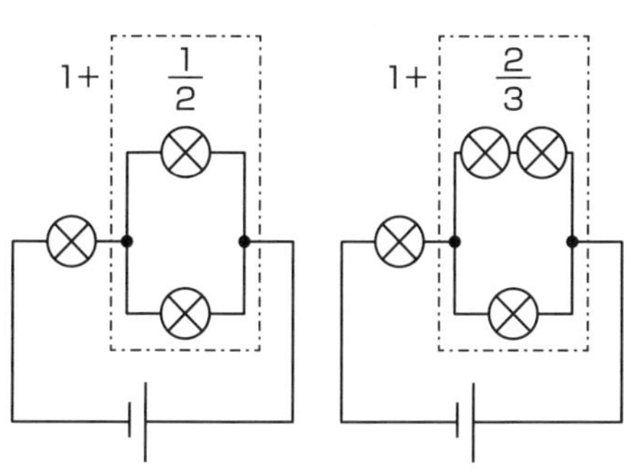

この数値を使って最初の回路の抵抗を考えますよ。

各部の抵抗の大きさは左のようになりますね。直列に並んだ部分の抵抗の値は足せるので、左の回路全体の抵抗は$\frac{3}{2}$、右の回路全体の抵抗は$\frac{5}{3}$になります。これにより流れ出る電流の量が決まるので、前ページで紹介した明るさで豆電球が光るのです。

つまり、左の図では乾電池から$\frac{2}{3}$の電流が流れ出し、それが途中で$\frac{1}{3}$ずつに、右の図では乾電池から$\frac{3}{5}$の電流が流れ出し、それが途中で$\frac{1}{5}$と$\frac{2}{5}$に分かれるわけです。

難しいですね。さっきも言ったけれど、毎回このように計算して抵抗を出すのは大変なので、簡単に出す方法も紹介しておきましょう。

並列部分の抵抗を出す計算の仕方に、$\frac{\text{掛け算}}{\text{足し算}}$というものがあります。

左の回路では$\frac{1 \times 1}{1 + 1} = \frac{1}{2}$、右の回路では$\frac{2 \times 1}{2 + 1} = \frac{2}{3}$となりますね。

電流の式から逆算するよりは簡単なんじゃないかな？

では、今回の授業はおしまいです。

第3章

音と光

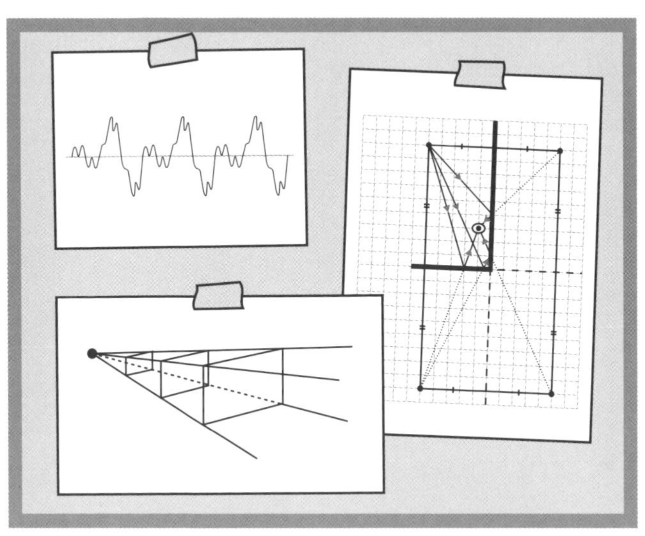

音の伝わり方

音と光の相違点と共通点を整理しよう

今回からは音と光です。

いきなりですが、音と光について共通点と相違点をまとめてみました。

性質		音	光
人が感じるところ	相違点	耳	目
伝わるところ	相違点	液体・気体・固体	透明なもの
伝わらないところ	相違点	真空	不透明なもの
直進性	相違点	ない（直進とは限らない）	ある（同じものの中では直進）
伝わる速さ	相違点	15℃の空気中で340m/秒	30万km/秒
広がっていく時の強さ	共通点	四方八方に広がって進む。遠くに行くほど弱くなる	
吸収	共通点	吸収される（やわらかいものによく吸収される）	吸収される（色の濃いものによく吸収される）
反射	共通点	反射される（硬いものによく反射される）	反射される（色の薄いものによく反射される）
屈折	共通点	違う物質に入っていく時に屈折する（全反射の時を除く）	

みんなの耳に音が聞こえるのは、空気の振動を鼓膜が感じているからです。

のどに指を当てて「あー！」と声を出してみてください。ブルブルと震えているでしょ？　そのブルブルが空気を伝わって、みんなの耳の鼓膜をブルブルと震わせます。それが脳に伝わり、音が鳴ったということを認識しているのですね。

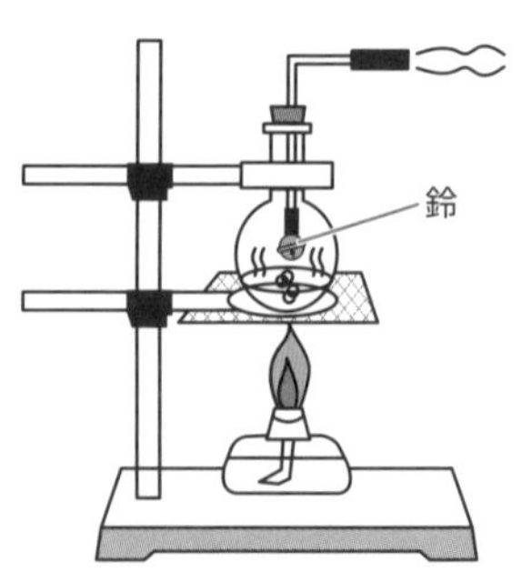

みんなの鼓膜まで振動を届けてくれるのは、空気です。つまり、空気がない**真空状態では音は聞こえない**のです。

これは、フラスコの中の空気を水蒸気で追い出して、真空に近い状態をつくることで確かめることができますよ。

真空状態の中で鈴が鳴っても、周りに空気がないのでフラスコの外まで音が伝わらないのです。

宇宙で戦う映画などでは、敵を倒した時に「ドカーン」と大きな音が鳴っていますが、宇宙は真空。実際には、宇宙では敵を倒した音は伝わってきません。**光は透明なところを伝わる**から、遠くでピカッと敵の船が光るのは見えるけれど、音は聞こえないのです。

もし、音が聞こえたら大変ですよ。それは自分の船がやられたということですからね。宇宙船の中には空気があるので、自分がやられた時だけは音が聞こえるのです。

光は不透明なものは通れないが、音は通れる

光は透明ではないところを通り抜けることはできないけれど、**音は透明ではないところも伝わります**。これは、壁の向こうの景色は見えないのに音は聞こえるということを考えれば、すぐわかりますね。

光は秒速30万km(地球7周半)、音は15℃で秒速340m

光が1秒間で地球を7周半するというのは知っているかな?
地球は1周約4万㎞なので、**光の速さは30万㎞/秒**です。

音の速さは一般的に340m/秒と言われています。正確には、空気中を伝わる音の速さは、0℃の時に毎秒331mで、気温が1℃上がるごとに毎秒0.6m速くなります。

気温をt℃とすると、音速は **331 + 0.6 × t** となるわけですね。

よく問題に出てくるのは、気温15℃の時。この時は、**毎秒340m**というキリのいい数字になるからです。

音は、密度の高いもののほうが速く伝わります。
「気体<液体<固体」の順で、伝わるスピードが速くなると思っておくといいでしょう。水中を伝わる音の速さは、20℃で毎秒1500mくらいかな。

ただ、密度が高いとたくさんのものを振動させる必要があるため、早くエネルギーが失われてしまい、遠くまでは伝わらなくなります。

光は「白」に反射し「黒」に吸収され、音は「やわらかいもの」に吸収される

光と音の共通点は、反射と吸収を押さえておこう。
光も音も物に当たると反射されたり、吸収されたりします。
ただ、その性質には違いがあるのです。
光は白いものに反射されやすく、黒いものに吸収されやすい。
音は硬いものに反射されやすく、やわらかいものに吸収されやすい。

このことを利用したのが壁紙です。壁紙は、白くて、ほどよいやわらかさの素材が多いよね。これは、光の反射と音の反射を生活するのに適した状態にするためです。

もし、壁紙の色を黒にすると、光の反射が減るので部屋が暗くなります。また、壁紙を硬くしすぎると、必要以上に反射して音が聞こえにくくなります。コンクリートがむき出しの地下駐車場などで声が反射するのは、壁が硬いからです。

修学旅行などで、布団をかぶって声を出すと周りに音が漏れにくいのは、布団がやわらかいからなんですね。

音の3要素は「大小(強弱)」、「高低」、「音色」

大小・高低・音色。これが音の3要素です。
たとえば、少しうるさめの「ラ」の音をバイオリンの音色で出すなら、

大小(強弱)	高低	音色
96dB	440Hz	バイオリン

というような感じになり、この三つを変化させることでどんな音が出るのかが変わるということですね。まず、音色について考えていきますよ。

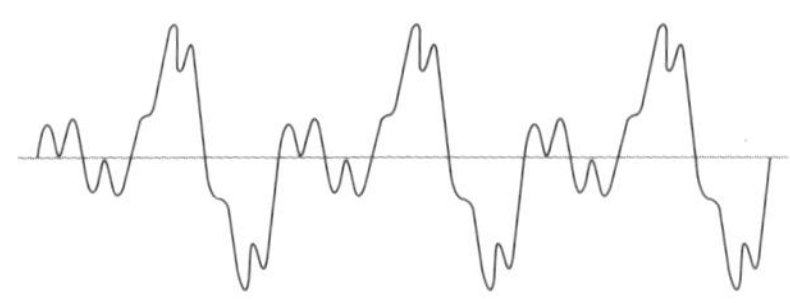
バイオリンの波形

音の正体は振動です。その振動をつくる波の形が、ものによって違うのです。楽器によって音が違うのも、人によって声が違うのも、この波の形が違うからなのです。

では、音の大小とは何なのでしょう？
これは、**振動の幅の違い**です。わかりやすいのはギターの弦や大太鼓。
大きな音が出ている時は、揺れる幅も大きくなっていますよね。振動の幅

の差が空気を震わせる幅の差となっているということです。
音の大きさを表す単位はdB（デシベル）がよく使われます。

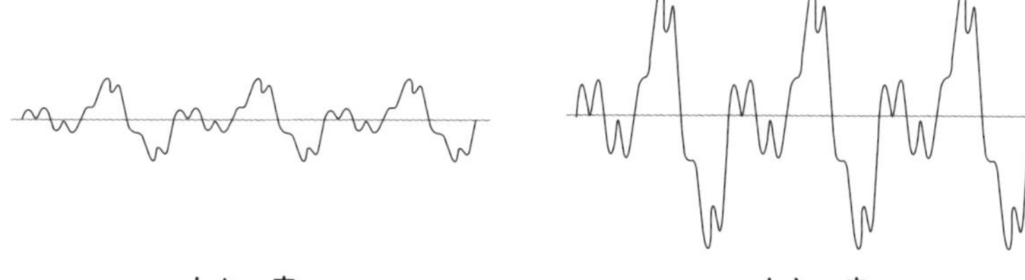

小さい音　　大きい音

では、音の高低の差は何でしょうか？

これは、**振動数**の差です。一般的にはHz（ヘルツ）という単位が使われます。1秒間に震える回数のことですね。

単位時間あたりの**振動数が大きければ大きいほど高い音**、**振動数が小さければ小さいほど低い音**になります。

横向きのばねをイメージしてみてください。つぶれた「ばね」のように、波形がつまっていればいるほど高い音、伸びた「ばね」のように波形に間があればあるほど低い音ということです。

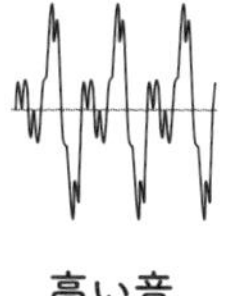

高い音　　低い音

人間の耳に聞こえるのは、20〜20000Hzくらいの範囲だと言われています。振動数が20000Hzより大きい、人間には聞こえない高い音が超音波です。

体積が大きいほうが、音は低くなる

振動数に関しては、二つの物を比べてどちらが高い音を出すのかを判断できる必要があるので、説明していきますね。

水筒をフーフー吹いて、笛のように音を出したことはあるかな？　その時の音の高さは水筒の中身がどれくらい残っているかで変化するから、今度やる機会があったら注意して音を聞いてみてね。

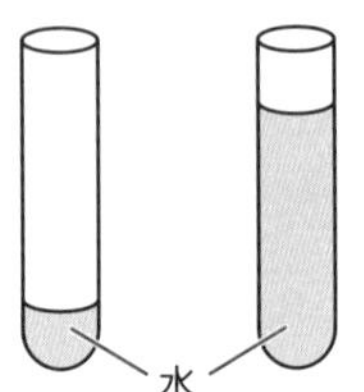

さて、実験では水筒ではなく試験管やコップを使います。

試験管に水を入れて吹(ふ)くと水の少ないほうが低い音が、コップに水を入れてコップの横（水の入っている部分）を叩くと水が多いほうが低い音が鳴ります。なんでだろうね。

答えは、**体積の大きいほうが低い音**が鳴るからです。体積が大きいということは、重いということです。重いものは震えにくいので振動数が少なくなって低い音が鳴る、という理屈です。

だから、ギターは細い弦よりも太い弦のほうが、木琴は小さい板よりも大きい板のほうが、体積が大きいので低い音が鳴るんですね。

試験管を吹(ふ)いた時に振動するのは、中の空気です。水の量が少ないほうが空気の量は多くなるので低い音が鳴る。

コップの横を叩いた場合に振動するのは、水を含(ふく)めたコップ全体です。当然水が多く入っているほうが、振動する部分の体積が大きいので低い音が鳴るのです。

弦の音は、強く張ったほうが高くなる

弦の太さや長さで、どちらが低い音が出るかは体積を考えれば、もうわかるでしょ？　問題は弦の張り方です。

これは、ばねにつるしたおもりがビヨンビヨンと上下する様子を考えるといいかな。弱いばねよりも強いばねのほうが、おもりが上下するスピードは速くなりますよね。弦も押せば元に戻ろうとするので、ばねのようなものです。強く張った弦は、まるで強いばねのように速く上下するので、振動数が多くなり、高い音が出るということです。この内容を、表にまとめておきました。

でも、この結果を暗記してはいけませんよ。

覚えるのは、体積で考えるというルールだけです。ルールを使って考えられるようにしてください。

	高い音	低い音
試験管を吹く	水の量が多い （空気の量が少ない）	水の量が少ない （空気の量が多い）
コップを（水の入った部分を横から）叩く	水の量が少ない	水の量が多い

弦の張り方	弦の長さ	弦の太さ	結果
強い	短い	細い	高い音が出る
弱い	長い	太い	低い音が出る

ドップラー効果～なぜ救急車が近づく音は高く、遠ざかる音は低いのか？～

救急車が自分に**近づいてくる時は**ピーポーピーポーの音が**高く聞こえ**、自分を通りすぎて**遠ざかっていく時は低く聞こえる**ことは知っていますか？　こういった現象を、**ドップラー効果**と言います。

なぜ、そんなことになるのか考えてみましょう。

まず、救急車が「ピ」の音を出します。この音は前にも後ろにも340m/秒で進みますね。

「ポ」の音を出すまでの間で、救急車は前進します。

すると、次の図のように救急車の前方は波が縮まり、後方は波が伸びることになりますよね。

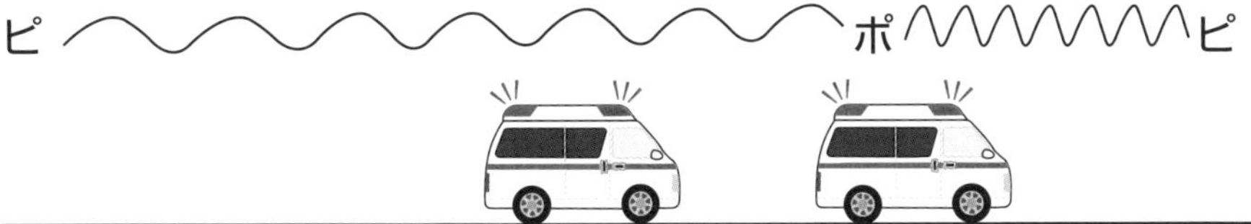

これにより音の波の形（振動数）に差ができるので、前方では高い音が聞こえ、救急車の後方では低い音が聞こえるんですね。

では、今回の授業はおしまい。

光の性質・直進と反射

光の三原色～テレビやスマホはこの３色で色を表現している～

光の勉強を始める前に、「ものが見える」というのはどういうことなのかについて話をしておきますね。

みんなは今、この本の文字を見ることができるでしょ。

それって、どうして見えているのかな？

たとえば、電気を消してカーテンを閉めて部屋を真っ暗にすれば、本の文字は何も見えなくなりますよね。

明るい部屋の中で文字やものが見えるのは、蛍光灯などの明かりから出てきた光がものに当たって、その光が反射して目に入ってくるからです。

虹(にじ)を見ればわかるように、光にはたくさんの色があります。元になっている色は三つあって、**赤・青・緑を光の三原色**と言います。

この光を集めていくと徐々に明るい色になっていって、全部集まると光は白く見えるのです。

テレビやスマホの画面は、この３色の発光度合いを変化させて、様々な色の映像を表示しています。

現在は生活の様々な場面に省エネのLEDが使われていますが、21世紀になるまで、その役割は普通の電球が担(にな)っていました。長い間LEDが普及しなかったのには訳があります。「青の色」がつくれなかったのです。

青がなければ白がつくれません。完全な色を再現できないテレビなんて、誰も買いませんよね。

光は「直進」「反射」「屈折」の三つの性質を持っている

光には、三つの性質があります。

一つ目は**直進**。読んで字のごとく、まっすぐに進むという意味です。

二つ目は**反射**。はね返ることですね。

三つ目は**屈折**（くっせつ）。これは折れ曲がるということ。違（ちが）うものに入る時に、その境界面で光が折れ曲がるのです。

まとめると、光は同じ物質の中を進む時には直進しますが、違（ちが）うものに入る時に、その境界面で折れ曲がります。

光の直進〜拡がっていく「拡散光線」と平行に進む「平行光線」〜

光の進み方には平行光線と拡散光線と呼ばれる２種類があって、どちらも直進するんだけれど、進み方には次の図のような違（ちが）いがありますよ。

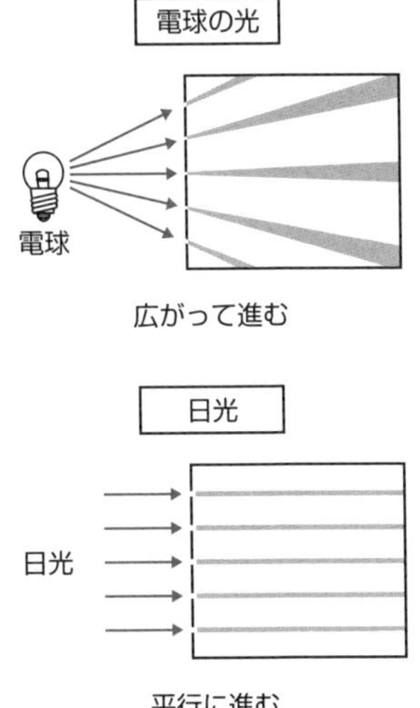

電球のように広がっていく光は拡散光線、日光は平行光線と言います。

正確には日光も拡散光線だけれど、あまりに大きくて遠くにあるので、地球上ではほぼ平行になるから平行光線に分類されているんですね。

光の直進によってできるものの代表に、影（かげ）があります。もし、光が曲がるようになったら大変です。本来は影（かげ）になるはずの部分にも光が当たって影（かげ）はできなくなるから、影（かげ）ふみ鬼ができなくなっちゃいますからね。

それ以外にも大変なことがあります。なんと方向がわからなくなってしまうのです。

人間の目は、光が入ってきた方向にものがあると認識しています。

前方のものが見えるのも、後方のものが見えないのも、光が曲がらないからです。

もし光が曲がったら、本来届かなかったはずの光が目に入ってくるので、見えるはずのないものが見えてしまい、方向がわからなくなるのです。想像しただけで怖くなってきますね。

光の直進を使用した「ピンホールカメラ」は上下左右がさかさまになる

光の直進を利用した道具に、ピンホールカメラというものがあります。

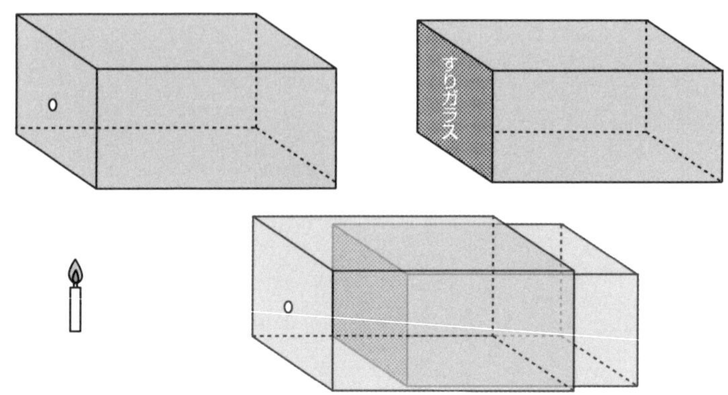

大きな筒に小さな穴をあけ、そこから取り込んだ光を小さな筒のすりガラスの部分に映すというしくみです。

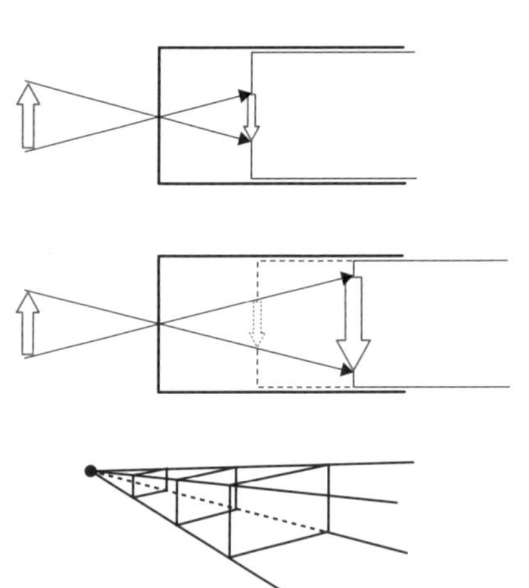

矢印の上と下から出た光は、小さな穴を通るので、**上下左右がさかさまになっています**。

スクリーンを移動させることで、像の大きさが変わるのがわかるかな？

像が大きくなっても入ってくる光の量は変わらないので、像の明るさは暗くなります。

穴からの距離を2倍にすれば大きさは2倍になりますが、明るさは$\frac{1}{4}$に、3倍にすれば明るさは$\frac{1}{9}$になるのです。算数の、相似比と面積比の問題ですね。

「明るくしたいなら穴を大きくすればいいじゃないか」と思うかもしれませんが、穴を大きくするとたくさんの光が入るので、**明るくはなるけれど、像がぼやけてしまいます**。ぼやけた像しかできないのでダメなんですね。

光の反射～反射の法則：光の入射角と反射角は等しくなる～

次は、光の反射について話をしましょう。

図は、左のほうから来た光が鏡に当たって右のほうへと反射していく様子を表したものですよ。この時、鏡に対して垂直な線（法線）と、鏡にやってきた光の線との間の角度のことを**入射角**と言います。

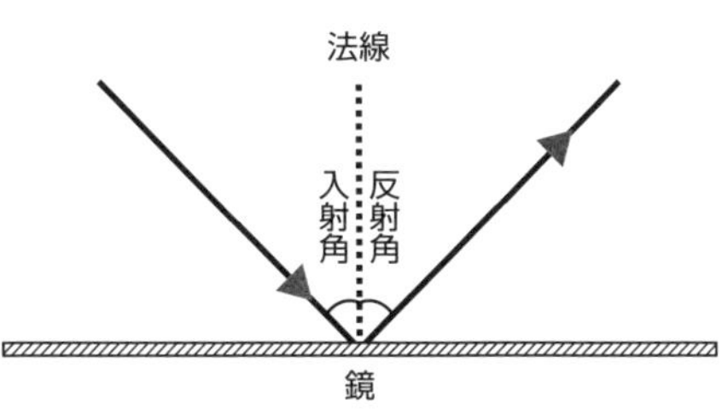

また、鏡に対して垂直な線と、鏡から出ていく光の線との間の角度のことを**反射角**と言います。

光は、入射角と反射角が等しくなるように反射する。このことを、**反射の法則**と言います。

反射に関しては、作図ができるようになる必要があります。

用意するものは定規ですね。角度なので分度器を使うと思った人もいるかもしれないけれど、定規だけでOKです。

さっそく説明していきたいところですが、その前に洗面所の鏡の前に立ってください。鏡の向こうには、自分とそっくりな人が立っているはず。この人を偽物と呼びましょう。そして、自分から鏡までの距離と、鏡から偽物までの距離を確認してください。同じですね。

では、説明していきますよ。

鏡の反射～反射の作図ができるようになろう～

物体から出た光が鏡に反射をしてどのように目に届くのかを、作図していきます。作図のルールと一緒に説明していきますよ。

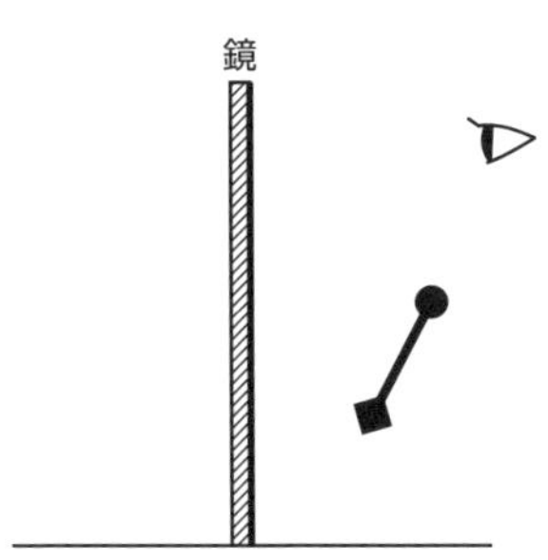

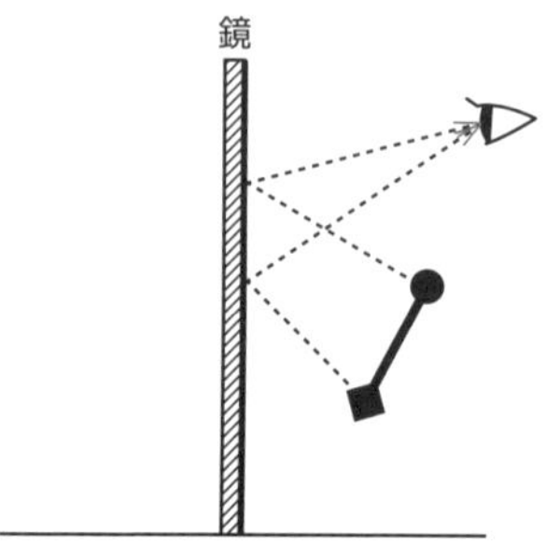

①まずはイメージする

物体の端（今回は◆と●の部分）から光がどのように目に向かうのかをイメージします。
点線で書いてみました。

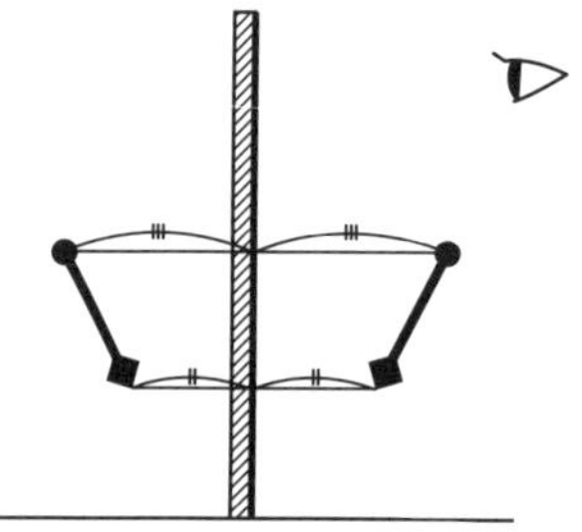

②鏡を線対称の軸とした偽物を書く

正確には鏡の表面を線対称の軸とした偽物を書きます。洗面所で確認したように本物から鏡までの距離と、鏡から偽物までの距離が1：1になるように書くことがポイントです。

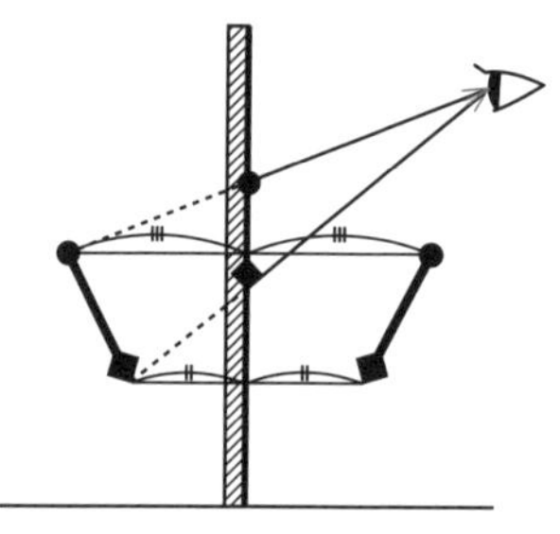

③偽物から目まで直線を書く

鏡の向こう側に偽物があるように見えるのは、その方向から目に光が入ってきているからです。

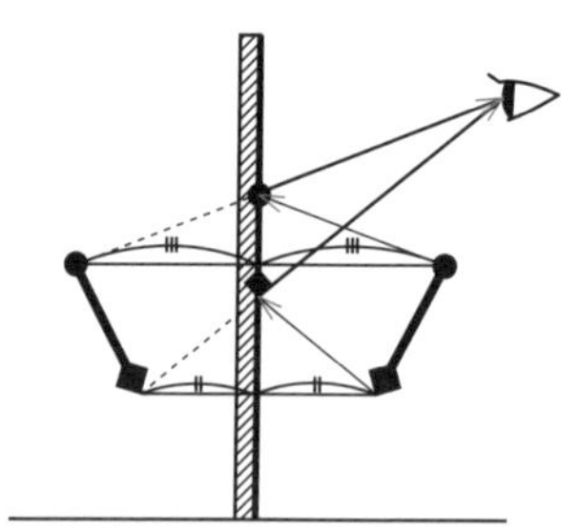

④本物から鏡の境界面まで直線を書く

これで完成です。
必ず最初のイメージ図と照合してくださいね。

①〜④のルールを、しっかり意識しながら行うことが大切です。
入試問題を使って練習してみましょう。

難関中学の過去問トライ！ （渋谷教育学園幕張中学）

てつお君は物体Ｐの位置や顔の位置を変えながら、実験２と同様の実験をくり返し行い、像のできる位置を調べました。その結果、物体Ｐの位置が決まれば、顔の位置が変わっても、像の位置は変わらないことがわかりました。さらに、像は、鏡を対称軸として、物体Ｐと線対称の位置にできることがわかりました。

(4) 図６のように、鏡に映る物体Ｐを見ることを考えます。上記の下線部の内容を用いて、次の①と②それぞれを描きなさい。作図に必要な線は残し、不要な線は描かないこと。

①物体Ｐの像の位置
②物体Ｐから鏡の表面に反射して、観測者の右目、左目それぞれに入射するまでの光の経路

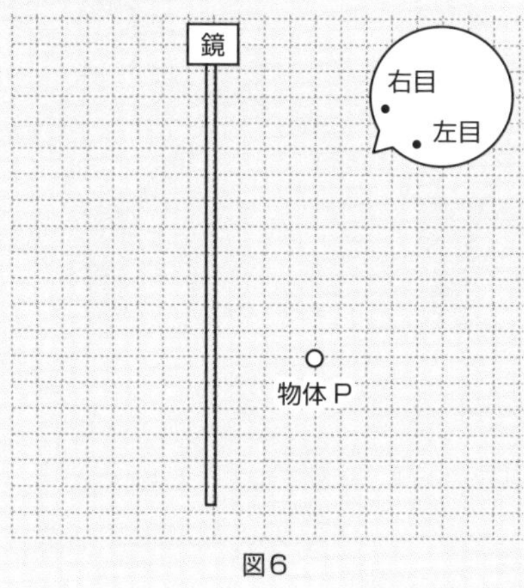

図６

解説

まずは光の道筋をイメージし、そのあと鏡を線対称の軸としてＰの偽物を書きます。そこから左右の目にそれぞれ直線を引き、物体Ｐから鏡の境界面まで直線を引くと次の図のようになります。

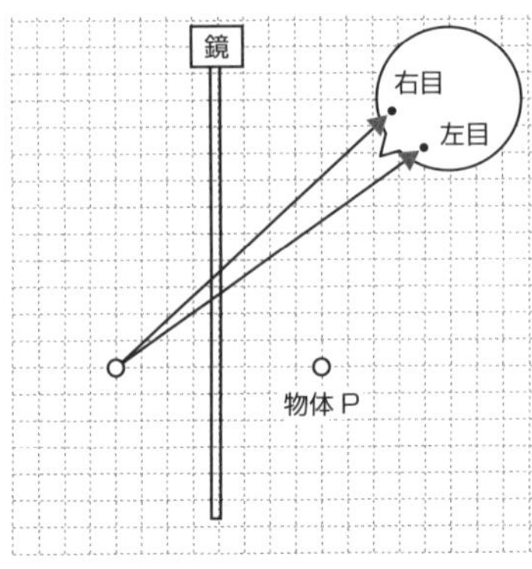

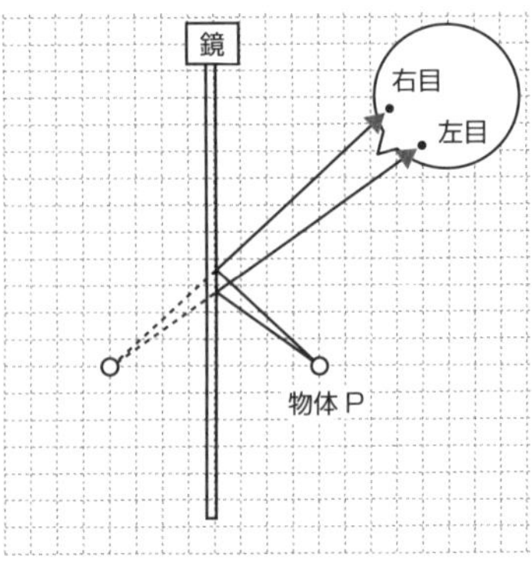

できましたか？

反射に関するいくつかの例を知っておこう

その他の例も、いくつか紹介しておきましょう。

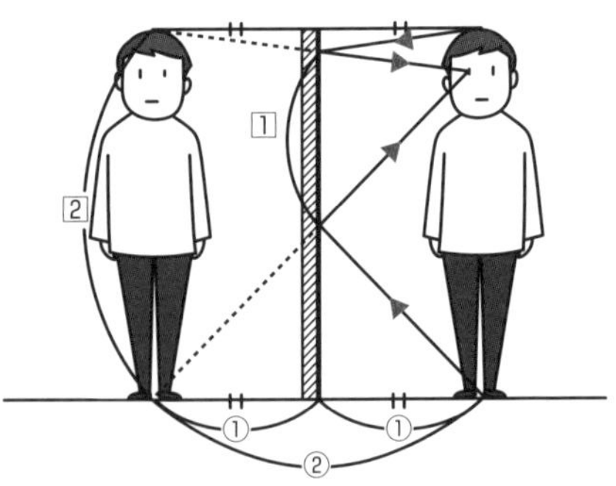

たとえば、上の作図からは鏡を通過する部分と身長の長さの比が１：２になっているのがわかります。つまり、**自分の全身を鏡で見るためには身長の半分の長さの鏡が必要**なのです。

次ページの図のように、90°に開いた合わせ鏡では、本物一つと鏡の中の偽物三つで、合計四つの物体が見られることがわかりますね。

もし鏡の角度を60°にすると、本物一つと偽物五つで合計六つの物体を見ることができます。法則に気がつきましたか。

それぞれ、360 ÷ 90 ＝ 4、360 ÷ 60 ＝ 6 ということですね。

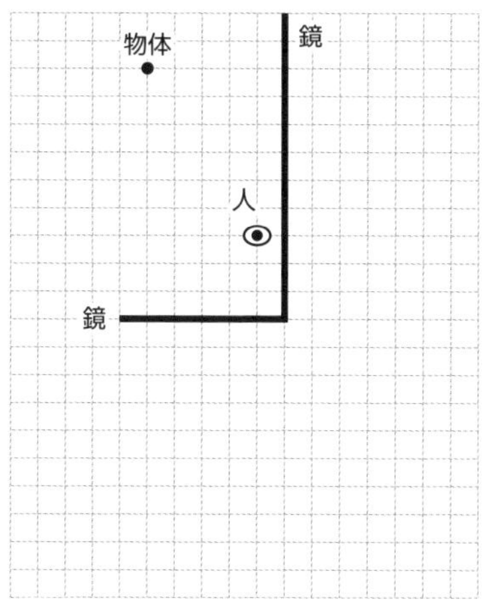

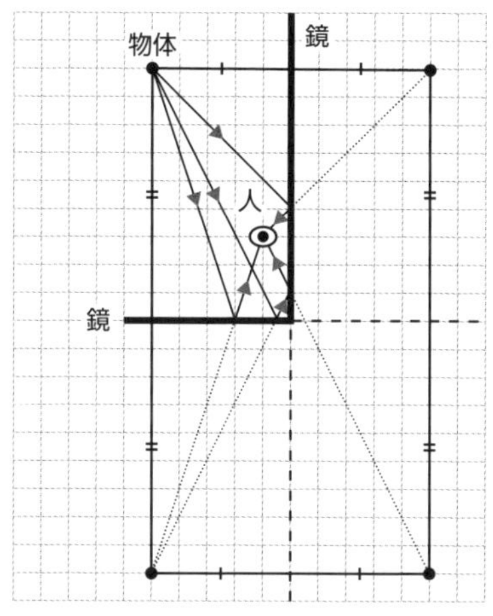

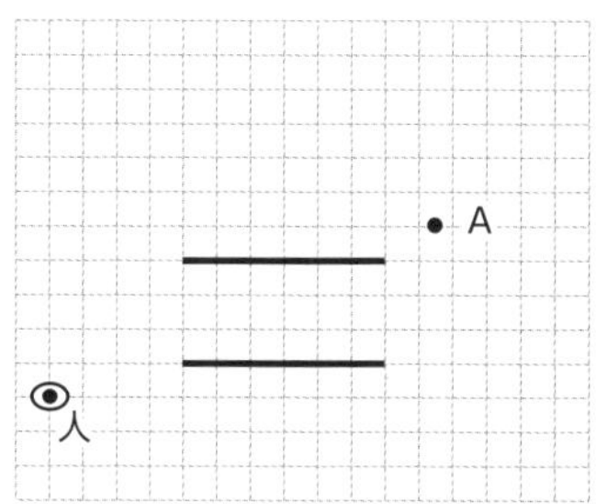

2枚の鏡を使った反射についても練習しておきましょうか。

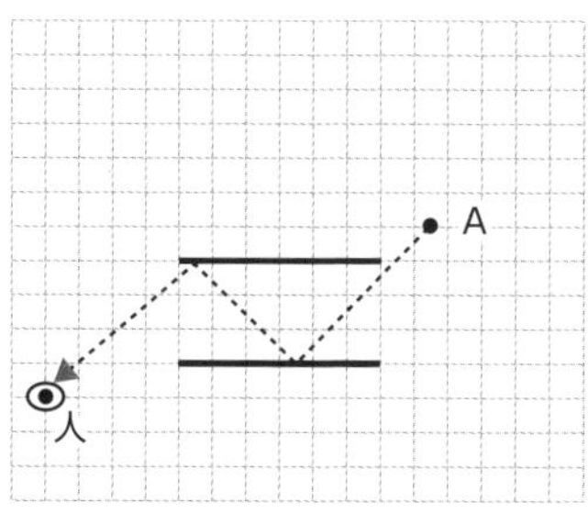

まずはイメージです。

このイメージする作業は大切です。おそらく左のような感じで目までいきますね。

1回目は下の鏡に反射するので、下の鏡を線対称(せんたいしょう)の軸とした偽Aを書きます。2回反射するということは、偽物も二つできることになります。

今度は、上の鏡を線対称(せんたいしょう)の軸とした偽偽Aを書きます。それが次のページの上の図です。

偽Aと偽偽Aの場所を把握(はあく)できたら、やっと本格的な作図の開始です。

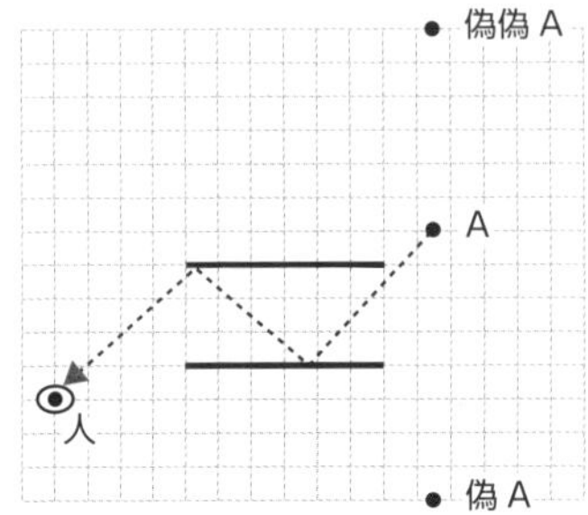

偽偽Aから目に向かう直線を引き、上の鏡との交点から偽Aへ線を引きます。

その線と、下の鏡との交点からAまで直線を引いたら完成です。左下の図のようになります。

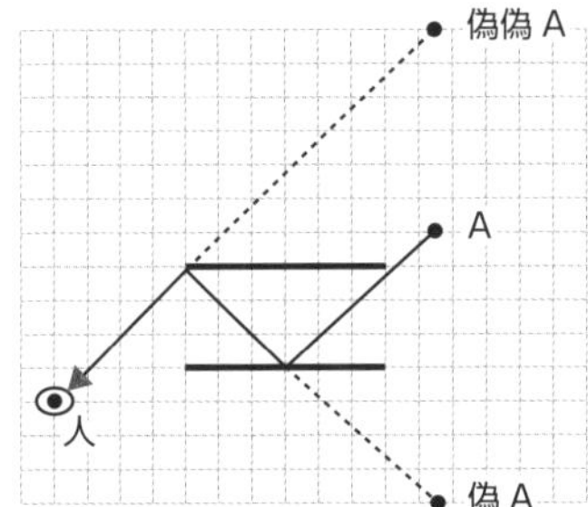

イメージとだいたい同じになっているかを確認して、終了です。

最初にしたイメージと大きくずれた場合は、イメージか作図のどちらかが間違っているということですから、もう一度やり直しです。

220ページで紹介したルール①〜④をしっかり意識して行うことで、作図のミスを防止することができるのですね。

では、今回はここまで。

光の性質・光の屈折

光の屈折〜境界面での屈折で目の錯覚が起こる〜

ついに、物理の最終回です。

光の屈折について学習していきますよ。

光の屈折は反射と並んで、身近にたくさん見られる現象です。

たとえば、水の底に沈んだものは、実際の深さよりも浅いところにあるように見えるでしょ。これは、水の中の物体からの光は水との**境界面で屈折**し、次ページの図のように目に向かってくるからです。前回学んだように、光は同じ物質の中を進む時には直進しますが、違うものに入る時に、その境界面で折れ曲がります。

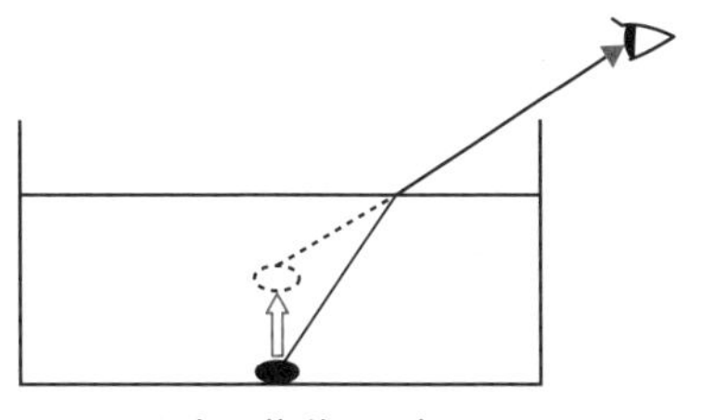
水中の物体は、実際より浅いところにあるように見える

そして、人間は「光はまっすぐ来るものだ！」と認識しているので、上の図の点線のところに物体があるように感じるのですね。

「屈折の大切な図」を書けるようになろう

下の図は、空気中からガラス、ガラスから空気中に出て行く光の屈折の図です。矢印で表したのが光の進み方です。

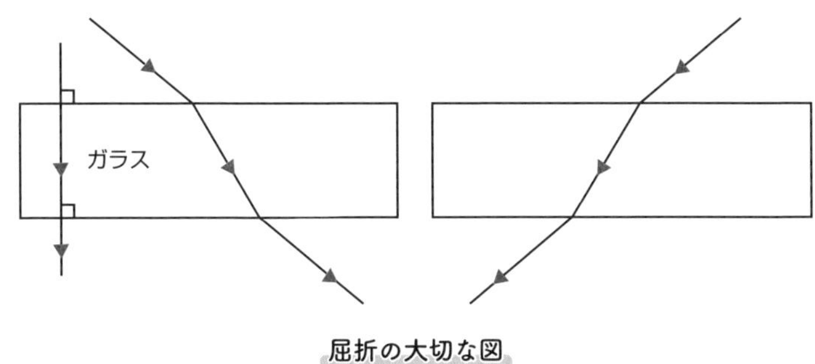

屈折の大切な図

これは「屈折の大切な図」です。大切なので、自分で書けるようにしておきましょう。

「虫めがね」は光の屈折を利用したもの

光の屈折を利用したものとしては、虫めがねが有名です。

空気の中を移動してきた光は、虫めがねのレンズのところで図のように屈折します。空気からレンズに移動する境界面と、レンズの中から空気へと出る時の境界面で、二度中心に向かって屈折しているのがわかりますね。

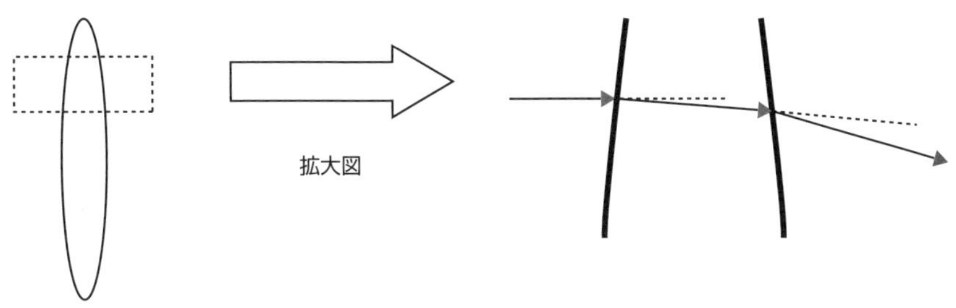

このことは、右の図を想像することで理解できます。

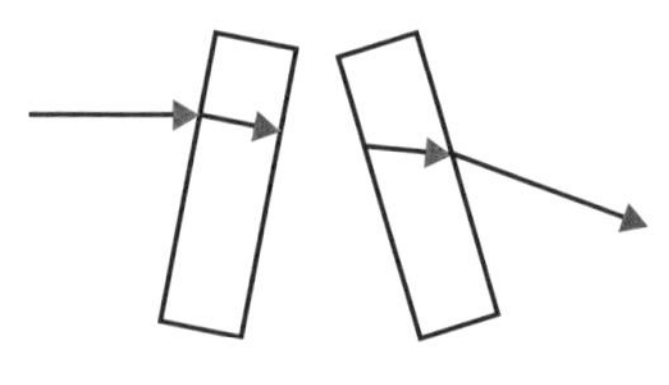

さっき、「大切だから自分で書けるようにしてね」と言ったのはこういうことです。

屈折で光が進む向きは、レンズの他にプリズムなどでも出ますが、それぞれの形に合わせて「屈折の大切な図」をイメージすることで、光の道筋を考えることができるのです。

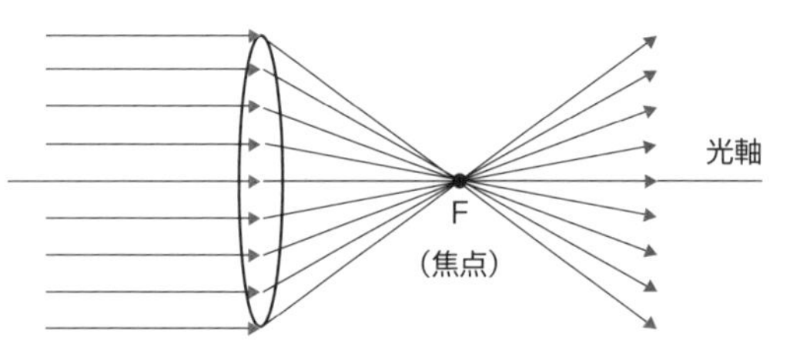

虫めがねを通った光は上のように2回屈折するけれど、たいていはわかりやすく1回にまとめて左のように表します。

平行にやってきた光が、一点に集まっているのがわかるかな。光の集まっている点のことを**焦点**と言います。「焦げる点」と書いて「しょうてん」ですよ。「集まる点」と書いて間違える人が多いから気をつけてくださいね。レンズの中心から焦点までの長さが**焦点距離**です。

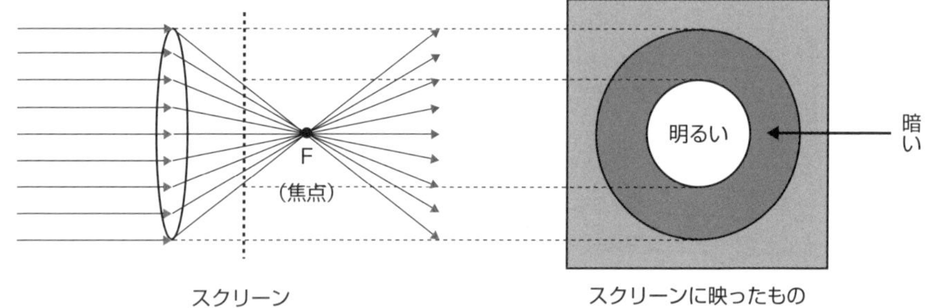

点線の部分にスクリーンを置いてみると、上図（右）のようになります。

光が集まっているところが明るくなるのはわかりますね。その外側に暗い部分ができるのは、レンズがなければまっすぐ進んで当たっていたはずの光が、当たらなくなったからです。

プリズム～光は色によって屈折率が異なるために分散する～

光を分散させたり、屈折させたりする透明な多面体を、**プリズム**と言います。三角柱状のものが多いね。

以前、光はいろいろな色が集まって白になると言いましたが、各色の光はそれぞれ屈折率が違うので、プリズムを通ると分散するのです。

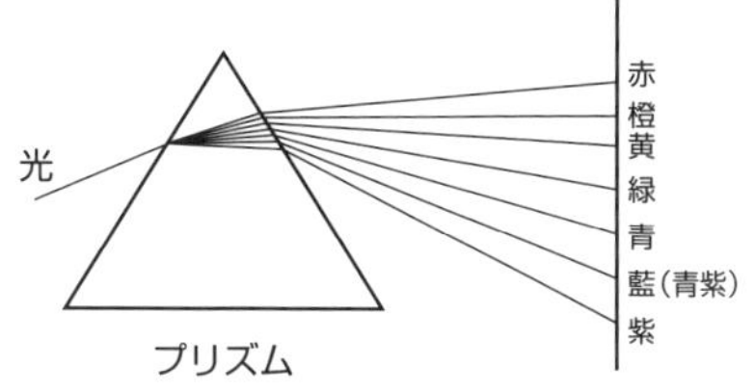

プリズムを通ると光の色は分散する

図を見ると**一番屈折しにくいのが赤**、**一番屈折しやすいのが紫**だということがわかりますね。この赤から紫までの範囲が**可視光線**です。人間の目に見える光ということですね。その範囲の外にある赤よりも曲がりにくい光が**赤外線**、紫よりも曲がりやすい光が**紫外線**です。

プリズムに出入りする光は、必ずしも屈折するわけではありません。「屈折の大切な図」でも書きましたが、面に対して垂直な場合は、直進します。また、プリズムから出る光は光の入射角が一定以上になると全部の光が反射してしまうことがあります。これを**全反射**と言います。

レンズの光の集まり方

レンズの中心から焦点までの距離を**焦点距離**と言うのは覚えていますか？この**焦点距離はレンズによって違います**。

下の図のように、レンズが厚いと焦点距離は短く、レンズが薄いと焦点距離は長くなります。焦点をＦ、焦点距離の２倍の点をＦ２で表しています。

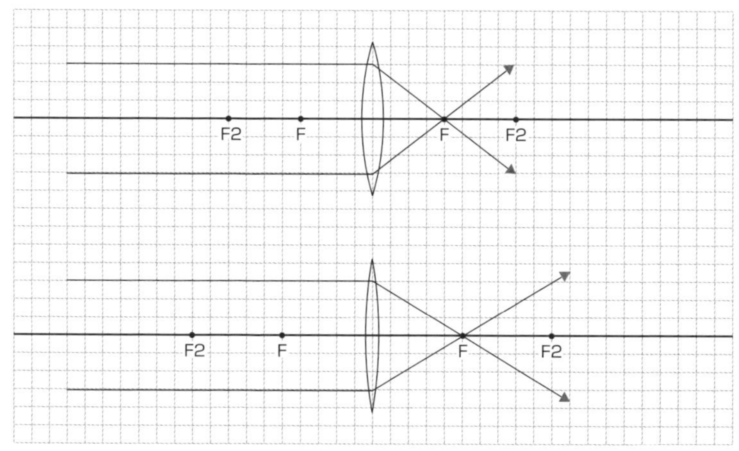

では、焦点に点光源を置くと、光はどのように進むのでしょうか？

平行に来た光が焦点に集まるなら、焦点から出た光はレンズを通ったあとは、光軸に平行に進むことになります。光の道順が逆になっただけってことですね。

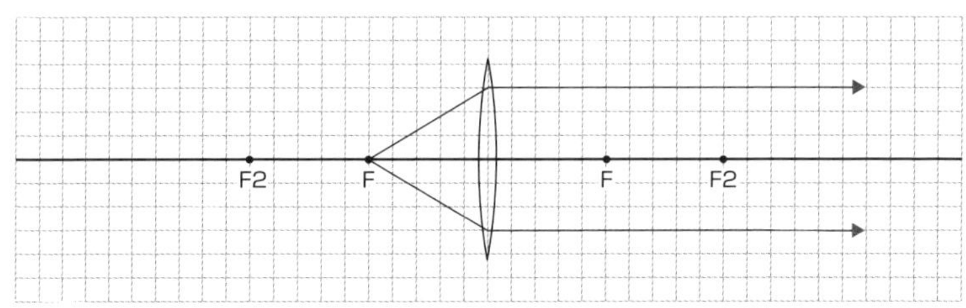

多くの人が苦労するのがこの先です。

次の図のように、焦点（F）よりレンズ寄りに置いた点光源から出た光は、そのあとどのように進むでしょうか？

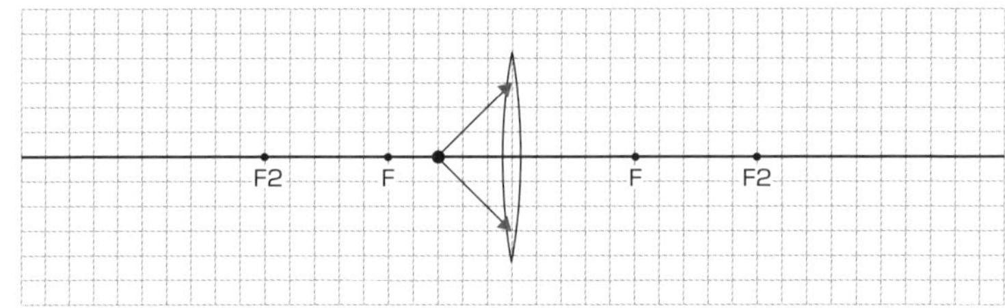

答えは、下の図のように、広がって進みます。

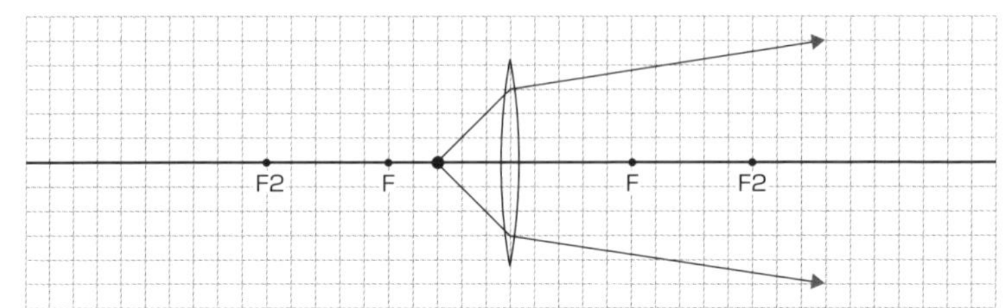

これだけなら覚えられそうな気もするけれど、入試問題に対応するためには、下の図のように様々な場所に置いた点光源から出た光の道筋を判断しなくてはいけません。

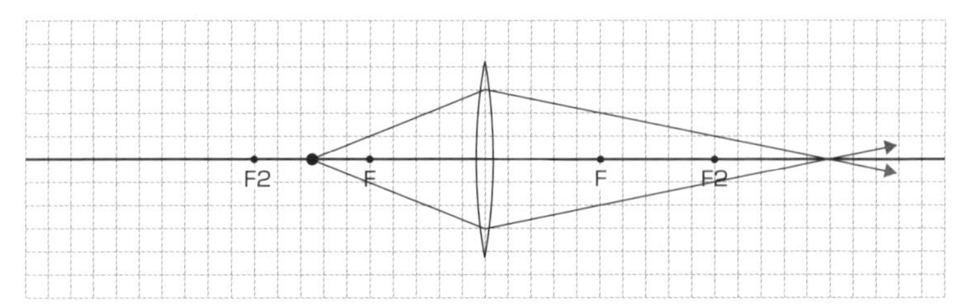

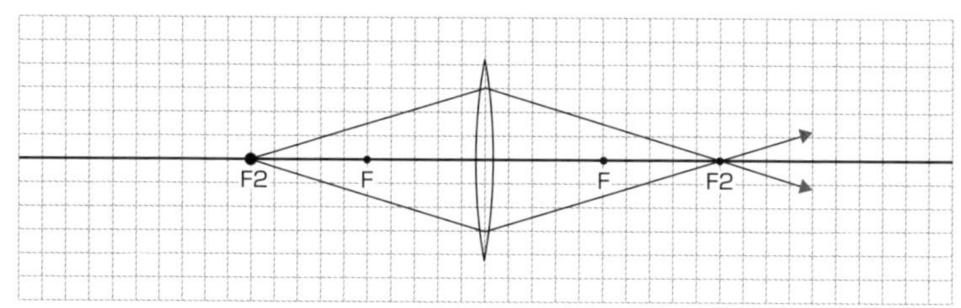

これを全部覚えるのは大変ですよね。でも、大丈夫です。

最初に焦点距離はレンズによって違うと言いましたが、これはレンズごとに屈折させる力が違うことを意味します。逆に言えば、ある**レンズが光を曲げる力は決まっている**ということです。

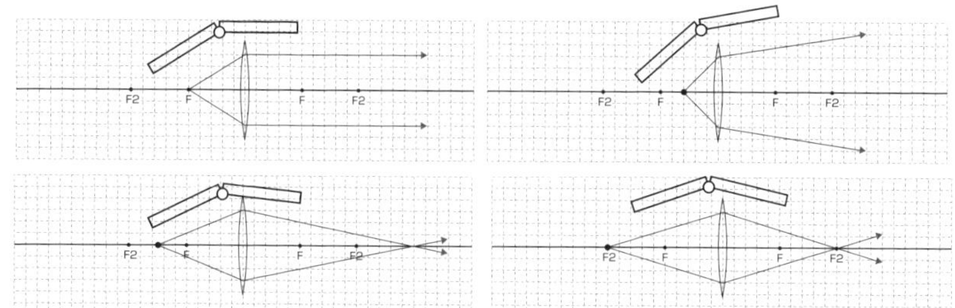

文房具のカチカチ動く折りたたみ定規を、図に書き込んでみましたよ。

こうしてみると、じつはレンズは同じ角度で光を屈折させていただけだったということに「気がつく」んじゃないかな？

よく教科書などで、「**焦点距離の２倍の位置から出た光は焦点距離の２倍のところに集まる**」と書かれていますが、これは覚えることではなく気づくことだったんですね。

屈折の作図の「ルール」を覚えよう

レンズを通った光の進み方を理解したら、その次は作図をやりましょう。

レンズの右側にスクリーンを置くと、矢印が映る場所があるんだけれども、その場所を求める作図です。

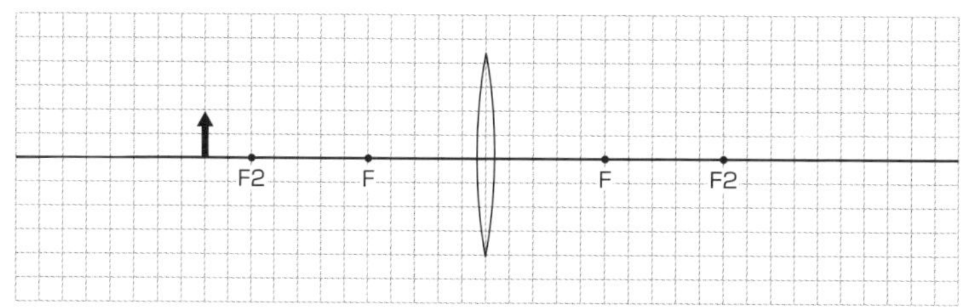

反射の時と同じようにルールがありますよ。ルールは三つです。

①光軸に平行な光は焦点に向かう。
②焦点を通ってきた光は光軸に平行に進む。
③レンズの中心を通る光は直進する。

①と②は、道筋を考えた時に気がついたことですね。

③は、レンズの中心を通る光は面に対して垂直に入ってきた光と考えることができるので、曲がらずにまっすぐ進むということです。屈折の大切な図で学習しましたね。

ルールにしたがって３本の線を描くと、下のようになります。

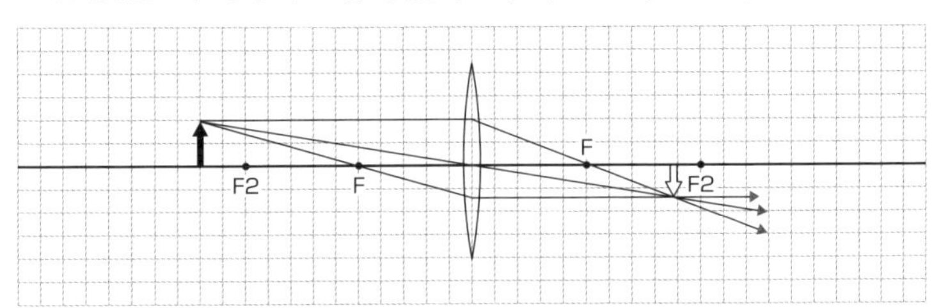

見事に三つの線が重なる場所がありますね。この位置にスクリーンを置くと、反対向きになった像（倒立実像）が映るのです。

像のできる位置を確かめるだけなら、作図する線は２本で十分です。①と③だけ使って何個かやってみますよ。

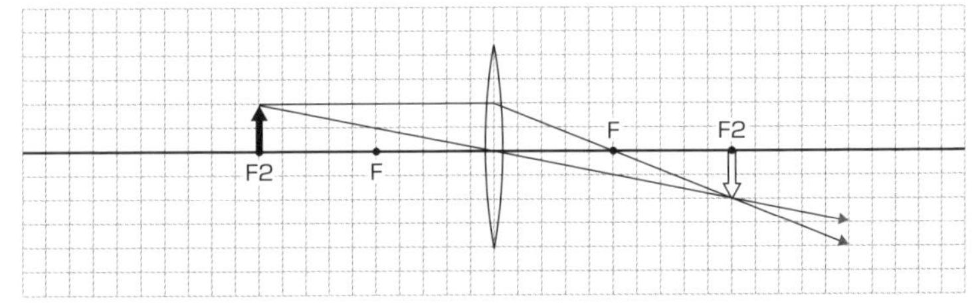

Ｆ２に物体を置くと、右のＦ２に倒立実像ができる。

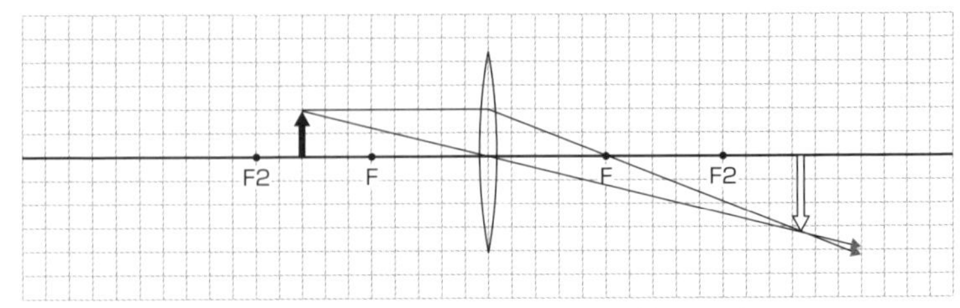

Ｆ２とＦの間に物体を置くと、Ｆ２より右に倒立実像ができる。

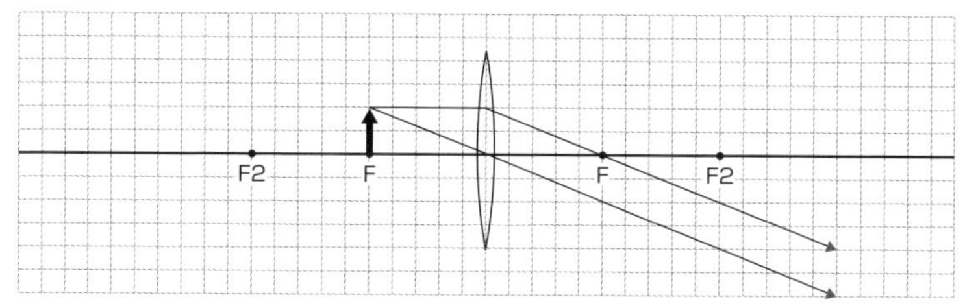

Fに物体を置くと、光は平行に進むため、像はできない。

2本でも、ちゃんと場所は確認できましたね。

そうだ、虫めがねでものを見ていると、急にボヤボヤして何も見えなくなる時があるでしょ。あれは上の図のように、ちょうど焦点にものがある状態で、光が平行になった結果、起こる現象です。

ちなみに、虫めがねで像が大きく見えるしくみは下のような感じになります。

Fよりレンズ側に物体を置くと、図の実線のように光は広がって進むので、人間の目はその光を点線の大きな像から出た光だと認識するのです。

だから、まるでそこに大きな像があるように見えます（正立虚像）。

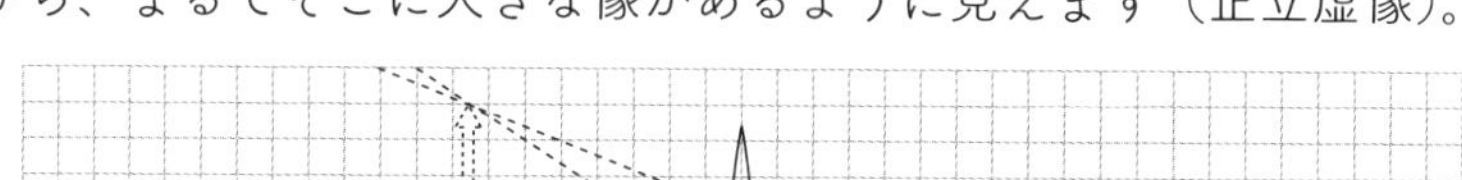

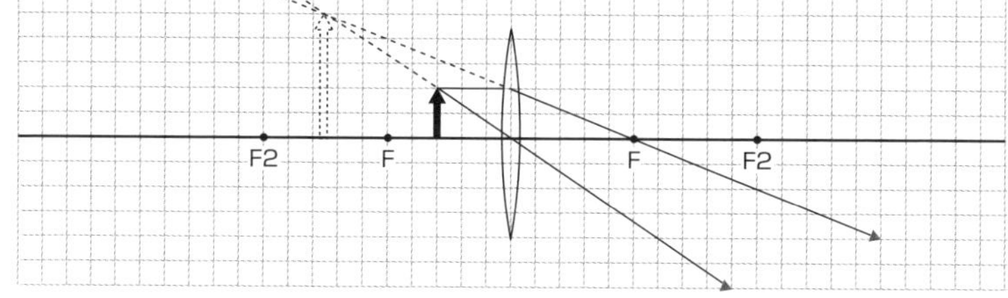

では、最後に入試問題に挑戦しましょう。

難関中学の過去問トライ！（早稲田実業学校中等部）

1　光の屈折に関する次の文章を読み、以下の問1～問3に答えなさい。作図には必ず三角定規を2枚用いること。

虫めがねのように中央部が周辺より厚いレンズを凸レンズといいます。レンズの2つの球面の中心を結ぶ直線を光軸といいますが、太陽光が光軸と平行に凸レンズに入ると、屈折によって出てきた光は1点に集まるように進みます。この点を焦点といい、レンズの前後に1つずつあります。2つの焦点は光軸上にあり、レンズからの距離（焦点距離）は等しい（図1）。

また、焦点に豆電球を置いた場合、豆電球から出た光はレンズを通るときに屈折し、平行光線となってレンズから出ていきます（図2）。図3のようにレンズの中心へ向かう光はそのまま直進してレンズから出ていきます。わずかな屈折は考えなくてよい（図4）。また、レンズの表面で起こる2回の屈折は、以下の問題では図5のように1回屈折として描いてください。

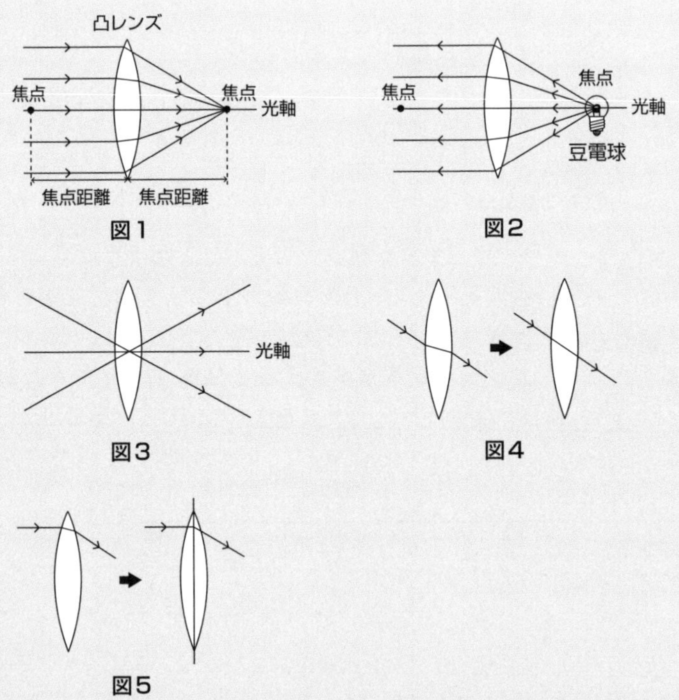

図1　図2　図3　図4　図5

たくさんのLEDランプを並べてつくった4⃞の文字を用意し、レンズの前方の光軸上で焦点距離の3倍のところに、4⃞の文字の面が光軸と垂直になるように置きました（図6）。

問1　スクリーンを光軸と垂直になるようにしたまま、レンズの後方からレンズへ近づけていくと、ある位置で4⃞がくっきりとスクリーンに映りました。図6には4⃞から出て、レンズに向かう光線が3本描かれています。図1～図3のレンズの性質を考えながら、解答用紙の図6にレンズから出ていく光線の続きを実線（——）で3本描き、そのときのスクリーンの位置を光軸上に×で示しなさい。

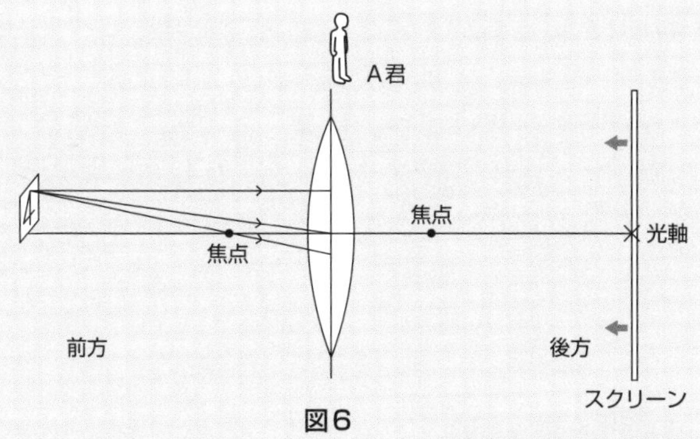

図6

問2　レンズのそばにいるA君からは、スクリーン上の4はどのように見えますか。次の（ア）～（エ）から1つ選び、記号で答えなさい。

問3　4をレンズの前方の光軸上で焦点距離の$\frac{3}{5}$倍のところに変えました（図7）。

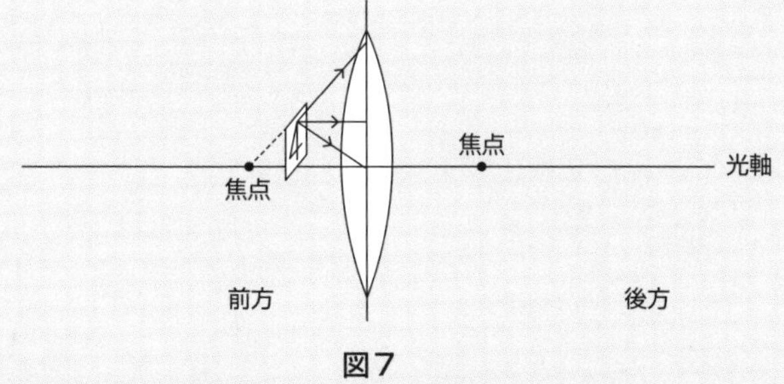

図7

(1)　図7には4から出て、レンズに向かう光線が3本描かれていますが、レンズで屈折してどのように出ていきますか。図1～図3のレンズの性質を考えながら、解答用紙の図7にレンズから出ていく光線の続きを実線(——)で3本描きなさい。

(2)　虫めがねは物を拡大して見ることができますが、それはなぜですか。下の文章の空欄（ A ）と（ B ）に漢字2字の語句を入れて理由を説明しなさい。また、凸レンズの性質を考えながら、解答用紙の図7に必要な線を破線(……)で書き足して、拡大された4の位置を光軸上に×で示しなさい。

「4の頂点(ちょうてん)から出た光線をレンズの後方からのぞきこむと、光が（ A ）していることは目では分からないため、その光線が（ B ）してきたものと思います。結果として図7に描(えが)いた3本の破線の交わるところに4の頂点(ちょうてん)がくるように像をつくるので、この場合、実物よりも大きく見えます。」

解説

問1　ルール通り3本の線を引けば下図のようになります。

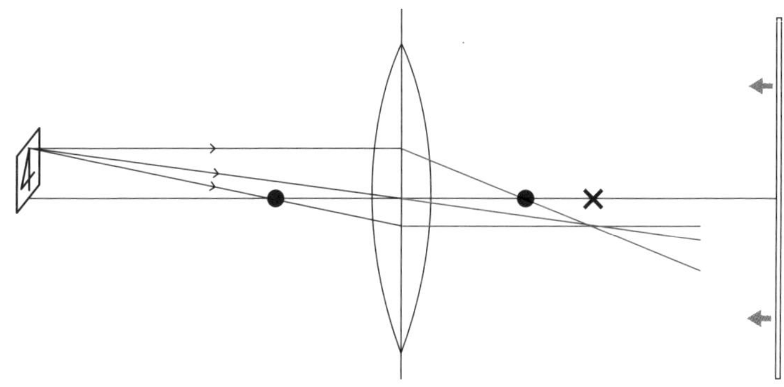

問2　レンズを通った光は上下左右が逆になるので、スクリーンの裏から見ればエのように見えますが、A君はレンズのほうから見ているので**ウ**が正解です。

問3　（1）ルール通りに作図すると下図の実線のようになります。破線は（2）の作図の答えですね。

（2）Aは**屈折**(くっせつ)、Bは**直進**です。

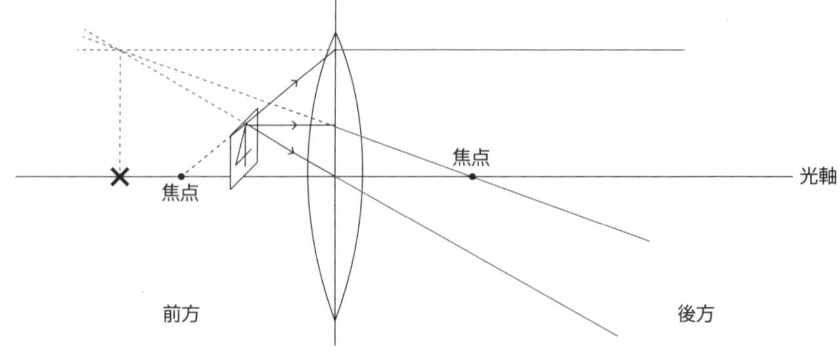

物理 3 音と光

これで物理の学習はおしまいです。
お疲れさまでした！

立木秀知（たちき・ひでとも）

東京都出身。中学受験を経て早稲田実業学校中等部、高等部卒。早稲田大学卒業後、中学受験専門塾ジーニアスの設立メンバーとして参画。講師、生徒、保護者から理科のスペシャリストとして信頼が厚い。「疑問を持った時に頭は回転する」をモットーに、「なぜ、そうなるのか？」という根幹から考えることで暗記量を抑え、初見の問題にも対応できる現場思考力を養う授業を展開している。著書に『合格する理科の授業 地学・化学編』がある。

中学受験 「だから、そうなのか！」とガツンとわかる

合格する理科の授業 生物・物理編

2021年 9 月 30日 初版第 1 刷発行
2023年 11月 15日 初版第 3 刷発行

著 者 立木秀知
発行者 小山隆之
発行所 株式会社 実務教育出版
〒163-8671 東京都新宿区新宿1-1-12
電話 03-3355-1812（編集） 03-3355-1951（販売）
振替 00160-0-78270

印刷／株式会社文化カラー印刷 製本／東京美術紙工協業組合

ISBN978-4-7889-1972-3 C6040